普通高等教育"十三五"规划教材

冶金电化学研究方法

刘国强　王明华　主编

U0342194

北　京
冶金工业出版社
2020

内 容 提 要

本书共 10 章，主要内容有：电解液和电极/溶液界面结构和性质；电化学实验装置，包括电极和电解池；电化学稳态的概念及测量稳态极化曲线；交流阻抗方法；电化学暂态的研究方法，包括控制电流法和控制电位法；三角波扫描法；旋转电极；冶金电极反应机理；仪器原理及电化学的数学基础等。

本书可作为冶金工程专业的研究生教材，也可供其他相关专业的教师、学生和工程技术人员参考。

图书在版编目（CIP）数据

冶金电化学研究方法/刘国强，王明华主编. —北京：
冶金工业出版社，2020.12
普通高等教育"十三五"规划教材
ISBN 978-7-5024-7984-8

Ⅰ.①冶…　Ⅱ.①刘…　②王…　Ⅲ.①冶金—电化学
—高等学校—教材　Ⅳ.①TF01

中国版本图书馆 CIP 数据核字（2020）第 228966 号

出 版 人　苏长永
地　　址　北京市东城区嵩祝院北巷 39 号　邮编　100009　电话　(010)64027926
网　　址　www.cnmip.com.cn　电子信箱　yjcbs@cnmip.com.cn
责任编辑　张熙莹　郭雅欣　美术编辑　彭子赫　版式设计　禹　蕊
责任校对　郭惠兰　责任印制　李玉山
ISBN 978-7-5024-7984-8
冶金工业出版社出版发行；各地新华书店经销；北京虎彩文化传播有限公司印刷
2020 年 12 月第 1 版，2020 年 12 月第 1 次印刷
787mm×1092mm　1/16；15.75 印张；382 千字；240 页
59.00 元
冶金工业出版社　投稿电话　(010)64027932　投稿信箱　tougao@cnmip.com.cn
冶金工业出版社营销中心　电话　(010)64044283　传真　(010)64027893
冶金工业出版社天猫旗舰店　yjgycbs.tmall.com
（本书如有印装质量问题，本社营销中心负责退换）

前　言

冶金电化学研究方法是一门古老的科学，有着悠久、光辉的历史。能源、环境等问题在世界范围内被大众广泛认识且越来越受到各国政府的重视，很多重要的能源体系和过程，如能量转化和存储、太阳能利用等，都属于电化学研究的范畴。因此，冶金电化学研究方法这门学科仍然可以迸发新的活力。

当代电化学发展有三个特点：

（1）研究的具体体系扩展范围增加。从局限于汞、固体金属和碳电极，扩大到许多新材料如氧化物、有机聚合物导体、半导体、固相嵌入型材料、酶、膜，并以各种分子、离子、基团对电极表面修饰，对其内部进行嵌入或掺杂，从水溶液介质扩大到有机溶剂、熔盐、固体电解质等非水介质，从常温常压扩大到高温高压超临界状态等极端条件。

（2）处理方法和理论模型开始深入到分子水平。随着处理方法和理论模型的发展，现在已经能在微观状态模拟研究电化学过程，更直观地描述和观察电化学过程。计算机数学模拟技术和微机实时控制技术在电化学中的应用也正在迅速、广泛地开展。

（3）实验手段和方法迅速提高创新。以电信号为激励和检测手段的传统电化学研究方法持续朝着提高检测灵敏度、适应各种极端条件以及各种新的数学处理的方向发展。与此同时，多种分子水平研究电化学体系的原位谱学电化学技术在突破电极-溶液界面的特殊困难之后，迅速地创立和发展，非原位表面物理技术正得以充分的利用，并朝着力求如实地表征电化学体系的方向发展。

具体研究内容包括电化学界面的微观结构、电化学界面吸附、电化学界面动力学、理论界面的电化学、电催化剂及催化原理、电催化分子水平设计及原理、光电化学、电池、燃料电池、金属电沉积及材料的电化学表面处理、腐蚀的电化学控制、材料的电化学制备。

电化学稳态和瞬态技术已经相当成熟，传统电化学研究技术将仍然为电极过程动力学研究、电分析化学、电化学传感器研制及其他电化学检测技术的建立提供方法。这一领域的研究正朝着更加定量、微区、快速响应、高信噪比及高灵敏度等方向发展。当前开展的研究主要有电极边界层模型及传输理论、电化学中的计算机模拟技术和曲线拟合技术的通用软件包、微电极和超微电极技术及其理论、电化学噪声技术和电化学振荡技术及其理论、扫描电化学显微技术、电化学中微弱信号检测及处理技术、谱学电化学技术。

为了配合国家的"2025 智能制造"，做到科学技术的与时俱进，结合新技术的发展及多年来冶金电化学研究方法课程的教学实践编写了本教材。本教材可供冶金工程专业的本科生和研究生使用，也可供其他相关专业的教师、学生和工程技术人员参考。

本书共 10 章，主要内容有：电解液和电极/溶液界面的结构和性质；电化学实验装置，包括电极和电解池；电化学稳态的概念及测量稳态极化曲线；交流阻抗方法；电化学暂态的研究方法，包括控制电流法和控制电位法；三角波扫描法；旋转电极；冶金电极反应机理；仪器原理及电化学的数学基础等。为了方便使用，增加了课后习题部分。

本书由刘国强教授编写了第 1~5 章，王明华副教授编写了第 6~10 章。在编写过程中参考了许多同行的参考文献，同时得到了东北大学冶金学院的大力支持，在此一并致谢！

由于水平所限，不足之处敬请读者批评指正。

编　者
2020 年 11 月

目　　录

1　电极/溶液界面的结构和性质 ··· 1

1.1　理想不极化电极和理想极化电极 ·· 1

1.2　电毛细现象 ··· 2

1.3　零电荷电位 ··· 3

1.4　微分电容法 ··· 3

1.5　特性吸附 ·· 4

1.6　离子双电层结构 ·· 5

　　1.6.1　Helmholtz 模型 ·· 5

　　1.6.2　Gouy 和 Chapman 模型 ·· 5

　　1.6.3　Stern 模型 ·· 6

　　1.6.4　Grahame 和 Bockris 模型 ·· 7

1.7　金属与电解质溶液形成的双电层 ·· 8

1.8　双电层方程求解及讨论 ·· 9

复习思考题 ·· 13

2　电极与电解池 ·· 14

2.1　电极电位 ·· 14

2.2　电解池 ··· 16

　　2.2.1　三电极体系的电解池 ··· 16

　　2.2.2　电解池的设计原则 ·· 17

　　2.2.3　电极材料的选择 ·· 18

　　2.2.4　几种常用的电解池 ·· 19

2.3　研究电极 ·· 19

　　2.3.1　固体金属电极的预处理 ·· 19

　　2.3.2　固体电极的制备 ·· 20

2.4　辅助电极 ·· 21

2.5　参比电极 ·· 21

　　2.5.1　水溶液中常用的参比电极 ·· 22

　　2.5.2　熔盐参比电极 ··· 28

　　2.5.3　简易参比电极 ··· 29

2.6　盐桥 ·· 30

　　2.6.1　液体接界电位 ··· 30

　　　2.6.2　盐桥 ·· 32

　2.7　Luggin 毛细管 ······································· 33

　　　2.7.1　Luggin 毛细管降低溶液欧姆降的原因 ················· 33

　　　2.7.2　Luggin 毛细管的正确位置 ························· 34

　复习思考题 ·· 35

3　稳态极化曲线 ·· 36

　3.1　概述 ··· 36

　　　3.1.1　稳态的概念 ·································· 36

　　　3.1.2　稳态体系的特点 ······························ 37

　3.2　稳态极化曲线及动力学方程 ······························ 38

　　　3.2.1　稳态极化曲线 ································· 38

　　　3.2.2　电极过程与控制步骤 ···························· 39

　　　3.2.3　电极反应与交换电流 ···························· 39

　　　3.2.4　电化学极化方程式 ····························· 40

　　　3.2.5　浓差极化方程 ································· 41

　　　3.2.6　电化学极化与浓差极化同时存在的极化曲线 ··············· 43

　　　3.2.7　稳态极化曲线测量方法分类 ························ 43

　3.3　静态恒电位法与静态恒电流法测定稳态极化曲线 ·················· 44

　　　3.3.1　静态恒电位法 ································· 44

　　　3.3.2　静态恒电流法 ································· 45

　3.4　阶跃法测定稳态极化曲线 ······························· 46

　3.5　动电位法测定稳态极化曲线 ······························ 46

　　　3.5.1　控制电位扫描法 ······························ 46

　　　3.5.2　控制电流扫描法 ······························ 46

　3.6　稳态极化曲线的应用 ·································· 47

　　　3.6.1　用于研究 Cl⁻ 对镍阳极钝化的影响 ···················· 47

　　　3.6.2　测定电极过程的动力学参数 ························ 48

　复习思考题 ·· 48

4　交流阻抗法 ·· 49

　4.1　概述 ··· 49

　4.2　电极的等效电路 ······································ 49

　　　4.2.1　等效电路 ···································· 49

　　　4.2.2　各元件的测量 ································· 51

　　　4.2.3　有关复数的概念 ······························ 52

　　　4.2.4　电路的基本性质 ······························ 52

　4.3　电化学极化下的交流阻抗 ······························· 55

　　　4.3.1　电化学极化复数平面图 ·························· 55

4.3.2　电极反应有关参数的测定 ································ 56

4.4　浓差极化下的交流阻抗 ················· 57
4.4.1　正弦波电流信号所引起的表面浓度波动 ··············· 57
4.4.2　浓差极化下交流阻抗复平面图 ··················· 60

4.5　电化学极化与浓差极化混合控制下的交流阻抗 ··········· 62
4.5.1　低频时的情况 ····························· 62
4.5.2　高频时的情况 ····························· 63

4.6　阻抗频谱法 ······························ 64
4.6.1　电化学极化时的阻抗频谱法 ···················· 64
4.6.2　扩散步骤控制时的阻抗频谱 ···················· 65
4.6.3　混合控制时的阻抗频谱 ······················ 65

4.7　李萨育图法测交流阻抗复数平面图 ················· 68
4.7.1　控制电流法测量电路 ······················· 68
4.7.2　控制电流法测复数平面图原理 ··················· 69
4.7.3　控制电位李萨育图法 ······················· 70

4.8　选相调辉和选相检波法测交流阻抗复数平面图 ··········· 71
4.8.1　选相调辉技术 ···························· 71
4.8.2　选相检波技术 ···························· 72

复习思考题 ································· 74

5　控制电流暂态法 ······························· 75

5.1　暂态的概念 ······························ 75
5.1.1　暂态的特点 ····························· 75
5.1.2　电化学极化控制下的暂态 ····················· 76
5.1.3　扩散步骤控制下的暂态 ······················ 78
5.1.4　扩散传质和电化学极化混合控制下的暂态 ·············· 78

5.2　控制电流暂态法的分类 ······················ 79
5.2.1　电流阶跃法 ····························· 79
5.2.2　断电流法 ······························ 79
5.2.3　方波电流法 ····························· 80
5.2.4　电流换向阶跃法 ·························· 80
5.2.5　双脉冲电流法 ···························· 80

5.3　双电层充电过程、无溶液浓差极化过程及 R_L、C_d 和 R_r 的测定 ····· 80

5.4　浓差极化存在时的控制电流阶跃暂态的测量方法 ·········· 83
5.4.1　反应物及产物表面的浓度表示式 ·················· 84
5.4.2　可逆电极反应的概念 ······················· 86
5.4.3　过渡时间 ······························ 86
5.4.4　可逆电极反应的电位-时间关系式 ················· 86

5.5　扩散传质步骤和电子转移步骤混合控制下的电流阶跃法 ······· 87

5.5.1　不可逆电极反应的概念 ·· 87

5.5.2　不可逆电极过程反应物浓度的表示式 ····························· 88

5.5.3　不可逆电极反应的电位-时间方程式 ······························ 88

5.6　电流阶跃法实验技术 ··· 89

5.6.1　经典恒电流电路 ·· 89

5.6.2　具有桥式补偿的电流阶跃实验电路 ··········· 89

5.6.3　运算放大器组成的恒电流阶跃实验电路 ······· 90

5.6.4　恒电位仪构成的电流阶跃实验电路 ··········· 91

5.6.5　暂态实验的研究电极直径设计原则 ··········· 92

复习思考题 ··· 92

6　控制电位暂态法 ··· 93

6.1　分类 ··· 93

6.1.1　阶跃法 ·· 93

6.1.2　方波法 ·· 94

6.2　扩散控制下的可逆电极反应 ······································ 94

6.2.1　可逆电极的电流-时间关系式 ····························· 94

6.2.2　反应物的分布特征 ·· 94

6.2.3　产物不溶时的浓度表示式 ······························· 97

6.3　电化学极化下的方波电位法 ······································ 97

6.4　电化学极化下的电位阶跃法 ······································ 99

6.4.1　电流-时间关系式 ·· 99

6.4.2　R_1、R_r 及 C_d 的测定 ··· 100

6.4.3　解析法求 R_1、R_r 及 C_d ····································· 101

6.5　混合控制下的电位阶跃法 ··· 102

6.5.1　不可逆电极表面的浓度表示式 ························· 102

6.5.2　不可逆电极的电流-时间关系式 ······················ 103

6.5.3　反应动力学参数 ·· 104

6.6　金属电结晶 ··· 104

6.6.1　生长机理 ·· 104

6.6.2　单核生长与多核生长的条件 ···························· 105

6.6.3　电位阶跃下单核生长的电流-时间关系 ·············· 106

6.6.4　电位阶跃下连续成核生长的动力学公式 ············ 107

6.6.5　瞬时成核生长动力学 ·· 109

6.6.6　非线性光学晶体 $CdHg(SCN)_4(H_6C_2OS)_2(CMTD)$ 螺旋位错生长机理 ······ 110

6.7　电化学吸附 ··· 112

6.8　实验电路 ··· 114

6.8.1　由恒电位仪组成的测量电路 ···························· 114

6.8.2　微机控制的电位阶跃测量系统 ························· 116

　　6.8.3　对称方波电位法的实验电路 ……………………………… 117
　复习思考题 ……………………………………………………………… 117

7　三角波电位扫描与极谱法 …………………………………………… 118
　7.1　三角波的概念及分类 ……………………………………………… 118
　7.2　小幅度三角波电位扫描法 ………………………………………… 118
　　7.2.1　电位扫描范围内不发生的电化学反应 ………………………… 119
　　7.2.2　电位扫描范围内发生的电化学反应 …………………………… 120
　　7.2.3　一般情况下的电化学反应体系 ………………………………… 121
　7.3　大幅度三角波电位扫描法——循环伏安法 ……………………… 121
　7.4　可逆电极反应 ……………………………………………………… 122
　　7.4.1　电极表面浓度表示式 …………………………………………… 122
　　7.4.2　无因次积分方程式 ……………………………………………… 123
　　7.4.3　可逆电极过程的特征 …………………………………………… 124
　　7.4.4　反向电位扫描峰电流测定 ……………………………………… 126
　7.5　不可逆电极反应 …………………………………………………… 127
　　7.5.1　无因次积分方程式 ……………………………………………… 127
　　7.5.2　不可逆电荷传递反应的特征 …………………………………… 128
　7.6　金属阳极钝化时线性电位扫描的伏安规律 ……………………… 129
　7.7　反应物或产物在电化学吸附时线性电位扫描的伏安规律 ……… 131
　7.8　三角波电位扫描法的应用 ………………………………………… 131
　　7.8.1　判断电极反应的可逆性 ………………………………………… 131
　　7.8.2　鉴定中间产物 …………………………………………………… 132
　　7.8.3　定量分析 ………………………………………………………… 133
　　7.8.4　研究过程的反应机理 …………………………………………… 133
　　7.8.5　判断电极反应的可逆性 ………………………………………… 134
　　7.8.6　判断电极反应的反应物来源 …………………………………… 134
　　7.8.7　研究吸附现象 …………………………………………………… 135
　　7.8.8　循环伏安法在电池材料中的应用 ……………………………… 135
　　7.8.9　在腐蚀研究中的应用 …………………………………………… 137
　7.9　三角波电位扫描法实验电路 ……………………………………… 137
　　7.9.1　测量电路方块图 ………………………………………………… 137
　　7.9.2　溶液电阻的补偿 ………………………………………………… 138
　7.10　极谱分析 …………………………………………………………… 139
　　7.10.1　极谱分析的原理与过程 ……………………………………… 139
　　7.10.2　扩散电流理论 ………………………………………………… 141
　　7.10.3　干扰电流与抑制 ……………………………………………… 144
　　7.10.4　极谱滴定法（伏安滴定法） ………………………………… 146

7.10.5　经典直流极谱法的应用 ································· 147

复习思考题 ·· 148

8　旋转电极 ·· 149

8.1　引言 ·· 149

8.2　旋转圆盘电极 ·· 149

8.2.1　旋转圆盘电极的结构 ····························· 149

8.2.2　旋转圆盘电极理论 ······························· 150

8.2.3　电极反应控制步骤的判定 ························· 154

8.2.4　扩散控制的旋转圆盘电极的电流-电位方程式 ······· 154

8.2.5　混合控制下旋转圆盘电极的动力学 ················· 155

8.3　旋转圆盘电极的应用 ·································· 157

8.3.1　电化学反应级数的测定 ··························· 157

8.3.2　扩散系数的测定 ································· 158

8.4　旋转圆盘电极中的应用范围 ···························· 162

8.5　旋转圆盘电极的制作 ·································· 163

8.6　旋转圆盘-圆环电极 ···································· 163

8.6.1　圆盘-圆环电极的结构及特点 ····················· 163

8.6.2　捕集系数 ····································· 164

8.7　旋转圆盘-圆环电极的电路联结 ························ 167

8.8　电极反应中间产物的检测 ······························ 168

8.8.1　捕集系数与环电流的关系 ························· 168

8.8.2　特征方程式的推导 ······························· 169

8.8.3　特征方程式的讨论 ······························· 170

复习思考题 ·· 172

9　冶金电极反应机理的检测 ···································· 173

9.1　电极反应机理的概念 ·································· 173

9.1.1　隔膜电解法 ····································· 174

9.1.2　离子膜电解法 ··································· 175

9.1.3　水银电解法 ····································· 176

9.2　电极反应机理的探究 ·································· 176

9.2.1　数学模拟法 ····································· 177

9.2.2　稳态极化曲线法 ································· 184

9.2.3　测定多电子反应控制步骤的化学计量数 ············· 185

9.2.4　测定表观传递系数 ······························· 189

9.2.5　电化学反应级数的测定 ··························· 190

　　　9.2.6　中间产物的检测 ……………………………………………… 192

　　　9.2.7　确定电极反应历程和控制步骤 ………………………………… 199

　9.3　Fe^{2+}阴极还原机理的研究 …………………………………………… 199

　　　9.3.1　电极总反应式的确定 …………………………………………… 199

　　　9.3.2　电极反应参数的测定 …………………………………………… 199

　　　9.3.3　电极反应历程的设定 …………………………………………… 200

　9.4　锌氨络离子阴极还原机理的研究 ………………………………………… 204

　9.5　Na_3AlF_6-AlF_3熔盐中 Ti(Ⅳ)的阴极还原机理 …………………………… 207

　复习思考题 ……………………………………………………………………… 209

10　数学基础及运算放大器 ……………………………………………………… 210

　10.1　数学基础 …………………………………………………………………… 210

　　　10.1.1　初级 Laplace 方程 ……………………………………………… 210

　　　10.1.2　误差函数 ………………………………………………………… 213

　　　10.1.3　Bessel 方程和 Bessel 函数 …………………………………… 214

　10.2　运算放大器的工作原理、运行方式及在消除溶液电阻方面的应用 ……… 219

　　　10.2.1　概述 ……………………………………………………………… 219

　　　10.2.2　输入方式 ………………………………………………………… 220

　　　10.2.3　恒电流仪 ………………………………………………………… 231

　　　10.2.4　恒电位仪 ………………………………………………………… 232

　复习思考题 ……………………………………………………………………… 238

参考文献 ……………………………………………………………………………… 239

1 电极/溶液界面的结构和性质

电化学反应过程中的电化学步骤，即反应粒子得到或失去电子的步骤是直接在电极/溶液界面上实现的，界面的性质对电化学反应动力学具有重要的影响作用。在不同的电极表面上，同一电极反应的进行速度可以差别很大，有时相差甚至超过十多个数量级。研究电极/溶液界面的结构和性质，能够揭示界面对反应速度的影响规律。

1.1 理想不极化电极和理想极化电极

通过实验测量一些界面参数，如界面张力、微分电容、各种粒子的吸附量等，设想一定的界面结构模型来推算这些界面参数。如果实验测得的参数与理论计算值能较好地吻合，就认为界面结构模型一定程度上反映了界面的真实结构。研究界面结构一般采用界面行为较简单的电极作为研究对象。对于电极上发生的反应过程有两种类型，一类是电荷经过电极/溶液界面进行传递而引起的某种物质发生氧化或还原反应时的法拉第过程，其规律符合法拉第定律，所引起的电流称为法拉第电流；另一类是在一定条件下，当施加电位时，电极/溶液界面并不发生电荷传递反应，仅仅是电极/溶液界面的结构发生变化，这种过程为非法拉第过程。法拉第过程相当于部分电量通过一个负载电阻，非法拉第过程的电荷用于给双电层充电，电量存储在电极/溶液体系的界面双电层中，由于存储量有限，它只需要一定数量的电量，在电路中只引起短暂的充电电流，可相当于一个电容。因此，一个电极体系可以用如图 1-1（a）所示的等效电路表示。当外电路输入的电量全部用于存储在电极的双电层中，而不会引起电极反应时，电极电位迅速变化，阻止外电路电荷的进一步流入，外电路中的电流只能维持很短的时间，即电极上只有瞬间充电电流，很快电流为零。这时，电极体系的等效电路相当于一个电容，如图 1-1（b）所示，这种电极被称为理想极化电极，这是特别适合进行界面研究的电

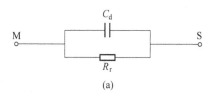

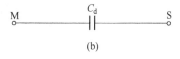

图 1-1　电极过程等效电路
（a）电极体系的等效电路；
（b）理想极化电极的等效电路
R_r—电极反应电阻；C_d—双电层电容；
M—电极体系中的金属端；S—溶液端

极体系。对于理想极化电极，当通过无限小的电流时，便引起电极电位发生很大变化。

若电极能与溶液之间发生某些带电粒子的交换反应（如金属晶格与溶剂化离子之间交换金属离子，或是溶液中的氧化还原电对与电极之间交换电子），则当电极与溶液接触时一般会发生这些带电粒子的转移，并伴随着电极电位的变化，直至这些粒子在两相中具有相同的电化学位。若通过外电路使电荷流经这种界面，则在界面上将发生电化学反应。

这时，为了维持一定的反应速率，就必须由外界不断地补充电荷，即在外电路中引起持续的电流。当外电路输入的电量全部用于电极反应，而不改变双电层结构时，电极电位不会发生变化，电荷能够毫不阻挡地通过界面，这时电极电位不改变，常用来做参比电极，因此称为理想不极化电极。

绝对的理想极化电极和理想不极化电极是不存在的，一般电极或多或少都有一些极化和电极反应存在。但在一定的电位范围内，可以找到基本符合理想电极条件的实际体系。

1.2　电毛细现象

毛细管插入液体时，由于弯曲液面与平面的蒸气压不同，在毛细管壁内外形成液面高度差称为毛细现象。物体的表面分子受到内部分子吸引，形成缩小表面的作用力称为表面张力。任何两相界面都存在着界面张力，电极/溶液界面也不例外。但对于电极体系来说，界面张力不仅与界面层的物质组成有关，而且与电极电位有关。这种界面张力随电极电位变化的关系曲线称为电毛细曲线。

采用将理想极化电极极化至不同电位 E，同时测出相应的界面张力 σ 值，即可得到电毛细曲线。通常用毛细管静电计测量液态金属的电毛细曲线，其装置如图 1-2 所示。

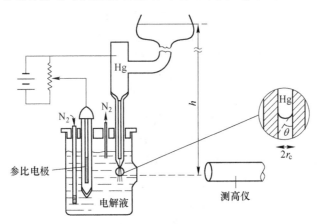

图 1-2　毛细管静电计

测量时在每一个电位下调节 Hg 柱高度 h，使倒圆锥形的毛细管内 Hg 弯月面的位置保持一定，假定毛细管壁被溶液完全润湿，设毛细管下端 Hg 的月弯面为半圆，毛细管的半径为 r，表面张力为 σ，则毛细管的下端 Hg 表面向上收缩的作用力与界面张力的关系为：$F = 2\pi r\sigma\cos\theta$。而 Hg 柱向下的压力为 $F = \rho hsg$（其中，ρ 为 Hg 的密度，g 为重力加速度，$s = \pi r^2$ 为毛细管的截面积）。平衡时 $2\pi r\sigma\cos\theta = \rho gh\pi r^2$，整理后得：

$$\sigma = \frac{\rho ghr}{2\cos\theta} \tag{1-1}$$

则界面张力与 Hg 柱的高度成正比，由 Hg 柱高度可以算出 Hg/溶液界面张力，用测得的界面张力与对应的电极电位可绘制电毛细曲线 $\sigma - \varphi$。

对于理想极化电极，界面的化学组成不发生变化，因而在不同的电位下测定的界面张力只能是电极电位改变所引起的，因此可根据实验结果绘制出 $\sigma\text{-}\varphi$ 曲线。实验测绘的电毛细曲线近似于具有最高点的抛物线，如图 1-3 所示。这种变化规律是由于在 Hg/溶液界面存在着双电层，即界面的同一侧带有相同符号的剩余电荷。无论是带正电荷还是带负电荷，由于同性电荷之间的排斥作用，都力图使界面扩大，与界面张力力图使界面缩小的作用恰好相反，因此带电界面的界面张力比不带电时要小。电极表面电荷密度越大，界面张力就越小。而电极表面剩余电荷密度的大小与电极电位密切相关，因而就有图 1-3 所示的 $\sigma\text{-}\varphi$ 关系曲线。

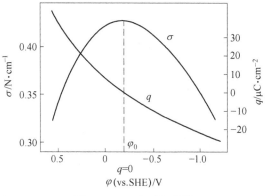

图 1-3　$\sigma\text{-}\varphi$ 电毛细曲线

1.3　零电荷电位

电极表面剩余电荷为零时的电极电位称为零电荷电位，用 E_0 表示。当电极表面不存在剩余电荷时，电极/溶液界面就不存在离子双电层，因此零电荷电位可以定义为电极/溶液界面不存在离子双电层时的电极电位。

零电荷电位可以通过实验测定。经典方法是通过测量电毛细曲线，求得最大界面张力所对应的电极电位值，即为零电荷电位。这种方法比较准确，可达到 1mV 左右，但只适用于液态金属。对于固态金属，则可通过测量与界面张力有关的参数随电极电位的变化的最大值或最小值来确定零电荷电位。例如可以测定附着在界面上气泡的临界接触角、金属毛细管中液面的升降、半浸金属丝上弯月面的变化，以及固体的硬度、润湿性等。若将这类参数随电极电势的变化绘成曲线，则根据曲线上最大值或最小值的位置也可以估计 E_0。

图 1-4 所示为用滴汞电极在不同无机盐溶液中测得的微分电容曲线，有一明显的极小值，其位置与稀溶液中的零电荷电位吻合。

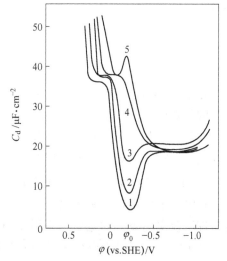

图 1-4　采用滴汞电极在不同浓度 KCl
溶液中测得的微分电容曲线

KCl 的浓度：1— 0.0001mol/L；2— 0.001mol/L；
3— 0.01mol/L；4— 0.1mol/L；5—1.0mol/L

1.4　微分电容法

金属表面电荷（q_M）对电极电位求微分，得到界面微分电容值，用 C_d 表示：

$$C_d = \frac{\partial q_M}{\partial \varphi} \qquad (1-2)$$

该电容值是 q_M-φ 曲线上任一点的斜率，微分电容与电极电位的关系如图 1-4 所示。由此可见，电极界面区的电容 C_d 与理想电容器存在差别。

为了测出不同电位下 q 的数值，将式（1-2）积分，得到

$$q = \int C_d \mathrm{d}\varphi + \mathrm{Const} \qquad (1-3)$$

式中，Const 为积分常数，可由 $q = 0$ 求得，故

$$q = \int_{\varphi_z}^{\varphi} C_d \mathrm{d}\varphi \qquad (1-4)$$

因此，电极电位为 φ 时 q 的数值相当于图 1-5 中曲线下方阴影部分的面积。

电毛细曲线法利用曲线的斜率求 q，而微分电容法利用曲线的积分求 q。两种测量方法的差别在于采用电毛细曲线法实际测量的 σ 是 q 的积分函数；而采用微分电容法实际测量的 C_d 是 q 的微分函数，显然用微分电容曲线得出的结果更精确。另外，电毛细曲线的直接测量仅限于液态金属，而微分电容的测量不受这个限制。因此，微分电容法在双电层性质的研究中比电毛细曲线应用更为广泛。

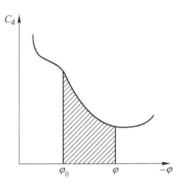

图 1-5　微分电容曲线与 q 的计算

1.5　特　性　吸　附

在金属/溶液界面上，除了因静电引力引起的吸附外，还有一种即使电场不存在也能发生的吸附现象，称为特性吸附。

如图 1-6 所示，汞电极在 NaBr、KI、KCNS、NaCl 等溶液中的零电荷电位相对于 NaF 均存在不同程度的偏移，就是因为 Br^-、I^-、SCN^-、Cl^- 等在电极上都有特性吸附。当阴离子在电极上发生特性吸附时，它所带的负电荷排斥金属电极上的电子，吸引阳离子使电极带正电，只有电极电位更负时特性吸附的阴离子才能脱附，继而达到表面电荷为零。零电荷电位负移越多，表明阴离子的特性吸附越强。在汞电极上，一些常见的阴离子特性吸附的强弱顺序为：$S^{2-} > I^- > Br^- > Cl^- > OH^- > F^-$。这一顺序大致与 Hg_2^{2+} 和这些离子所生成的难溶盐的溶度积顺序相似，显示导致这些离子在汞电极上特性吸附时涉及的相互作用可能与形成化学键时涉及的相互作

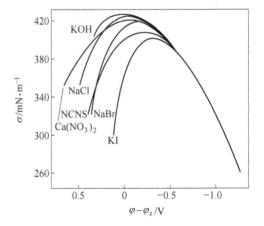

图 1-6　各电解质溶液中汞电极的
电毛细曲线（18℃）
φ_z —汞在 NaF 溶液中的零电荷电位

用相似。

某些阳离子也存在特性吸附，如 $N(C_3H_7)_4^+$ 等。与阴离子特性吸附相对应的是，阳离子的特性吸附使得零电荷电位向正方向移动，同样，零电荷电位正移越多，阳离子的特性吸附越强。

1.6 离子双电层结构

1.6.1 Helmholtz 模型

因为金属电极是一种良导体，所以在平衡时，其内部不存在电场，金属相的过剩电荷都严格存在于表面。于是 Helmholtz 首先提出关于界面电荷分离的推论，认为溶液中的相反电荷也存在于表面。因此，应当说有两个分子量级距离分开的、极性相反的电荷层。实际上，双电层这个名字起源于 Helmholtz 在此领域内的早期著作。Helmholtz 模型如图 1-7 所示。

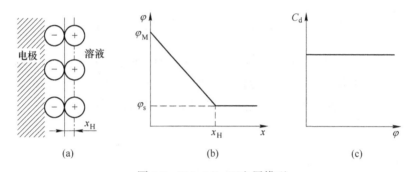

图 1-7　Helmholtz 双电层模型

（a）界面区电荷的分布；（b）界面区电势的分布；（c）电容随电势的变化

这样的结构相当于平行板电容器，其储存电荷密度为：

$$\sigma_{电} = \frac{\varepsilon\varepsilon_0}{d}V \tag{1-5}$$

式中，ε 为介质的介电常数；ε_0 为真空的介电常数；d 为两板之间的距离。

由于界面电容表征界面在一定电势扰动下相应的电荷储存能力，因此微分电容可表示为微小的电势变化所造成的电荷密度的微小变化为：

$$\frac{\partial \sigma_{电}}{\partial V} = C_d = \frac{\varepsilon\varepsilon_0}{d} \tag{1-6}$$

这个模型的缺点可见于式（1-6）中，该式表明电容 C_d 是一个常数，但在真实体系中，C_d 并非常数，图 1-8 所示为汞在不同浓度氟化钠溶液中的微分电容-电势曲线。图 1-8 中 C_d 随电势和浓度的变化说明无论 ε 和 d 都与这些变量有关，因此，需要更合理的模型。

1.6.2 Gouy 和 Chapman 模型

由于施加的电位和电解质溶液的浓度都会影响双电层电容值，这样双电层就不是像

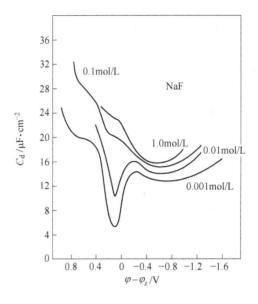

图 1-8　汞在 NaF 溶液（25℃）中的微分电容-电势曲线

Helmholtz 描述的那样是紧密排列的，而是具有不同的厚度，因为离子是自由运动的，这一模型称为扩散双电层。双电层模型如图 1-9 所示。这个可以定性地解释许多实验事实并算出表示双电层结构的各种参数，但它不能解释离子的特性吸附。

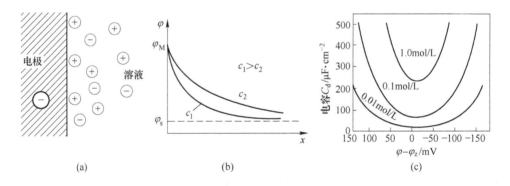

图 1-9　Gouy-Chapman 双电层模型

（a）界面区电荷的分布；（b）界面区电势的分布；（c）根据 Gouy-Chapman 理论预测的微分电容

1.6.3　Stern 模型

Stern 将 Helmholtz 模型和 Gouy-Chapman 模型结合起来，认为形成的双电层紧靠电极处是紧密层，接下来是扩散层，延伸到溶液本体（见图 1-10）。对实验结果的解释是，在远离零电荷电位时，电极对离子施加一个很强的作用力，使离子牢固地排列在电极表面，在这一距离内，电位将严格地遵循紧密层的规律；靠近零电荷电位时，存在一个离子的扩散分布（分散层），用数学式表示就是等价为两个串联的电容器：紧密层电容器和分散层电容器。这两个电容中较小的一个决定所观察到的双电层的性质。

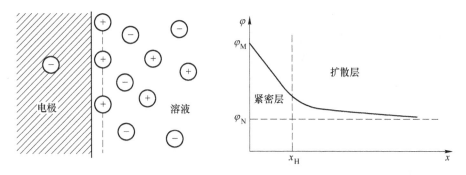

图 1-10 Stern 双电层模型

上述三个模型中，Stern 模型是相对较合理的，但是也并不能解释曲线上所有的形状。这是由于由汞构成的液体电极，是一种特殊的情况，而其他的电解质与固体电极会表现出更多复杂的性质。Stern 模型区分了电极表面吸附的离子和扩散层的离子。

1.6.4 Grahame 和 Bockris 模型

Stern 后，Grahame 提出了分三个区域的概念（见图 1-11），与 Stern 模型不同的是考虑了特性吸附的存在。

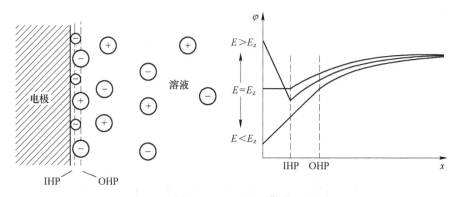

图 1-11 Grahame 模型

IHP—内 Helmholtz 面；OHP—外 Helmholtz 面

此后 Bockris 提出了考虑溶剂化作用的 Bockris 模型，认为溶剂分子优先排列在电极的表面，如图 1-12 所示。

溶剂偶极分子的取向是根据电极所带电荷的性质决定，偶极溶剂分子与特性吸附离子在同一层。特性吸附离子电中心的位置称做内 Helmholtz 面（inner Helmholtz plane, IHP），外 Helmholtz 面（outer Helmholtz plane, OHP）是指通过吸附的溶剂化离子层的中心面，OHP 以外是分散层。图 1-13 所示为双电层区域内的电势分布。

双电层的结构能够影响电极过程的速率，考虑一个没有特性吸附的电活性物质，它只能靠近电极到 OHP，它所感受到的总电势比电极和溶液之间的电势差小 $\varphi_2 - \varphi^s$，该值是分散层上的电势降，记为 $\varphi_1 = \varphi_2 - \varphi^s$。在稀溶液中，当电极电势接近于零电荷电位时，特别是存在表面活性物质的吸附时不能忽略 φ_1 对电子转移步骤反应速率的影响。

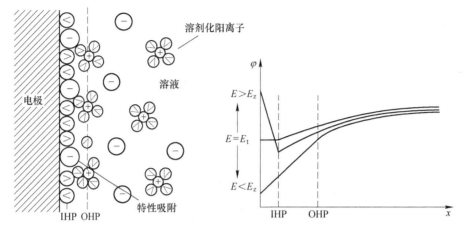

图 1-12　Bockris 双电层模型

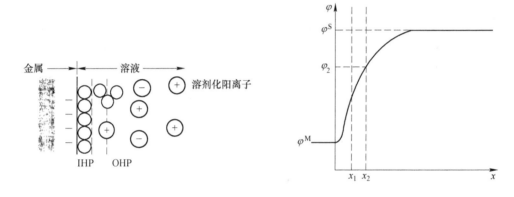

图 1-13　双电层区域的电势分布

1.7　金属与电解质溶液形成的双电层

金属与电解质溶液形成的双电层具有以下特点：

（1）在金属电极一侧，当电极材料是良导体时，自由电子的浓度很大，少量的剩余电荷全部紧密地排列在电极表面一侧。

（2）溶液一侧的剩余电荷由离子组成，离子受电极表面剩余电荷的静电作用，异电荷离子被吸引，同电荷离子被排斥，使离子趋向于紧密排列在溶液一侧；同时，这些离子还受热运动的作用，趋向于在溶液中均匀分布。如果静电作用大于热运动，就会有部分异电荷离子紧密地排列在界面上，形成紧密双电层。这会减小电极表面剩余电荷对溶液内部离子的静电作用，直到其远小于热运动作用。这时，离子在界面溶液一侧的分布服从 Boltzmann 定律，形成分散层。由紧密层和分散层构成双电层，如图 1-14 所示。

以电极表面到溶液内部两排电荷之间的距离为水化离子靠近电极表面的最小距离，设为 d，则当 $x=0$ 到 $x=d$ 之间没有电荷存在。因此在 $x=0\sim d$ 范围内，电场强度是相等的，

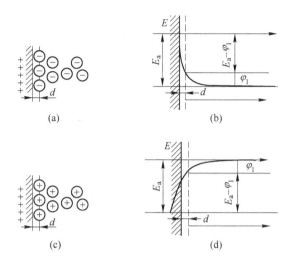

图 1-14 双电层中电荷分布和电位分布

（a）（b）$q > 0$；（c）（d）$q < 0$

电位与 x 呈线性关系；在 $x > d$ 时，由于异号电荷的存在，电场强度随 x 增加逐渐减小，电位与距离 x 呈非线性关系。

电极与溶液界面之间的电位差由两部分组成：1）紧密层中的电位差，又称做界面电位差，用 $E_a - \varphi_1$ 表示；2）分散层电位差，又称做"液相中"电位差，用 φ_1 表示。具体如图 1.14（b）、（d）所示。

（3）电极/溶液界面双电层的微分电容，根据定义可用式（1-7）表示：

$$\frac{1}{C_d} = \frac{dE_a}{dq} = \frac{d(E_a - \varphi_1)}{dq} + \frac{d\varphi_1}{dq} \tag{1-7}$$

由此得出：

$$\frac{1}{C_d} = \frac{1}{C_{\text{紧}}} + \frac{1}{C_{\text{分}}} \tag{1-8}$$

即可把双电层微分电容看做是紧密层和分散双电层串联而成。

（4）双电层的结构。根据双电层的紧密层电位差与分散层的电位差的相对大小，可分析双电层的结构特点：1）当 $C_{\text{分}}$ 远小于 $C_{\text{紧}}$ 时，$C_d \approx C_{\text{分}}$，即离子双电层主要由分散层构成，由此可得电位差 $E_a - \varphi_1 \approx 0$。2）当 $C_{\text{分}}$ 远大于 $C_{\text{紧}}$ 时，$C_d \approx C_{\text{紧}}$，即离子双电层主要由紧密层构成，由此得出 $\varphi_1 \approx 0$。反之，也可以由 φ_1 来判断离子双电层的结构特点。当 $\varphi_1 \approx 0$ 时，离子双电层主要由紧密层构成；当 $E_a \approx \varphi_1$ 时，离子双电层主要由分散层构成。因此只要知道 φ_1 的大小，即可知离子双电层的结构特点。双电层微分电容的组成如图 1-15 所示。

图 1-15 双电层微分电容的组成

1.8 双电层方程求解及讨论

以 1-1 价电解质溶液为例，推导双电层方程式。设金属电极为无限大的平面，则溶液中电位只随离电极表面的距离 x 变化。

（1）在电极/溶液界面 $x \gg d$ 的溶液中，假设离子与电极之间只受到静电作用和热运动的作用，那么，界面上离子的分布与自由运动的粒子在势能场中的分布规律相同，服从 Boltzmann 定律。离子的浓度可用下式表示：

$$c_+ = c \cdot \exp\left(-\frac{\psi F}{RT}\right) \tag{1-9}$$

$$c_- = c \cdot \exp\left(\frac{\psi F}{RT}\right) \tag{1-10}$$

式中，c_+、c_- 分别为正、负离子在电位为 ψ 液层中的浓度；ψ 为距离电极表面 x 处的电位；c 为溶液的平均浓度，也是没有双电层（$\psi = 0$）时的浓度；F 为法拉第常数。

因此可得在距离表面 x 处的液层中，离子剩余电荷的密度为：

$$\rho = Fc_+ - Fc_- = cF\left[\exp\left(-\frac{\psi F}{RT}\right) - \exp\left(\frac{\psi F}{RT}\right)\right] \tag{1-11}$$

式中，ρ 和 ψ 均是未知数。

（2）若忽略离子的体积，假定溶液中的电荷分布是连续的，可应用静电中泊松（Possion）方程，把剩余电荷的分布与双电层溶液一侧的电位分布联系起来。Possion 方程如下：

$$\frac{\partial^2 \psi}{\partial x^2} = -\frac{\rho}{\varepsilon_0 \varepsilon_r} \tag{1-12}$$

联解式（1-11）和式（1-12），得到双电层方程：

$$\frac{\partial^2 \psi}{\partial x^2} = -\frac{cF}{\varepsilon_0 \varepsilon_r}\left[\exp\left(-\frac{\psi F}{RT}\right) - \exp\left(\frac{\psi F}{RT}\right)\right] \tag{1-13}$$

根据复合函数的微分法，令 $\dfrac{\mathrm{d}\psi}{\mathrm{d}x} = f$，则：

$$\frac{\mathrm{d}^2 \psi}{\mathrm{d}x^2} = \frac{\mathrm{d}f}{\mathrm{d}x} = \frac{\mathrm{d}f}{\mathrm{d}\psi} \cdot \frac{\mathrm{d}\psi}{\mathrm{d}x} = f \cdot \frac{\mathrm{d}f}{\mathrm{d}\psi} = \frac{1}{2}\frac{\mathrm{d}f^2}{\mathrm{d}\psi}$$

即

$$\frac{\partial^2 \psi}{\partial x^2} = \frac{1}{2} \cdot \frac{\mathrm{d}}{\mathrm{d}\psi}\left(\frac{\mathrm{d}\psi}{\mathrm{d}x}\right)^2 \tag{1-14}$$

代入式（1-13），得到：

$$\frac{1}{2} \cdot \frac{\mathrm{d}}{\mathrm{d}\psi}\left(\frac{\mathrm{d}\psi}{\mathrm{d}x}\right)^2 = -\frac{cF}{\varepsilon_0 \varepsilon_r}\left[\exp\left(-\frac{\psi F}{RT}\right) - \exp\left(\frac{\psi F}{RT}\right)\right] \tag{1-15}$$

对上式积分有：

$$\frac{1}{2} \cdot \left(\frac{\mathrm{d}\psi}{\mathrm{d}x}\right)^2 = \frac{cRT}{\varepsilon_0 \varepsilon_r}\left[\exp\left(-\frac{\psi F}{RT}\right) + \exp\left(\frac{\psi F}{RT}\right) + A\right] \tag{1-16}$$

式中，A 为积分常数，根据边界条件 $x \to \infty$ 时，$\psi = 0$，$\dfrac{\mathrm{d}\psi}{\mathrm{d}x} = 0$，代入式（1-16）得 $A = -2$。

则式（1-16）变为：

$$\frac{1}{2} \cdot \left(\frac{\mathrm{d}\psi}{\mathrm{d}x}\right)^2 = \frac{cRT}{\varepsilon_0 \varepsilon_r}\left[\exp\left(-\frac{\psi F}{RT}\right) + \exp\left(\frac{\psi F}{RT}\right) - 2\right] = \frac{cRT}{\varepsilon_0 \varepsilon_r}\left[\exp\left(-\frac{\psi F}{2RT}\right) - \exp\left(\frac{\psi F}{2RT}\right)\right]^2 \tag{1-17}$$

两边开方则有：

$$\frac{\mathrm{d}\psi}{\mathrm{d}x} = \pm\sqrt{\frac{2cRT}{\varepsilon_0\varepsilon_\mathrm{r}}}\left[\exp\left(-\frac{\psi F}{2RT}\right) - \exp\left(\frac{\psi F}{2RT}\right)\right] \tag{1-18}$$

当 $\psi > 0$ 时，$\dfrac{\mathrm{d}\psi}{\mathrm{d}x} < 0$，式（1-18）取正号：

$$\frac{\mathrm{d}\psi}{\mathrm{d}x} = \sqrt{\frac{2cRT}{\varepsilon_0\varepsilon_\mathrm{r}}}\left[\exp\left(-\frac{\psi F}{2RT}\right) - \exp\left(\frac{\psi F}{2RT}\right)\right] \tag{1-19}$$

在 $x = d$ 处，则为：

$$\left(\frac{\mathrm{d}\psi}{\mathrm{d}x}\right)_{x=d} = \sqrt{\frac{2cRT}{\varepsilon_0\varepsilon_\mathrm{r}}}\left[\exp\left(-\frac{\psi_1 F}{2RT}\right) - \exp\left(\frac{\psi_1 F}{2RT}\right)\right] \tag{1-20}$$

根据 Gauss 公式：

$$\left(\frac{\mathrm{d}\psi}{\mathrm{d}x}\right)_{x=0} = -\frac{q}{\varepsilon_0\varepsilon_\mathrm{r}} \tag{1-21}$$

可以求得双电层中电极表面所带电量 q 与 ψ_1 的关系。从 $x=0$ 到 $x=d$ 的区域内不存在剩余电荷，ψ 与 x 呈线性关系，电场强度是不随 x 变化的常数值，即：

$$\left(\frac{\mathrm{d}\psi}{\mathrm{d}x}\right)_{x=0} = \left(\frac{\mathrm{d}\psi}{\mathrm{d}x}\right)_{x=d} \tag{1-22}$$

将式（1-21）和式（1-22）代入式（1-20）中，得：

$$q = \sqrt{2cRT\varepsilon_0\varepsilon_\mathrm{r}} \cdot \left[\exp\left(-\frac{\psi_1 F}{2RT}\right) - \exp\left(\frac{\psi_1 F}{2RT}\right)\right] \tag{1-23}$$

这就是著名的离子双电层方程。它表明离子双电层中分散双电层电位差 ψ_1 与电极表面电荷密度 q、溶液浓度 c 之间的关系。

根据图 1-14 所示，假设 d 是不随电极电位变化的常数，将紧密双电层作为平行板电容器，其电容值 $C_\text{紧}$ 为常数，即

$$C_\text{紧} = \frac{\mathrm{d}q}{\mathrm{d}(E_\mathrm{a} - \psi_1)} = \frac{q}{E_\mathrm{a} - \psi_1} = 常数$$

或

$$q = C_\text{紧}(E_\mathrm{a} - \psi_1) \tag{1-24}$$

将上式代入式（1-23），得到双电层方程的另一种表达形式：

$$q = C_x(E_\mathrm{a} - \psi_1) = \sqrt{2cRT\varepsilon_0\varepsilon_\mathrm{r}} \cdot \left[\exp\left(-\frac{\psi_1 F}{2RT}\right) - \exp\left(\frac{\psi_1 F}{2RT}\right)\right]$$

或

$$E_\mathrm{a} = \psi_1 + \frac{1}{C_x}\sqrt{2cRT\varepsilon_0\varepsilon_\mathrm{r}} \cdot \left[\exp\left(-\frac{\psi_1 F}{2RT}\right) - \exp\left(\frac{\psi_1 F}{2RT}\right)\right] \tag{1-25}$$

由于式（1-25）将电极/溶液界面双电层的总电位差 E_a 与 ψ_1 联系在一起，因而在讨论界面结构时更为实用。根据双电层方程的两种形式，可以分析表面带电量及浓度等因素对 ψ_1 的影响，由 ψ_1 的相对大小来分析双电层在不同条件下的结构特点：当电极表面电荷密度 q 和溶液浓度 c 都很小时，双电层中的静电作用能远小于离子热运动能，即 $|\psi_1 F|$ 远小于 RT，双电层方程可按级数展开：

$$q = \sqrt{2cRT\varepsilon_0\varepsilon_\mathrm{r}}\left\{\left[1 + \frac{\psi_1 F}{2RT} + \frac{1}{2!}\left(\frac{\psi_1 F}{2RT}\right)^2 + \cdots\right] - \left[1 - \frac{\psi_1 F}{2RT} + \frac{1}{2!}\left(-\frac{\psi_1 F}{2RT}\right)^2 + \cdots\right]\right\}$$

$$= \sqrt{2cRT\varepsilon_0\varepsilon_r} \cdot \frac{\psi_1 F}{RT}$$

得到：
$$q = \sqrt{\frac{2c\varepsilon_0\varepsilon_r}{RT}}\psi_1 F \qquad (1\text{-}26)$$

或
$$E_a = \psi_1 + \frac{1}{C_{紧}}\sqrt{\frac{2c\varepsilon_0\varepsilon_r}{RT}}\psi_1 F \qquad (1\text{-}27)$$

式（1-27）是双电层方程在 q 和 c 很小时近似方程的两种表达形式，由此看出：

（1）由于 c 很小，式（1-27）中右边的第二项可忽略不计，得到 $E_a \approx \psi_1$，说明双电层主要由分散层构成。分散层的特点如图 1-16 所示，从图中可以看到，由于电极表面的带电量少，溶液一侧中的剩余电荷主要分布在溶液中，几乎没有紧密层形成，因此紧密层的电位 $E_a - \psi_1$ 几乎为零。

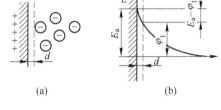

图 1-16 分散层示意图

（a）电荷分布；（b）电位分布

（2）根据双电层式（1-23），可求得分散层的双电层电容为：

$$C_{分} = \frac{dq}{d\psi_1} = F\sqrt{\frac{c\varepsilon_0\varepsilon_r}{2RT}}\left[\exp\left(-\frac{\psi_1 F}{RT}\right) - \exp\left(\frac{\psi_1 F}{2RT}\right)\right] \qquad (1\text{-}28)$$

该式表明，$C_{分}$ 随电极表面剩余电荷 q 而变化，$|q|$ 增加时，$C_{分}$ 增加，当 $q=0$ 时，ψ_1、$C_{分}$ 取极小值，则：

$$C_{分} = F\sqrt{\frac{2c\varepsilon_0\varepsilon_r}{RT}} \qquad (1\text{-}29)$$

（3）当电极表面电荷密度 q 和溶液浓度 c 都比较大时，双电层中的静电作用能远大于热运动能（$|\psi_1|F \gg RT$）。式（1-23）右边的两项中总是一项比另一项大得多，可忽略其中的一项。此时双电层中 $|E_a| \gg |\psi_1|$，即双电层中分散层所占比例很小，双电层主要由紧密层构成。紧密层结构如图 1-17 所示。

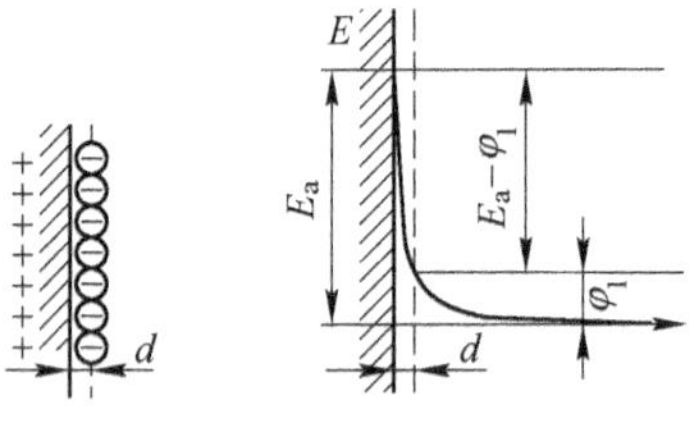

$$E_a \approx E_a - \psi_1, \quad C_d \approx C_{紧}$$

$$q_M \approx \pm\sqrt{2cRT\varepsilon_0\varepsilon_r} \cdot \exp\left(\pm\frac{\psi_1 F}{2RT}\right) \qquad (1\text{-}30)$$

或
$$E_a \approx \pm\frac{1}{C_{紧}}\sqrt{2cRT\varepsilon_0\varepsilon_r} \cdot \exp\left(\pm\frac{\psi_1 F}{2RT}\right) \qquad (1\text{-}31)$$

图 1-17 紧密层结构示意图

（a）电荷分布；（b）电位分布

这是因为 q 很大时，静电作用就大，会吸附大量的离子形成紧密层，紧密层上的离子降低了电极表面上剩余电荷对溶液中离子的吸附作用，使溶液中离子的分布仍然满足 Boltzmann 公式，所以 E_a 可以增加到很大，ψ_1 的增加却是有限的。当 $q>0$ 时，式（1-31）取负，得：

$$E_a \approx -\frac{1}{C_{紧}}\sqrt{2cRT\varepsilon_0\varepsilon_r} \cdot \exp\left(\pm\frac{\psi_1 F}{2RT}\right) \tag{1-32}$$

当 $q<0$ 时，式（1-31）取正，得：

$$E_a \approx \frac{1}{C_{紧}}\sqrt{2cRT\varepsilon_0\varepsilon_r} \cdot \exp\left(\pm\frac{\psi_1 F}{2RT}\right) \tag{1-33}$$

式（1-32）和式（1-33）即为 q 和 c 较大时双电层的近似方程，用对数的形式表示为：

$$\psi_1>0 \text{ 时}，\qquad \psi_1 \approx -\frac{2RT}{F}\ln\frac{1}{C_{紧}}\sqrt{2cRT\varepsilon_0\varepsilon_r} + \frac{2RT}{F}\ln E_a - \frac{RT}{F}\ln c \tag{1-34}$$

$$\psi_1<0 \text{ 时}，\qquad \psi_1 \approx -\frac{2RT}{F}\ln\frac{1}{C_{紧}}\sqrt{2cRT\varepsilon_0\varepsilon_r} - \frac{2RT}{F}\ln E_a + \frac{RT}{F}\ln c \tag{1-35}$$

由上述讨论可知，ψ_1 与 E_a 的相对大小决定了双电层的结构特点。双电层方程表明了各种因素对 ψ_1 的影响，由式（1-35）可看出，主要的影响因素有电极表面剩余电荷密度、溶液的浓度、溶液介电系数和温度。

复习思考题

1-1 什么是理想不极化电极和理想极化电极？

1-2 解释电毛细现象、零电荷电势和特性吸附现象。

1-3 离子双电层结构包括哪些模型，它们的特点是什么？

2 电极与电解池

2.1 电 极 电 位

电极电位，也称电极电势。电极和溶液界面双电层的电位为绝对电极电位，直接反映了电极过程的热力学和动力学的特征。人们无法单凭一个电极进行电极电势的测量，而必须用两个电极，用测量电池电动势的方法测量电极电势，这样测得的电极电势称做相对电极电势。

相对电极电势，或通常称为电极电势。按照 1953 年 IUPAC（国际纯粹化学与应用化学联合会）的斯德哥尔摩惯例，（相对）电极电势的定义如下：若任一电极 M 与标准氢电极（SHE）组成以下形式的无液接电势的电池，则 M 电极的标准电极电势即是此电池的电动势。

例如：

$$Pt, H_2(101.325kPa) | H^+(a_{H^+} = 1) \| Zn^{2+}(a_{Zn^{2+}} = 1) | Zn$$

其电动势 E 即是锌的标准电极电势 $\varphi^{\ominus}_{Zn^{2+}/Zn}$：

$$E = \varphi^{\ominus}_{Zn^{2+}/Zn} = -0.763V(25℃)$$

按照这一国际惯例，在原电池表达式中，以标准氢电极为负极（左端，发生氧化反应），以欲测电极为正极（右端，发生还原反应），则此电池的标准电动势就是欲测电极在该温度下的标准电极电势。

因此，测定某电极的电极电位，只要将该电极与标准氢电极组成原电池，其电池电动势就是被测电极的电极电位（见图 2-1）。如用 $\varphi_{研}$ 表示被测电极的电极电位，$\varphi^{\ominus}_{H_2}$ 表示标准氢电极电位，E 为该两电极组成的原电池电动势。如被测电极为正极：

$$E = \varphi_{研} - \varphi^{\ominus}_{H_2} \tag{2-1}$$

如被测电极为负极，则有：

$$E = \varphi^{\ominus}_{H_2} - \varphi_{研} \tag{2-2}$$

因为 $\varphi^{\ominus}_{H_2} = 0$，所以上面两式变为：

$$E = \varphi^{\ominus}_{研} \quad 或 \quad \varphi_{研} = -E \tag{2-3}$$

这时可用符号 $\varphi(vs, SHE)$ 表示该研究电极的电位，$\varphi(vs, SHE)$ 符号表示该电位是相对于标准氢电极的。

标准氢电极是 H_2 和 H^+ 均处于热力学标准状态下的一种电极，而标准状态是一种理想状态，实际上是很难实现的，因此要制备电极电位精确等于标准氢电极的电极体系在实验技术上是很困难的。所以，在实际的电位测量中，很少采用标准电极，而是用各种类型的参比电极。在实验室中用得最多的参比电极是甘汞电极、银-氯化银电极等，只要将参

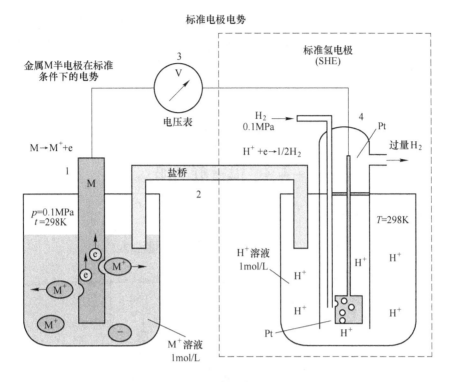

图 2-1　测量电极电势的电路

比电极与被测电极组成原电池，测出其电池电动势，同样可以得到被测电极的电极电位。如用 $\varphi_{参}$ 表示参比电极电位，以该电位作为标准电极，可以测出被测电极的电极电位。

在实际应用中，往往并不需要指出参比电极相对于标准氢电极的电极电位。一种很方便的方法，就是令参比电极电位 $\varphi_{参} = 0$。如某电极与饱和甘汞电极组成原电池，并令饱和甘汞电极的电位为零，那么所测电池电动势即为某电极相对于饱和甘汞电极的电极电位，可用符号 $\varphi(vs, SCE)$ 表示。

电极电位的测定可用高阻抗电位差计、数字电压表、真空管毫伏计或用 X-Y 函数记录仪等仪器，但不能用一般的伏特计。为了准确测定电极电位，对测量仪表有如下要求：

（1）测量电位的仪表，必须具有很高的输入阻抗。测量电路的路端电压为：

$$V = |\varphi_{研} - \varphi_{参}| - i_{测} R - |\Delta\varphi_{极化}|$$

式中，$i_{测}$ 为测量回路流过的电流；R 为测量回路的欧姆电阻；$\Delta\varphi_{极化}$ 为由于电化学反应的迟缓和扩散过程的迟缓而造成的电极的极化。

只有当 $i_{测} R$ 和 $\Delta\varphi_{极化}$ 足够小，才能得到 $V = |\varphi_{研} - \varphi_{参}|$。所以必须使 $i_{测}$ 足够小，即测量电路的电阻 R 足够大，R 包括测量仪器的内阻 $R_{仪器}$，一般要求 $R_{仪器} > 10^7\Omega$。

（2）对测定电极电位的仪表，除了要有高的输入阻抗之外，还要有一定的量程与精度。

（3）在暂态实验中，还要求测量仪表具有足够快的响应速度。响应速度是指电位（或电流）值快速变化时，测量仪器跟踪显示电位（或电流）暂态值的能力。一般暂态实验中常选用示波器来记录电位值或电流值随时间的变化，随着电子技术的发展，现代记录暂态电位值可采用贮存示波器或电子计算机系统。

另外，在极化电位测量中，应该注意到如果研究电极与参比电极间的溶液欧姆降较大，将会造成较大的误差，为了减少这种误差，可用 Luggin 毛细管并将其尖嘴尽量靠近研究电极表面，从而减少溶液欧姆电位降。但 Luggin 毛细管的尖嘴与电极表面不能靠得太近，否则将会对电极表面产生屏蔽作用，而影响电流密度的分布。一般情况下，Luggin 毛细管的尖嘴与电极表面的距离约 0.5mm 就不会出现屏蔽作用，但对于某些精确的测量可用桥式补偿电路，运算补偿电路来消除溶液电位降。

2.2　电　解　池

2.2.1　三电极体系的电解池

在电化学实验中，常常采用三电极体系的电解池（见图 2-2）。

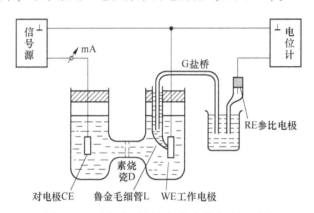

图 2-2　三电极体系测量极化曲线实验装置图

三电极体系电解池由下面几部分组成。

（1）H 型电解池。这种电解池结构简单，使用方便，在测定稳态极化曲线及暂态实验中均可采用。为了防止辅助电极产物对研究电极电位测定的影响，常采用隔膜将辅助电极与研究电极隔开，隔膜一般用多孔材料制成。对于暂态实验，由于测量时间短，辅助电极产物来不及达到研究电极表面，研究便结束了，因此，暂态实验可不用隔膜，但稳态实验一定要用隔膜。

（2）研究电极。研究电极也叫工作电极或实验电极，该电极上所发生的电极过程就是研究的对象。因此要求研究电极具有重现的表面性质。作为电化学研究用得较广的研究电极有固体金属电极、碳电极等。

（3）辅助电极。辅助电极也称对电极，它只用来通过电流以实现研究电极的极化。研究阴极过程时，辅助电极作阳极；而研究阳极过程时，辅助电极作阴极。辅助电极的面积一般比研究电极大，这样就降低了辅助电极上的电流密度，使其在测量过程中基本上不被极化，常用铂黑电极作辅助电极。有时为了测量简便，辅助电极也可以用与研究电极相同的金属制作。如果辅助电极的产物对研究电极有影响，则可以在 H 型电解池中间用素烧瓷或微孔烧结玻璃板（D）把阴阳极区隔开（见图 2-2）。

（4）参比电极。参比电极是测量电极电势的比较标准，它在测量过程中具有已知且稳定的电极电势。参比电极是可逆电极，它的电势是平衡电势，符合 Nernst 公式。原则上参比电极是不极化电极，即当有电流流过时电极电势变化微小。参比电极的电势随温度变化要小，而且断电后能很快恢复到原先的电极电势值，不发生滞后现象。另外，参比电极的制作、使用和维护更方便。

（5）盐桥。盐桥的作用是连接参比电极与研究电极，以消除不同溶液间的液体接界电位。盐桥靠近研究电极的一端有 Luggin 毛细管，作用是减小溶液的欧姆电位降。

图 2-3 为图 2-2 的简化示意图。从图 2-2 和图 2-3 中可以看出，三电极体系构成了两个回路：一是极化回路（图中左侧），由辅助电极、研究电极和极化电源构成，这个回路有极化电流通过，使研究电极在不同的电流密度下极化；二是测量回路（图中右侧），由参比电极、研究电极和电势测量仪器构成，它的作用是测量或控制研究电极相对于参比电极的电势，这一回路几乎没有电流通过（电流小于 10^{-7}A）。可见，利用三电极体系既可以使研究电极在一定电流密度范围内变化，又可以使参比电极电位稳定，因此可以同时测定通过研究电极的电流与电位，从而得到研究电极的极化曲线。

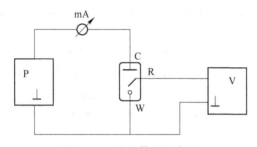

图 2-3 三电极体系示意图

P—极化电源，为研究电极提供极化电流；mA—电流表（用以测量电流）；V—测量电势的仪器

三电极体系电解池是电化学测量必须具备的最基本的实验装置，除用以测定稳态极化曲线，各种暂态实验之外，在地质、冶金、化工、腐蚀等领域的测量和研究也得到广泛应用。

2.2.2 电解池的设计原则

设计一个电化学体系电解池时，应该遵守如下几条原则：

（1）电流密度分布要均匀。为了使研究电极表面电流密度分布均匀，必须合理排布电解池内的研究电极，辅助电极的位置及选择适宜的电极形状。当研究电极为平面电极时，辅助电极也应是平面电极，而且平行放置，研究电极的背面要绝缘。如果研究电极两面都要有电流通过，可在研究电极两侧各放一辅助电极。同时要注意 Luggin 毛细管安装的位置，例如 Luggin 毛细管离研究电极表面太近，也会影响研究电极表面电流密度的分布。要使电解池体系中电流密度分布均匀，辅助电极与研究电极之间的距离要适当，一般来说，辅助电极与研究电极之间的距离增大，可提高电流分布的均匀性，但辅助电极与研究电极之间的距离增大，会增大二者之间的溶液电阻，这样不但会影响恒电位仪的输出电流，同时在大电流极化时，也会使溶液温度升高，因此辅助电极与研究电极之间的距离在允许的条件下要尽可能靠近一些。

（2）合适的电解液体积。在稳态极化曲线的测量中，如电解池体积太小，会引起溶液成分明显变化，而影响测量结果，但若电解池体积太大，既浪费溶液又不便于操作。在一般情况下，电解池体积视溶液体积、电极面积而定。溶液体积可以这样确定：研究电极面积为 $1cm^2$ 时，电解液体积为 50mL。在电结晶与金属腐蚀的研究中，控制这样的比例关系比较适宜。当然，对不同的实验，这一比例不尽相同。例如，在电分析实验中，要求在尽可能短的时间内使溶液中的反应物基本上反应完毕，这时电极面积与溶液体积之比可以大些。但在有些实验中要求溶液的浓度基本上不变，这时电极面积与溶液体积之比可以减小一些。

（3）合适的研究电极与辅助电极面积。研究电极与辅助电极面积的大小要根据具体的实验要求来确定。总的来看研究电极面积不宜太大，因为在相同的电流密度下，电极面积越大，电流强度也越大，这就必须考虑仪器的输出功率是否允许，同时研究电极的面积较小，双电层电容小，这样可以使电极系统接近纯电阻的性质，在暂态测量中可以减小电流与电位响应的滞后现象，所以研究电极的面积宜小。研究电极面积一般为 $3\sim13mm^2$（直径为 $2\sim4mm$）。辅助电极的面积一般较大，这样可以减少辅助电极产物对研究电极的干扰，一般辅助电极面积 $4\sim5cm^2$。

（4）电解池要结构简单，操作方便。为了便于在两次测量之间更换电解液或清洗电解池，也可采用可拆卸式结构的电解池，这种电解池研究电极室与辅助电极室不用烧结玻璃隔膜，而用带磨口的玻璃活塞连接，这种电解池便于清洗，操作方便；为了使电极位置易于重现，可将研究电极与辅助电极，分别装在研究电极室与辅助电极室的带磨口的玻璃盖中。

2.2.3　电极材料的选择

电解池材料的选择视不同的实验目的和实验技术而异。对于材料的选择要依据具体的使用环境，特别重要的性质是电解池材料的稳定性，要避免使用材料分解产生杂质，干扰被测的电极过程。

最常用的电解池材料是玻璃，一般采用硬质玻璃。玻璃电解池使用温度范围宽，易于加工成型，在大多数无机及有机电解质溶液中具有良好的化学稳定性，但玻璃在氢氟酸或浓碱溶液中会遭受腐蚀。

聚四氟乙烯（PTFE）也称特弗隆（Teflon），具有极佳的化学稳定性，在王水、浓碱中均不发生变化，也不溶于任何有机溶剂。PTFE 具有较宽的使用温度，为 $-195\sim250℃$。PTFE 是较软的固体，在压力下容易发生变形，因此适合于封装固体电极，而且 PTFE 具有强烈的憎水性，电解液不易渗入 PTFE 和电极之间，因而具有良好的密封性。

有机玻璃，化学名为聚甲基丙烯酸甲酯（PMMA）。PMMA 具有良好的透光性，易于机械加工。在稀溶液中稳定，在浓氧化性酸和浓碱中不稳定，在丙酮、氯仿、二氯乙烷、乙醚、四氯化碳、醋酸等很多有机溶剂中可溶。作为电解池材料，PMMA 只能用于不高于 70℃ 的场合。

除了上述低温电解池材料外，在高温熔盐中常用石墨、石英玻璃、氧化铝等材料作电解池，这些材料能耐高温，对于腐蚀性较强的体系如氟化物、氯化物体系也能使用。

2.2.4 几种常用的电解池

图 2-4 所示为一类常用的电解池，称为 H 型电解池。研究电极、辅助电极和参比电极各自处于一个电极管中。研究电极和辅助电极间用多孔烧结玻璃板隔开，参比电极通过 Luggin 毛细管与研究体系相连，毛细管管口靠近研究电极表面。三个电极管的位置可做成以研究电极管为中心的直角，这样有利于电流的均匀分布和进行电势测量。

图 2-5 所示为一种适用于腐蚀研究的电解池，由美国材料试验协会（ASTM）推荐使用。它是圆瓶状，有两个对称的辅助电极，以利于电流的均匀分布。电解池配有带 Luggin 毛细管的盐桥，通过它与外部的参比电极相连通。

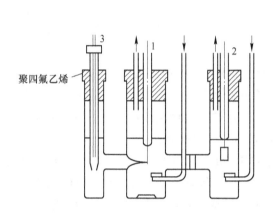

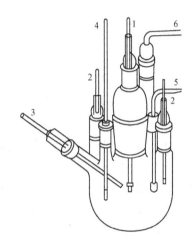

图 2-4　H 型电解池

1—研究电极；2—辅助电极；3—参比电极

图 2-5　一种用于金属腐蚀研究的电解池

1—研究电极；2—辅助电极；3—盐桥；
4—温度计；5—进气管；6—出气管

2.3 研 究 电 极

2.3.1 固体金属电极的预处理

在电化学测量中，测量结果不仅与研究电极的性质有关，还与电极表面状态有明显的关系。为了能得到重现性好的测量结果，电极在使用前必须进行预处理，包括机械处理、化学处理和电化学处理等步骤。

（1）固体金属电极的机械处理。封装好的电极要用细砂纸打磨光量。磨光的顺序是从粗到细的砂纸逐级打磨，然后使用抛光粉逐级抛光，直到电极表面没有划痕为止。

（2）固体金属电极表面的化学处理。电极试样特别是易钝化的金属，除了在预处理过程中可能会产生氧化膜之外，打磨好的试样在空气中停放也会形成氧化膜，对电化学测量也有影响。因此经过磨光、抛光后的电极还要进行除油和清洗处理。除油多用有机溶剂，如甲醇、丙酮等。铂电极常用王水和热硝酸进行清洗。

（3）固体金属电极表面的电化学处理。固体金属电极作为研究电极在实际测试前，有时需要在与测定用的电解液相同组成的溶液中做几遍电势扫描。这个过程通常是开始用阳极极化，然后用阴极极化。进行阳极极化时，金属离子或非金属离子从电极上溶解下来，在阴极极化期间，溶液中的电活性离子在电极上还原。这个过程一般需要进行多次，最后以阴极还原结束。

2.3.2　固体电极的制备

在冶金电化学研究中，用得最多的是固体电极。常用的固体电极有如下几种：

（1）铂电极。在实验室中常用铂电极作为研究电极或辅助电极。铂电极主要有丝状和片状两类（见图 2-6）。丝状的铂电极称为铂丝电极，制备方法是：将直径为 0.5mm 左右的铂丝，在酒精喷灯上直接封入玻璃管中，露在玻璃管外的铂丝长度可根据实验要求确定。片状铂电极的制备方法是：取一小块铂片与一小段铂丝，将它们在酒精喷灯上烧红，将铂丝的一端放在铂片上用铁锤敲一下，二者就牢牢地焊在一起了。再将铂丝的另一端封在玻璃管里，后面的制作方法与铂丝电极相同。

（2）金属圆盘电极。将金属加工成所需要的圆柱状（直径一般为 2～3mm），然后将其用力插进聚四氟乙烯管中，金属一端露出，将此端磨平或抛光作为电极的表面，即可制成金属圆盘电极。这样制得的电极，金属与聚四氟乙烯间密封性良好。特别是由于聚四氟乙烯具有强烈的憎水性，使电解液不易在金属和聚四氟乙烯间渗入。

对于加工成圆片状的电极试样（圆片状比方片状电流分布更均匀），在其背面焊上铜丝作导线，电极的非工作面及引出的导线必须绝缘好。较好的绝缘方法是将电极试样封嵌在热固性或热塑性的树脂中，例如将试样和导线放在模子中加入聚三氟氯乙烯或聚乙烯粉末，加热到 240℃，加压成型，可制得密封性良好的电极。封嵌后的试样经过打磨、抛光、除油和清洗后即可用于测量。如图 2-7 所示。

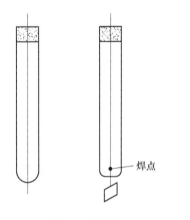

图 2-6　铂电极

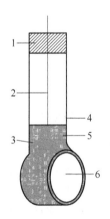

图 2-7　固体金属电极

1—石蜡；2—铜丝；3—试样与铜丝的焊点（它们的接触点）；
4—聚四氟乙烯；5—环氧树脂；6—试样

另一种封装方式是将电极试样紧紧压入内径略小于试样外径的聚四氟乙烯套管中，或者使用热收缩法，当套入电极试样后，加热使聚四氟乙烯管收缩，紧紧裹住电极。

2.4 辅 助 电 极

辅助电极的作用相对比较简单，它和设定在某一电势下的研究电极组成极化回路，使得研究电极上电流畅通。研究电极的反向电流应能流畅地通过辅助电极，因此一般要求辅助电极本身电阻小，并且不易发生极化。在研究电极和辅助电极彼此分开的电解池中，辅助电极一侧的反应物几乎不影响研究电极。但是，当研究电极和辅助电极同处一室时，辅助电极一侧的反应生成物将严重影响到研究电极的反应。此时选用本身不参加反应的材料作辅助电极是很重要的，而且还得经常考虑电解池电极的放置问题。在一般情况下，可用铂黑或者碳电极做辅助电极。在铂电极上镀铂，其表面将析出凹凸不平的铂层，这样的铂层吸收光后，表面显黑色，因此叫做铂黑电极，铂黑电极的表观面积可达一般平滑电极的数千倍。

镀铂黑的电极的制备：将铂电极先在王水中浸洗，为了表面不被氧化，镀铂黑前可以在稀硫酸中阴极极化 $5 \sim 10min$，用水洗净后在 $1\% \sim 3\%$ 的氯铂酸 H_2PtO_6 溶液中电镀铂黑。具体方法是：将大约 $1g\ H_2PtO_6$ 溶解于 $30mL$ 水中形成电解液，往电解液中添加 $5 \sim 8mg$ 的醋酸铅 $Pb(CH_3COO)_2$（在铅共存下可更好地形成铂黑），放入待处理的铂电极，在 $10 \sim 30mA/cm^2$ 的电流密度下进行阴极极化，通电时间为 $10 \sim 20min$。使用如图 2-8 所示的线路效果更好，图中 1 为直流源，3V 左右，R 为可变电阻，mA 为毫安表。电镀槽 2 中为两片待镀铂电极，换向开关 S 是用来改变电流方向的。接通电源后，每两分钟换向一次，目的是增加铂黑的疏松程度。电流密度的大小应控制在使两电极表面有少

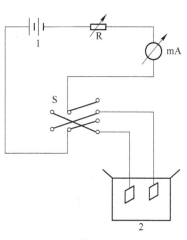

图 2-8 镀铂黑电路图

量气泡自由逸出为宜。如果得到的铂镀层呈灰色，应重新配制电解液，重新电镀；如果镀出的铂黑一洗即掉，应将铂电极用王水浸洗干净，或用阳极极化的方法溶解掉，并用较小的电流密度重镀。得到浓黑疏松的沉积层后，取出电极用蒸馏水洗净，然后放入 10%（质量分数）的稀 H_2SO_4 溶液中进行阴极极化，电解 10min 以除去吸附在铂黑上的氯。取出镀好的铂黑电极洗净后放入氢电极溶液中，不用时应将其放在蒸馏水或稀硫酸中，切不可让它干燥。

2.5 参 比 电 极

参比电极广泛用于电化学测量中，如电极过程动力学的研究、溶液 pH 值的测定、电化学分析、平衡电池研究以及金属腐蚀、化学电源、电镀、电解等各个领域。近年来随着有机电解质溶液体系的电化学氧化还原和熔盐电化学的进展，已经产生了一批适用于有机电解质溶液和熔盐体系的参比电极。参比电极的作用是作为测量电极电势的参比对象，用它可以从测得的电池电动势计算被测电极的电极电势。参比电极的性能直接影响着电势测

量或控制的稳定性、重现性和准确性。不同的场合对参比电极的性能要求不尽相同，我们应根据具体测量对象，合理选择参比电极。

在电化学测量中一般要求参比电极有如下的性能：

（1）理想的参比电极是不极化电极。即电流流过时电极电势的变化很微小。这就要求参比电极具有较大的交换电流密度（$i_0 > 10^{-5} A/cm^2$）。当流过的电流小于$10^{-7} A/cm^2$时，电极不发生极化。

（2）温度系数要小。参比电极应具有较小的温度系数，而且当温度发生波动后，只要温度恢复到原来的值，电位应迅速回到原电位值。常用的参比电极，如氢电极、甘汞电极、银-氯化银电极，在常温下温度系数都很小，但在高温下除氢电极仍然具有良好的可逆性外，对于甘汞电极，由于高温下甘汞会分解，使电极电位发生很大变化。

（3）电位稳定，重现性好。电位稳定是指电极制备好以后，放置数天，电位稳定不变。而重现性好是指各次制作的同一电极，其电位应一致。对于甘汞电极或银-氯化银电极重现性可达到小于$0.02 mV$。因此，这两种电极可用于精确的电化学测量。在一般情况下，参比电极电位在$1 mV$以内波动，就认为该参比电极重现性好。

（4）电极的制作、使用和维护简单方便。

如果要准确测量电极电势时，还要求参比电极是可逆的，它的电势是平衡电势，符合Nernst电极电势公式。在快速测量中要求参比电极具有低电阻，以减少干扰，提高系统的响应速度。

2.5.1 水溶液中常用的参比电极

水溶液中常用的参比电极有氢电极、甘汞电极、硫酸亚汞电极、氧化汞电极、氯化银电极等，下面分别予以介绍。

2.5.1.1 氢电极

氢电极的可逆性好，电势重现性甚佳，优质氢电极的电势能长时间稳定不变。氢电极的电极反应如下：

$$2H^+ + 2e \rightleftharpoons H_2$$

为了增加吸附效率和电极表面积以减小电极的极化作用，铂电极上需镀铂黑，然后浸入溶液中通入氢气使氢气对溶液饱和。把镀铂黑的铂电极浸在氢离子的平均活度为1的溶液中，通入一个大气压的氢气，人们将这样的氢电极的电势定为零，称为标准氢电极，作为电极电势的标准。其他情况下可用下式计算其电极电势：

$$\varphi = \frac{RT}{F}\ln\frac{a_{H^+}}{p_{H_2}^{1/2}} \tag{2-4}$$

式中，a_{H^+}为H^+的活度；p_{H_2}为氢气的压力。

若氢气的压力是一个大气压，在25℃时氢电极电势为：

$$\varphi_{H_2} = -0.059pH \tag{2-5}$$

常用的氢电极可做成如图2-9所示的结构，其中所用的电极材料通常是铂片。铂片可做成适当大小（如1cm×1cm），与一根铂丝相焊接，将铂丝密封入玻璃管中，再在铂片上镀上铂黑。

在镀铂黑前，铂片电极可在热 NaOH-乙醇溶液中浸洗约5min，以除去表面油污，然后在浓硝酸中浸洗数分钟，取出用蒸馏水充分冲洗。为了除去铂表面的氧化物，在电镀前将电极在 0.005mol/L H_2SO_4 溶液中阴极极化 5min，再用蒸馏水洗净。镀铂黑的方法为：3% 的氯铂酸溶液，电镀的电流密度约为20mA/cm，时间约为 5min，镀出的铂黑呈灰黑色。电镀时应避免电极上有明显的氢气析出。为了增加铂黑的活性，可以在 0.1mol/L H_2SO_4 溶液中以 0.5A/cm 的电流密度阳极、阴极极化各几次，每次约 15s。电镀后必须将铂黑电极保存在蒸馏水或稀硫酸溶液中。

氢电极通常用 1mol/L 的 HCl 溶液作为电解液，铂黑电极上部要露出液面，处于氢气氛中，使其存在气、液、固三相界面，以有利于氢电极迅速建立平衡。溶液中通过稳定的氢气流（以每秒 2~3 个泡的速度为宜），通氢后电极达到平衡。而在

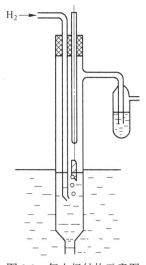

图 2-9 氢电极结构示意图

氢气饱和的溶液中，数分钟内应达到其平衡电势，误差不大于 1mV，否则应将铂黑用王水溶液（由 3 体积浓盐酸、1 体积浓硝酸和 4 体积水的混合溶液）除去后重镀。

为了除去氧气和有害杂质，须将氢气预先净化。氢电极易受砷、汞、硫的化合物毒化作用使电极难以达到平衡，一般用在浓盐酸或硝酸中加热的方法使其恢复正常。如此法无效，则须将铂黑用王水除去后重镀。

氢电极不适合用于含强氧化剂的溶液中，如 Fe^{3+}、CrO_4^{2-}、氯酸盐、高氯酸盐、高锰酸盐等，这些物质能在氢电极上还原，从而使电极电势变正。在含有易被还原的物质，如不饱和有机物、Cu^{2+}、Ag^+、Pb^{2+} 等离子的溶液中也不适于用氢电极作参比电极，这些物质在氢电极上还原后，使铂黑的催化活性下降。当电势测定的精度要求很高时，必须严格地进行氢压力的校正。另外，保证电解液的纯度也很重要，由于铂黑有很强的吸附能力，溶液中某些有害物质如砷化物、硫化物及胶体杂质等吸附到铂黑表面，使其催化活性区被覆盖，从而使氢电极中毒。

2.5.1.2 甘汞电极

甘汞电极（calomel electrode）是最常用的参比电极：

$$Hg \mid Hg_2Cl_2(s) \mid Cl^-$$

它的电极反应是：

$$Hg_2Cl_2(s) + 2e \Longrightarrow 2Hg + 2Cl^-$$

它的电极电势取决于所使用的 KCl 溶液的活度，其电极电势的表示式为：

$$\varphi = \varphi^\ominus - \frac{RT}{F}\ln a_{Cl^-} \tag{2-6}$$

式中，$\varphi^\ominus$ 为甘汞电极的标准电势，$\varphi^\ominus = 0.267V$。

甘汞电极中常用的 KCl 溶液有 0.1mol/L、1.0mol/L 和饱和三种浓度，其中以饱和式最常用。

甘汞电极的电势随温度升高而降低。通常甘汞电极内的溶液采用饱和 KCl 溶液。这种

电极称饱和甘汞电极（saturated calomel electrode，SCE），它的温度系数（-0.65mV/℃）较大。有些甘汞电极采用 0.1mol/L 的 KCl 溶液，其温度系数（-0.06mV/℃）较小。Hg_2Cl_2 在高温时不稳定，所以甘汞电极一般适用于 70℃ 以下的温度。

图 2-10 所示为一些常用的甘汞电极形式，图 2-10（a）和（b）为市面上出售的饱和甘汞电极，这两种甘汞电极在电化学测量中广泛使用。它们的结构大致相同，电极内部有一根小玻璃管，管内上部放置汞，它通过封在玻璃管内的铂丝与外部导线相通，汞的下面放汞与甘汞糊状物，为了防止它们下落，在小玻璃管的底部用脱脂棉花或多孔陶瓷塞住，小玻璃管浸在 KCl 溶液中，甘汞电极下端也用多孔橡皮套套上。图 2-10（b）的电极比图 2-10（a）的电极多一根玻璃套管，套管底部也有多孔陶瓷，套管内注入 KCl 溶液，使用时将甘汞电极连同玻璃套管一起放入溶液中，这种甘汞电极称为双盐桥甘汞电极。当用于非氯化物体系时，玻璃套管中也可以注入被研究溶液，这样可以减少饱和甘汞电极溶液中氯离子对研究体系的污染。有些电化学测量要用大面积甘汞电极。以减少极化，这种甘汞电极必须自己制备，图 2-10（c）和（d）就是实验中制备的几种甘汞电极形式。

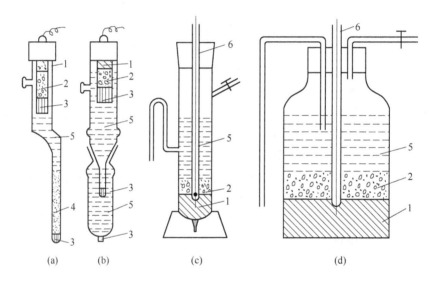

图 2-10　各种形式的甘汞电极
1—汞；2—汞与甘汞糊状物；3—多孔陶瓷；4—KCl 晶体；5—KCl 溶液；6—铂电极

饱和甘汞电极在实验室中的制备方法为：取玻璃电极管，在其底部焊接一铂丝。取经重蒸馏的纯汞约 1mL，加入洗净并干燥的电极管中，铂丝应全部浸没。在一个干净的研钵中放一定量的甘汞（Hg_2Cl_2）、数滴纯净汞与少量饱和 KCl 溶液，仔细研磨后得到白色的糊状物（在研磨过程中，如果发现汞粒消失，应再加一点汞；如果汞粒不消失，则再加一些甘汞，以保证汞与甘汞相互饱和）。随后，在此糊状物中加入饱和 KCl 溶液，搅拌均匀成悬浊液。将此悬浊液小心地倾入电极溶液中，待糊状物沉淀在汞面上后，注入饱和 KCl 溶液，并静止一昼夜以上，即可使用。

刚刚做成或者放久没有使用的参比电极，使用时往往担心该参比电极的电势是否准确可靠，这时最好用另一可靠的参比电极确认它的电极电势。用一个输入阻抗大的电势计按

图 2-11 所示为那样进行测定, 同样的参比电极, 电势差一般不超过±1mV。

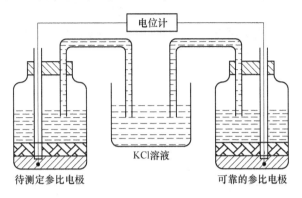

图 2-11 参比电极的电势校正

甘汞电极在使用过程中应注意以下几点:

(1) 若被测溶液中不允许含有氯离子, 则应避免直接插入甘汞电极, 这时应使用盐桥。

(2) 甘汞电极不宜使用在强酸或强碱性介质中, 因为此时的液体接界电势较大, 且甘汞电极可能被氧化。

(3) 不要将甘汞电极同能侵蚀汞或甘汞的物质以及与氰化钾溶液能起反应的物质接触, 也不要将电极长时间地浸在被测溶液中。

(4) 使用前, 先将电极侧管上的小橡皮塞及弯管下端的橡皮套取下, 以借着重力使管内的氯化钾溶液维持一定的流速与被测溶液通路。

(5) 安装电极时, 要使甘汞电极中氯化钾溶液的液面与待测溶液的液面有一定的高度差, 防止待测溶液向甘汞电极中扩散。

(6) 对于要求高的实验, 甘汞电极需要在恒温下工作, 以免受温度的影响。

(7) 每隔一定时间, 应用电导仪检测一次电极内阻, 阻值不能超出规定的内阻值 (10kΩ, 自制的甘汞电极的内阻一般为数千欧姆) 很多。

(8) 当电极内氯化钾溶液的液面未浸过电极内管管口时, 应在加液口注入饱和氯化钾溶液, 并注意去除弯管内气泡, 以免发生中断回路。

(9) 在饱和甘汞电极中应保留少许氯化钾晶体, 以保证溶液的饱和度。若溶液干结, 应从注液口加入饱和氯化钾溶液。

(10) 保持甘汞电极的清洁, 不得使灰尘或局外离子进入该电极内部。

2.5.1.3 汞-硫酸亚汞电极

汞-硫酸亚汞电极由汞、硫酸亚汞和含 SO_4^{2-} 离子的溶液组成:

$$Hg \mid Hg_2SO_4(s) \mid SO_4^{2-}$$

其电极反应为:

$$Hg_2SO_4(s) + 2e \rightleftharpoons SO_4^{2-} + 2Hg$$

其电极电势的表示式为:

$$\varphi_{\text{Hg}_2\text{SO}_4} = \varphi_{\text{Hg}_2\text{SO}_4}^{\ominus} - \frac{RT}{2F}\ln a_{\text{SO}_4^{2-}} \tag{2-7}$$

硫酸亚汞电极的电极电势随 SO_4^{2-} 离子的浓度和温度而变，见表2-1。

表2-1　硫酸亚汞电极的电极电势

电极体系	温度/℃	电极电势/V
$\text{Hg} \mid \text{Hg}_2\text{SO}_4 \mid \text{SO}_4^{2-}$ ($a_{\text{SO}_4^{2-}} = 1$)	25	0.6158
$\text{Hg} \mid \text{Hg}_2\text{SO}_4 \mid \text{K}_2\text{SO}_4$(饱和)	25	0.65
$\text{Hg} \mid \text{Hg}_2\text{SO}_4 \mid 0.1\text{mol/L H}_2\text{SO}_4$	18	0.687
$\text{Hg} \mid \text{Hg}_2\text{SO}_4 \mid 0.1\text{mol/L H}_2\text{SO}_4$	25	0.679

硫酸亚汞电极的结构形式与甘汞电极一样，制备方法也与甘汞电极相似，只不过将 Hg_2Cl_2 换为 Hg_2SO_4，Cl^- 换为 SO_4^{2-}。

Hg_2SO_4 在水溶液中易水解，且其溶解度较大，所以其稳定性较差。汞-硫酸亚汞常作为硫酸和硫酸盐体系中的参比电极，如用于铅酸蓄电池的研究、硫酸介质中的金属腐蚀的研究等。

2.5.1.4　汞-氧化汞电极

汞-氧化汞电极是碱性体系常用的参比电极，由汞、氧化汞和碱溶液组成：

$$\text{Hg} \mid \text{HgO} \mid \text{OH}^-$$

其反应式为：

$$\text{HgO(s)} + \text{H}_2\text{O} + 2\text{e} \Longleftrightarrow \text{Hg} + 2\text{OH}^-$$

其电极电势的表示式为：

$$\varphi_{\text{H}_2\text{O}} = \varphi_{\text{H}_2\text{O}}^{\ominus} - \frac{RT}{F}\ln a_{\text{OH}^-} \tag{2-8}$$

式中，$\varphi_{\text{HgO}}^{\ominus} = 0.098\text{V}$。

氧化汞电极电势随离子的浓度变化见表2-2。

表2-2　氧化汞电极的电极电势

电极体系	电极电势/V
$\text{Hg} \mid \text{HgO} \mid 1\text{mol/L NaOH}$	0.1135 ~ 0.00011(25℃)
$\text{Hg} \mid \text{HgO} \mid 1\text{mol/L KOH}$	0.107 ~ 0.00011(25℃)
$\text{Hg} \mid \text{HgO} \mid 0.1\text{mol/L NaOH}$	0.169 ~ 0.00007(25℃)

氧化汞电极的制作方法与甘汞电极类似，可用玻璃或聚四氟乙烯加工成容器，将电极管的一端封好铂丝，其中放入纯汞，汞上放一层汞-氧化汞糊状物。即在研钵中放一些红棕色的氧化汞（HgO 有红色和黄色两种，制备氧化汞时应采用红色 HgO，因红色 HgO 制成的电极能较快地达到平衡），加几滴汞，充分研磨均匀；再加几滴所用的碱液进一步研磨，但碱液不能太多，研磨后的糊状物应该是比较干的。然后加到电极管中，铺在汞的表面，并加入碱液即可。

氧化汞电极只适用于碱性溶液，因为氧化汞能溶于酸性溶液中。此电极的另一缺点是在碱性不太强（pH<8）的溶液中会发生下列反应：

$$Hg + Hg^{2+} \longrightarrow Hg_2^{2+}$$

因而形成黑色的氧化汞并消耗汞。应注意到，溶液中若有 Cl^- 存在会加速此过程进而形成甘汞。当溶液中的 Cl^- 浓度为 $10^{-12}mol/L$ 时，此电极只能在 pH>9 的情况下使用；当 Cl^- 浓度为 $0.1mol/L$ 时，只能在 pH 值为 11 以上的环境中使用。

2.5.1.5 银-氯化银电极

银-氯化银电极具有非常良好的电极电势重现性、稳定性，由于它是固体电极，故使用方便、应用很广，是一种常用的参比电极。

$$Ag \mid AgCl(s) \mid Cl^-$$

出于环保考虑，银-氯化银电极甚至有取代甘汞电极的趋势，这是由于汞具有毒性。此外，甘汞电极的温度变化所引起的电极电势变化的滞后现象较大，而氯化银电极的高温稳定性较好，其电极反应为

$$AgCl(s) + e \longrightarrow Ag(s) + Cl^-$$

电极电势可由下式表示：

$$\varphi_{AgCl} = \varphi_{AgCl}^{\ominus} - \frac{RT}{F}\ln a_{Cl^-} \tag{2-9}$$

式中，$\varphi_{AgCl}^{\ominus}$ 为氯化银电极的标准电势，不同温度下的氯化银电极的标准电势见表 2-3。

表 2-3　不同温度下氯化银电极的标准电势 $\varphi^{\ominus}$

温度/℃	0	10	20	30	40	50	60
$\varphi^{\ominus}$/V	0.2363	0.2313	0.2255	0.2191	0.2120	0.2044	0.1982

氯化银电极的制作方法有数种，常用的电解法如下：取 15cm 长的银丝（直径约 0.5mm）一根，将其一端焊上铜丝作为引出线，另一端取约 10cm 绕成螺旋形，螺旋直径约 5mm。然后用加固化剂的环氧树脂将其封入玻璃管内，如图 2-12 所示。

将螺旋形银丝用丙酮除油，再用 3mol/L HNO_3 溶液浸蚀，用蒸馏水洗净后放在 0.1mol/L HCl 溶液中进行阳极电解，用铂丝作阴极，外接直流电源进行电解氯化，电解的阳极电流密度为 $0.4mA/cm^2$，时间 30min，取出后用去离子水洗净，氯化后的氯化银电极呈淡紫色，为防止氯化银层因干燥而剥落，可将其浸在适当浓度的 KCl 溶液中，保存待用。

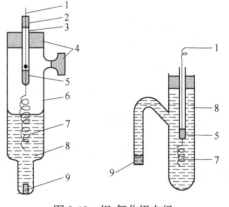

图 2-12　银-氯化银电极

1—导线；2—环氧树脂；3—玻璃管；4—橡皮塞；
5—Hg；6—电极管；7—镀覆氯化银的银丝；
8—KCl（或 HCl）溶液；9—石棉绳

氯化银在水中的溶解度很小，约为 $10^{-5}g/L$（25℃）。但是如果在 KCl 溶液中，由于氯化银和 Cl^- 能生成络合离子，氯化银的溶解度显著增加。其反应为：

$$AgCl(s) + Cl^- \longrightarrow AgCl_2^-$$

在 1mol/L KCl 溶液中，氯化银的溶解度为 0.14g/L，而在饱和 KCl 溶液中则高达 10g/L。因此为保持电极电势的稳定，所用 KCl 溶液需要预先用氯化银饱和，特别是在饱和 KCl 溶液中更应注意。此外，如果把饱和 KCl 溶液的银-氯化银电极插在稀溶液中，在液接界处 KCl 溶液被稀释，这时部分原先溶解的 $AgCl_2^-$ 离子将会分解而析出氯化银沉淀。这些氯化银沉淀容易堵塞参比电极管的多孔性封口。为了防止因研究体系溶液对银-氯化银电极稀释而造成的氯化银沉淀析出，可以在电极和研究体系溶液间放一个盛有 KCl 溶液的盐桥。

银-氯化银电极的电极电势在高温下较甘汞电极稳定，但对溶液内的 Br^- 十分敏感，溶液中存在 0.01mol/L Br^- 会引起电势变动 0.1~0.2mV。虽然受光照时，银-氯化银电极的电势并不立即发生变化，但因为光照能促使氯化银的分解，因此，应避免此种电极直接受到阳光的照射。当银的黑色微粒析出时，氯化银将略呈紫黑色。此外，酸性溶液中的氧也会引起氯化银电极电势的变动，有时可达 0.2mV。

以上介绍了五种参比电极的基本性能、特征和制备方法，在实际操作中要注意合理选用。氢电极可逆性非常好，电势稳定性好，但制备困难，使用不太方便，而且容易被许多阴离子和有机化合物毒化。饱和甘汞电极操作方便、持久耐用，其应用很广，但对温度的波动较敏感，而且氯化物的存在也限制了它在某些研究中的应用。在选择参比电极时，除了考虑上述各点外，还应考虑溶液间的相互作用和污染，常使用同种离子溶液的参比电极。在酸性溶液中最好选用氢电极和甘汞电极。在含有氯离子的溶液中最好选用甘汞电极和氯化银电极。当溶液 pH 值较高或在碱性溶液中，不能把甘汞电极直接插入被测溶液中，这时应选用氧化汞电极。银-氯化银电极溶液中银离子浓度要比甘汞电极溶液中的汞离子浓度大得多，如研究电极对银离子特别敏感，则使用时应采用盐桥使之隔开。

2.5.2 熔盐参比电极

熔盐体系不像溶液那样，有通用的参比电极，至今还没有一种电极可以公认为所有熔盐体系的标准电极，因此也没有一个统一的标准电极电位序，所以只能在各自的体系中建立自己的一套标准。熔盐参比电极与溶液参比电极一样，也必须具有可逆性能好、电位稳定、重现性好、制作方便等特点，下面介绍几种常用的熔盐参比电极。

2.5.2.1 气体电极

熔盐中气体电极有卤素电极，如氯电极就是常用的熔盐参比电极。氯电极的电极反应为：

$$\frac{1}{2}Cl_2 + e \Longleftrightarrow Cl^-$$

电极电位表示式为：

$$\varphi_{Cl_2/Cl^-} = \varphi_{Cl_2/Cl^-}^{\ominus} + \frac{RT}{F} \ln \frac{p_{Cl_2}^{1/2}}{a_{Cl_2}} \tag{2-10}$$

氯参比电极的制备方法是：用一个光谱纯石墨，为了使其电位稳定，首先将它放在纯氯气气氛中在 800~850℃高温下灼烧若干小时，使其充分吸附氯气，达到吸附饱和，再将它浸在熔体中，并不断通氯气，就制得氯参比电极，参比电极管可以用石英管或氧化铝管制作，并在底部稍上一点位置开一个小孔，使其与外界溶液相同。在氯参比电极使用过程中，如氯气压力发生变化，则电位也将发生变化，如氯气压力从 p_1 变到 p_2（$p_1 > p_2$），其电动势随压力的变化可用 Nernst 公式计算：

$$E_1 - E_2 = \frac{RT}{nF} \ln \frac{p_1}{p_2} \qquad (2\text{-}11)$$

实践表明，理论计算的电位值与实验测定值完全相同，因此这种方法也就证实了氯电极的可逆性。氯电极主要用于氯化物熔盐体系的参比电极。

与氯电极相类似的另一气体电极就是氧电极，在水溶液体系中氧电极是不可逆电极，而在熔盐体系中氧电极却是可逆电极。氧电极的结构类似于氯电极，其电极反应为：

$$\frac{1}{2}O_2 + 2e \Longleftrightarrow O^{2-}$$

在炉渣和含氧熔体中，都有 O^{2-} 存在，因此在这些熔体中，都有应用氧电极作为参比电极。

2.5.2.2 金属电极

金属电极中使用最广泛的是银电极，因为在高温下银最稳定，即使电极表面有 Ag_2O，但在 300℃ 以上高温下，会迅速分解成银，银在其本身离子的熔盐中的溶解度极小，可忽略不计。实验表明，银电极在含 Ag^+ 浓度范围较宽的熔盐中，电位具有良好的可逆性、重现性，且平衡电位建立得非常迅速。因此银电极作为熔盐中参比电极而广泛被采用。

银参比电极内的熔盐采用与研究体系相同的组成，并加一定量的含 Ag^+ 的盐，如在 LiCl-KCl 熔盐体系中，可加入 AgCl；在 $NaNO_3$-KNO_3 熔盐体系中可加入 $AgNO_3$。银电极制作方法是：在石英或氧化铝电极管中，放入含 Ag^+ 的熔盐，再插入一根纯净的银丝，电极管的末端可用多孔陶瓷、烧结玻璃或石棉绳封口，使之与外面的熔盐相通。

除银之外，铂片插入 Pt^{2+} 熔盐中也是很好的参比电极，熔盐中的铂电极是热力学可逆的，其电位的重现性约 1mV 以内，此外氟化物熔盐体系中可采用 Ni^{2+}/Ni 电极作为参比电极。

2.5.3 简易参比电极

在土壤或水中的金属防腐蚀工作中，常用 $Cu/CuSO_4$ 电极作为参比电极。它由铜棒插在饱和 $CuSO_4$ 溶液中组成，很难得到准确的电极电势值，Cl^- 对此电极的电极电势有较大的影响。

在对海洋船舶进行阴极保护时，常需要用银-氯化银电极起监测防护的效果。该电极的制作简单，将洁净的 5cm×15cm 的 0.074mm（200 目）银丝网浸入 500℃ 熔融的 AgCl，然后取出冷却，再在 3% 的 NaCl 溶液中作为阴极，通电流 100mA 约 1h 即可。此电极在开始使用时电极电势有漂移现象，但在数小时后漂移不大于 3mV。试验表明，此电极虽然每天持续 24h 通电流 0.2mA，其电极电势无明显变化。

在要求不高的情况下，可以用金属电极作为参比电极。例如在电池研究方面。在碱性

电池中可用 $Cd \mid Cd(OH)_2 \mid OH^-$ 电极，在铅蓄电池可用 $Cd \mid Cd(OH)_2 \mid SO_4^{2-}$ 电极。

将镉棒或镉片放在被 $Cd(OH)_2$ 饱和的碱溶液中即可得到 $Cd \mid Cd(OH)_2 \mid OH^-$ 电极。此电极搁置数天后，室温使用稳定性好。该电极的电势漂移小于每天 2mV，这种电势的漂移主要是由于镉与溶液中氧作用的缘故。在 25℃时它的标准电极电势为 -0.809V，在质量分数为 26% 的 KOH 溶液中镉电极相对于同溶液氢电极的电极电势为 0.023V。

在测量铅蓄电池电极的电势时，如果精度要求不高，在工业上可采用镉电极作参比电极。镉电极可由一根细镉棒外围孔性隔膜组成，也可以将镉棒插入一塑料管内，管上口塞死，下端拉成细管。电极管内注满稀 H_2SO_4 溶液，把细管插到蓄电池的极板之间，就可以用高内阻电压测量正负极的电极电势。

新做成的镉棒必须在蓄电池中用稀硫酸溶液浸数天，使其表面有些腐蚀，方能建立较稳定的电极电势。镉电极的电极电势约比汞-硫酸汞负 1.2V。这样制得的镉电极重现性较差，但制作方便，在蓄电池工业中常用它来检验充放电时正、负电极的电性能是否正常。

锌、镉、钯、锡、银、铜，甚至工业用金属材料，在不同场合下都可作参比电极。下面分别简单介绍铜、银、锌电极的制备方法。

（1）银电极的制备。将纯银丝用细砂纸轻轻打磨至露出新鲜的金属光泽，再用蒸馏水洗净作为阳极，将欲用的两支铂电极浸入稀硝酸溶液片刻，取出用蒸馏水洗净，将洗净的电极分别插入两个盛有镀银液（镀液组成为 100mL 水中加 1.5g 硝酸银和 1.5g 氰化钠）的小瓶中，将两个小瓶串联，控制电流为 0.3mA，镀 1h，得白色紧密的镀银电极两只。

（2）铜电极的制备。将铜电极在与水 1:3 的稀硝酸中浸泡片刻，取出洗净，作为负极，以另一纯铜板作阳极在镀铜液中电镀（镀铜液组成为：每升中含 125g $CuSO_4 \cdot 5H_2O$、25g H_2SO_4、50mL 乙醇）。控制电流为 20mA，电镀 20min 得表面呈红色的铜电极，洗净后放入 0.1mol/L $CuSO_4$ 中备用。

（3）锌电极的制备。将锌电极在稀硫酸溶液中浸泡片刻，取出洗净，浸入汞或饱和硝酸亚汞溶液中约 10s，表面上即生成一层光亮的汞齐，用水冲洗晾干后，插入 0.1mol/L $ZnSO_4$ 中待用。

2.6　盐　桥

2.6.1　液体接界电位

在电极电位的测量中，往往参比电极内溶液与被研究溶液的组成不一样，这时在两种溶液间就存在接界面，在界面两侧就会形成由于组成不同而引起的电位差。这种组成不同或浓度不同的两种溶液相接触时在两种溶液相接触的界面上产生的电位差就叫做液体接界电位。这种电位差产生的根本原因就是由于界面两侧的各种离子向对方扩散的速度不同。例如 0.1mol/L KCl 与 0.1mol/L NaOH 溶液相接触时 K^+、Cl^- 就会向 NaOH 溶液中扩散，而 Na^+、OH^- 也会向 KCl 溶液中扩散。由于 K^+、Cl^- 的离子淌度接近，因此 K^+、Cl^- 向 NaOH 溶液中扩散的速度也相同，所以不会产生由于 K^+、Cl^- 向 NaOH 溶液中扩散速度不同而引起的电位差，但是 Na^+、OH^- 的离子淌度相差却很大，OH^- 的离子淌度比 Na^+ 的离子淌度大得多，所以 OH^- 比 Na^+ 向 KCl 溶液中扩散速度要快，这样在 KCl 溶液一侧界面上负离子过剩，而在 NaOH 溶液一侧的界面上正离子过剩，这样在界面两侧形成了电位差。这一电位差的形成又会阻止 OH⁻ 向 KCl 溶液中继续扩散，而促进 Na⁺ 向 KCl 溶液中扩散，最后达到一种稳定的状态，这时在两种溶液界面上就会形成稳定的液体接界电位（见图 2-13）。液体接界电位也叫扩散电位。

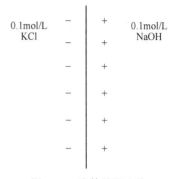

图 2-13 液体接界电位

液体接界电位至今尚无法精确测量和计算，有的文献认为，可用 Henderson 公式计算稀溶液的液体接界电位，Henderson 公式是：

$$E_j = \frac{RT}{F} \cdot \frac{(u_1 - v_1) - (u_2 - v_2)}{(u'_1 + v'_1) - (u'_2 + v'_2)} \ln \frac{u'_1 + v'_1}{u'_2 + v'_2} \quad (2\text{-}12)$$

$$u = \sum C_+ \lambda_+$$

$$u' = \sum C_+ \lambda_+ Z_+$$

$$v = \sum C_- \lambda_-$$

$$v' = \sum C_- \lambda_- Z_-$$

式中，E_j 为液体接界电位；下标 1、2 为第一种溶液和第二种溶液；C_+ 和 C_- 分别为阳离子和阴离子的浓度，mol/L；λ_+ 和 λ_- 分别为阳离子和阴离子的当量电导；Z_+ 与 Z_- 分别为阳离子和阴离子的价数。E_j 的正负号表示溶液 2 一侧所带电荷的正、负号。

从公式可以看出，当 $u=v$ 时，$E_j=0$，这就表示，只要两种溶液浓度相近，正、负离子当量电导相近，那么它们的溶液接界电位就可忽略不计。表 2-4 列出了 0.1mol/L KCl 和饱和 KCl 溶液与各种离子之间按式（2-12）计算的液体接界电位。

表 2-4 液体接界电位近似值（25℃）

液体接界	E_j/mV
0.1mol/L LiCl/0.1mol/L KCl	6.3
0.1mol/L NaCl/0.1mol/L KCl	4.4
0.1mol/L NaOH/0.1mol/L KCl	12.3
1mol/L NaOH/0.1mol/L KCl	45
1mol/L KOH/0.1mol/L KCl	34
0.1mol/L HCl/0.1mol/L KCl	−27
0.1mol/L H₂SO₄/0.1mol/L KCl	−39
0.1mol/L 柠檬酸二氢钾/饱和 KCl	−2.7
0.5mol/L HAC+0.05M NaAc/饱和 KCl	−2.4
0.1mol/L NaOH+0.05M NaAc/饱和 KCl	−2.4
0.1mol/L NaOH/饱和 KCl	0.4
1mol/L NaOH/饱和 KCl	8.6
0.1mol/L HCl/饱和 KCl	0.1
1mol/L HCl/饱和 KCl	−14.1

注：E_j 值的正、负，表示左侧溶液所带电荷符号。

从表中数据可以看出，酸或碱与盐溶液的液体接界电位比盐溶液之间的要大。这是因为 H^+ 和 OH^- 的淌度比任何其他粒子的淌度都要大。一般水溶液的 E_j 在 50mV 以内，但对于有些含有机溶剂如乙腈的有机电解液与饱和 KCl 水溶液的 E_j 竟高达 250mV，因此液体接界电位的存在对电极电位的测量会产生很大影响。为了提高电极电位的测量精度，需要设法消除液体接界电位，减小或消除液体接界电位最简单的方法就是用"盐桥"。

2.6.2 盐桥

在测量电极电势时，往往参比电极内的溶液和被研究体系内的溶液组成不一样。在两种溶液间存在一个液接面，在液接界面的两侧由于溶液的浓度不同，所含的离子的种类不同，在液接界面上产生液体接界电势。

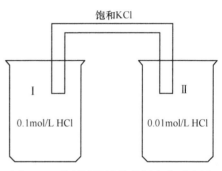

图 2-14 盐桥消除液体接界电位示意图

盐桥能够减小液接电势，防止两种溶液相互污染。例如，当 0.1mol/L HCl 与 0.01mol/L HCl 直接接触时，按式（2-12）计算，$E_j = -38mV$，如用饱和 KCl 盐桥将这两种溶液连接起来，如图 2-14 所示，使用盐桥以后将原来的一个接界面变成了两个接界面。界面 I 是饱和 KCl 与 0.1mol/L HCl 接界面，界面 II 是饱和 KCl 与 0.01mol/L HCl 接界面。由于盐桥中是饱和 KCl 溶液，因此在盐桥两端的界面上主要是 K^+、Cl^- 向稀溶液中扩散，而 K^+、Cl^- 当量电导很接近，因此 K^+、Cl^- 向对方扩散速度相近，那么在界面 I 和界面 II 上液体接界电位很小，实践表明界面 I 的 $E_j =$ 4.6mV，界面 II 的 $E_j = 3.0mV$ 且均是饱和 KCl 一侧带正电，这样两个液体接界电位可相互抵消一部分，所以使用盐桥以后能减少液体接界电位。从表 2-4 可以看出，随着 KCl 溶液浓度的减少，E_j 增加，其中饱和 KCl 的 E_j 较小，所以常用饱和 KCl 作为盐桥溶液。

常见的盐桥是一种充满盐溶液的玻璃管，管的两端分别与两种溶液相连。通常盐桥做成 U 形状，充满盐溶液后，把它置于两溶液间，使两溶液导通。图 2-15 所示为实验室中几种常用的盐桥。

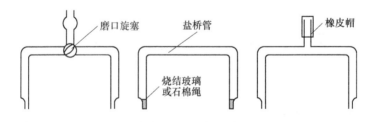

图 2-15 几种常用的盐桥

为了减缓盐桥两边的溶液通过盐桥的流动，通常需要采用一定的封结方式。最简单的盐桥封结方式是在盐桥内充满凝胶状电解液，从而抑制在盐桥内充满凝胶状的电解液，也可以抑制两边溶液的流动。所用的凝胶物质有琼脂、硅胶等，一般常用琼脂。制作时先在热水中加 4% 琼脂，待溶解后加入所需要的盐。趁热把溶液注入盐桥玻璃管内，冷却后管内电解液即呈冻胶状。这种盐桥电阻较小，但琼脂在水中有一定的溶解度，若琼脂扩散到电极表面，有一定的影响。此外，琼脂遇到强酸或强碱后不稳定，因此若研究溶液为强酸或强碱，则不宜用含琼脂的盐桥。在有机电解液中，由于琼脂能溶解，因此也不宜用它作为盐桥物质。

另一种常用的盐桥封结方式是用多孔烧结陶瓷、多孔烧结玻璃或石棉纤维封住盐桥管口，它们可以直接烧结在玻璃管内。这要求多孔性物质的孔径很小，通常孔径不超过几个微米。连接时可采用直接火上熔接，或用聚四氟乙烯或聚乙烯管套接。图 2-16 所示为两种盐桥和盐桥管口的封结形式。

为了尽量减小液体接界电位，作为盐桥内的溶液应满足下列三个条件：

（1）盐桥内溶液阴阳离子淌度要尽量接近。例如 KCl 溶液，K^+ 淌度为 $7.6×10^{-4} cm^2/(s·V)$，Cl^- 淌度为 $7.21×10^{-4} cm^2/(s·V)$，显然 K^+ 与 Cl^- 淌度接近，离子的淌度接近，那么离子的当

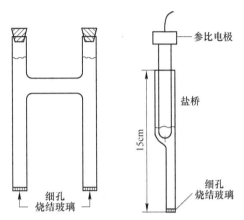

图 2-16 盐桥和盐桥管口的封结形式

量电导就接近，所以产生的液体接界电位 E_j 就小，因此 KCl 溶液常作为盐桥溶液；又如 NH_4NO_3 溶液，NH_4^+ 与 NO_3^- 淌度接近，所以也可作为盐桥溶液。

（2）盐桥溶液浓度要尽量高。从表 2-4 数据可以看出，饱和 KCl 溶液与各种溶液之间的 E_j 要小得多，如饱和 KCl 与 0.1mol/L NaOH 溶液之间的 $E_j = 0.4mV$，而 0.1mol/L KCl 溶液与 0.1mol/L NaOH 溶液的 $E_j = 34mV$，所以饱和 KCl 溶液常常作为盐桥溶液。

（3）盐桥溶液不能与被研究溶液中的离子发生反应。如研究溶液含有 Ag^+，就不能用 KCl 溶液做盐桥溶液，因为 Ag^+ 与 Cl^- 会生成 AgCl 沉淀，而污染被研究溶液，这时可用 NH_4NO_3 溶液作为盐桥。

2.7 Luggin 毛细管

2.7.1 Luggin 毛细管降低溶液欧姆降的原因

在极化测量中，为了减少研究电极与参比电极之间溶液的欧姆降，通常采用 Luggin 毛细管。所谓 Luggin 毛细管是指盐桥靠近研究电极的尖嘴部分，如图 2-17 所示。

Luggin 毛细管为什么能降低溶液的欧姆降呢？设 I 为极化电流，$\varphi_研$ 为研究电极电位，$\varphi_参$ 为参比电极电位，在测量回路中（见图 2-1）测得研究电极相对于参比电极的电极电位可用下式表示：

$$\varphi_测 = \varphi_研 - \varphi_参 + IR \qquad (2-13)$$

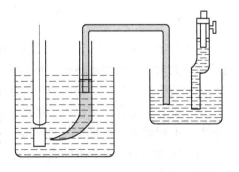

图 2-17 含 Luggin 毛细管的实验装置

式中，R 为电极表面到 Luggin 毛细管管口平面之间的液层的电阻；IR 为极化电流在电极表面到 Luggin 毛细管管口平面之间液层的电压降，也就是溶液的欧姆电位降。

如令 $\varphi_{参} = 0$，则式（2-13）变为：

$$\varphi_{测} = \varphi_{研} + IR \tag{2-14}$$

显然如果存在溶液的欧姆电位降，那么电极电位测量结果一定偏高，只有当 $IR \rightarrow 0$ 时，$\varphi_{测} = \varphi_{研}$，测量的电位值才等于实际的电极电位值。如果将 Luggin 毛细管管口平面尽量靠近研究电极表面，那么，就会降低溶液的欧姆电位降，提高电极电位的测量精度。

2.7.2 Luggin 毛细管的正确位置

Luggin 毛细管放置的位置对溶液欧姆电位降有明显影响，因此在电化学测量中，必须根据不同的电极形状，确定毛细管的正确位置。图 2-18 所示为几种常用的 Luggin 毛细管的形状及位置。图 2-18（a）是电化学测量中使用得最多的一种 Luggin 毛细管，毛细管的管口正面靠近电极，与电极表面的距离大约为毛细管的外径（一般为 0.5mm），且毛细管放在电极的中央部分，不能接触电极。对于平面电极，还可以采用图 2-18（b）和（c）的 Luggin 毛细管及其放置方式，图 2-18（b）所示的毛细管的端头是平的，其边缘有一小孔，使用时把它直接靠在平面电极表面，由于小孔在边缘，对电力线的屏蔽作用较小，但对溶液有对流影响。这种毛细管的制备方法是：将玻璃管的一端在与共轴线成 45°角处用酒精喷灯封入一金属丝，然后磨平此玻璃端，最后用酸溶掉封入的金属丝。图 2-18（c）所示的 Luggin 毛细管是用聚四氟乙烯管中钻一个小孔与参比电极相通，这种毛细管对电力线无屏蔽作用，对溶液对流也无影响，但这种毛细管制作麻烦，而且要使毛细管塞入电极小孔中，不能有缝隙所以使用也不方便。

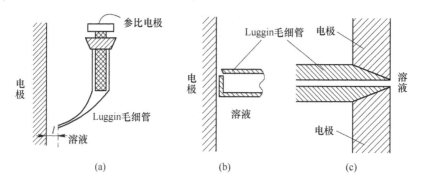

图 2-18   Luggin 毛细管的形式与位置

应该指出，采用 Luggin 毛细管使参比电极尽量靠近研究电极虽然可以把溶液的欧姆电位降减到最小，但对较精密的测量来说，采用 Luggin 毛细管仍不能解决问题，特别是在大的电流密度和低电导的溶液中，还需要采用其他方法，如电子补偿技术。在一般的恒电位仪、电化学综合测试仪中，都有溶液欧姆补偿电路，另外可采用断电流法测量，就是在断电流的瞬间进行电极电位的测量，这种方法消除了溶液欧姆电位降对电位测量的影响，但必须在刚刚断电的瞬间进行，否则随着时间的延长，电极的极化发生显著的衰减热使测得的结果不可靠。

复习思考题

2-1 什么是电极电位,如何测试?

2-2 三电极体系电解池的构成是什么?

2-3 固体研究电极的制作方法有哪些?

2-4 参比电极的类型、电极反应和适用范围是什么?

2-5 盐桥的作用原理是什么?

2-6 Luggin 毛细管的作用是什么?

3 稳态极化曲线

3.1 概　　述

电化学测量方法在总体上可以分为两大类：一类是电极过程处于稳态时进行的测量，称为稳态测量方法；另一类是电极过程处于暂态时进行的测量，称为暂态测量方法。

3.1.1 稳态的概念

在指定的时间范围内，如果电化学系统的参量（如电极电势、电流密度、电极界面附近液层中粒子的浓度分布、电极界面状态等）变化甚微或基本不变，那么这种状态称为电化学稳态。例如，锌空气电池以中小电流放电，起初电压下降较快，后来达到比较稳定的状态，电压变化很慢，即为稳态。

对某电极体系施加一恒定的极化电位，这时会发生一系列过程。首先，在电路接通的瞬间，流过电极界面的电流对电极与溶液界面双电层充电，其充电电流曲线如图 3-1 所示，i_c 为充电电流，且 i_c 随时间而变化，经过一定时间后，曲线上出现平台，表明电流不再随时间而变化，这时可以认为，双电层充电完毕，电化学极化达到稳态。其次，在电极与溶液界面上将发生电化学反应。如电极反应为 $O + ne \rightleftharpoons R$，当达到稳态时这一对电极反应将以一定的净速度进行，如发生阴极还原反应，将表现为

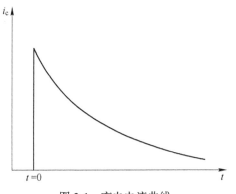

图 3-1　充电电流曲线

阴极还原电流稳定。最后，随着电化学反应的进行，电极表面反应物 O 的浓度会下降，此时溶液内部反应物离子就会通过扩散（或对流，电迁移）等液相传质步骤到达电极表面，这时电极表面附近的液层中会出现浓度梯度，反应物在电极表面的浓度分布如图 3-2 所示。当与电极表面距离一定时（如 $x = x_1$），随着时间的延长，电极表面反应物浓度逐渐下降，这时溶液内部反应粒子会不断向电极表面扩散。如有对流存在，经过一定时间之后，反应物浓度不再随时间而变化。可以认为扩散达到了稳态。另外，如果在电极过程中还存在表面转化步骤，那么当电极过程达到稳态时，在电极表面由于前置反应消耗反应物质的速度与扩散进入电极表面的该物质的速度相同，即表面转化反应也达到稳态。

由此可见，所谓稳态就是指电极过程中任一基本过程如双电层充电、电化学反应、扩散传质及表面转化反应等均已达到稳定的状态。双电层充电达到稳态表示双电层充电完毕，双电层电荷不变，所以，双电层充电电流为零。当双电层充电电流等于零时，电化学

反应达到稳态，此时电流稳定不变。因此电极过程中，电化学体系的参量如电流、电极电位、浓度都不随时间而发生变化时，就可以认为电极过程已经达到了稳态。

在稳态方法中，不仅要求电流、电极电位、浓度不随时间而变，还要求电极表面状态包括吸附状态、电极表面微观结构等均保持不变。因此真实的稳态条件是很难实现的。实际上只要上述基本参量速度不超过某一定值，就可以认为已经达到了稳态，可以按稳态系统处理。

关于稳态的理解应注意以下三个方面：

（1）稳态不等于平衡态，平衡态可看做是稳态的一个特例。例如当 Zn^{2+}/Zn 电极达到平衡时，$Zn \rightarrow Zn^{2+}+2e$ 和 $Zn^{2+}+2e \rightarrow Zn$ 正逆反应的速率相等，没有净的物质转移，也没有净的电流流过，这时的电极状态为平衡态。一般情况下稳态不是平衡态，例如 Zn^{2+}/Zn 电极的阳极溶解过程，达到稳态时 $Zn \rightarrow Zn^{2+}+2e$ 和 $Zn^{2+}+2e \rightarrow Zn$ 正逆反应的速率相差一个稳定的数值，表现为稳定的阳极电流。净结果是 Zn 以一定的速率溶解到电极界面区的溶液中成为 Zn^{2+}，然后 Zn^{2+} 又通过扩散、电迁移和对流作用转移到溶液内部。此时，传质的速率恰好等于溶解的速率，界面区的 Zn^{2+} 离子浓度分布维持不变，所以表现为电流不变，电势也不变，达到了稳态。可见稳态并不等于平衡态，平衡态是稳态的特例。

（2）绝对不变的电极状态是不存在的。在上述 Zn^{2+}/Zn 电极阳极溶解的例子中，达到稳态时，锌电极表面还是在不断溶解，溶液中 Zn^{2+} 的总体浓度还是有所增加的，只不过这些变化不显著而已。如果采用小的电极面积和溶液体积之比，并使用小的电流密度进行极化，那么体系的变化就更不显著，电极状态更容易处于稳态。

（3）稳态和暂态是相对而言的，从暂态到稳态是逐步过渡的，稳态和暂态的划分是以参量的变化显著与否为标准的，而这个标准也是相对的。例如进行上述 Zn^{2+}/Zn 电极的阳极溶解时，起初，电极界面处 Zn^{2+} 的转移速率小于阳极溶解速率，净结果是电极界面处 Zn^{2+} 离子浓度逐步增加，电极电势也随之向正方向移动。经过一定时间后，电极界面区 Zn^{2+} 浓度就基本不再上升，电极电势基本不再移动，此时达到了稳态。达到稳态前所经历过渡状态则称为暂态。不过，用不太灵敏的仪表看不出的变化，用较灵敏的仪表可能看出显著的变化；在一秒钟内看不出的变化，在一分钟内可能看到显著变化。这就是说，稳态与暂态的划分与所用仪表的灵敏度和观察变化的时间长短有关。所以，在确定的实验条件下，在一定时间内的变化不超过一定值的状态就可以成为稳态。一般情况下，只要电极界面处的反应物浓度发生变化或电极的表面状态发生变化都要引起电极电势和电流二者的变化，或二者之一发生变化。所以，当电极电势和电流同时稳定不变（实际上是变化率不超过某一值）时就可认为达到稳态，按稳态系统进行处理。

不过，稳态和暂态系统服从不同的规律，分为两种情况进行讨论，有利于问题的简化，因此，明确稳态的概念是十分重要的。

3.1.2　稳态体系的特点

（1）未达到稳态时，总电流 i 应该是双电层充电电流 i_c 与电化学反应电流 i_r 之和：

$$i = i_c + i_r \tag{3-1}$$

当电极过程达到稳态时，双电层电荷不再改变，即充电完毕，所以双电层充电电流 $i_c =0$。因此

$$i = i_r \qquad\qquad (3-2)$$

如电极上只有一对电极反应（$O + ne \rightleftharpoons R$），则稳态电流就表示该对电极反应的净速度，如果电极上有多对电极反应，则稳态电流就表示多对电极反应的总结果。

（2）在稳态体系中，电极与溶液表面附近扩散层内浓度分布服从稳态扩散规律。此时，电极表面反应物（或产物）的浓度不随时间而变化。如前所述，如果电极过程中包括表面转化步骤，那么达到稳态时，表面转化反应中反应物的浓度也不随时间而变化。

（3）当存在对流时，包括自然对流与强制对流，可缩短达到稳态所需的时间。从极化开始到电极过程达到稳态，往往需要一定的时间，对于双电层充（放）电过程达到稳态需要的时间一般很短，特别是在极化电位较高时，充电过程在瞬间就可完成；对于扩散过程，达到稳态需要的时间一般较长，这是因为，在实际情况下，只有对流作用，才能达到稳态扩散。对于平面电极，如有自然对流存在，则扩散层有效厚度约为0.01cm，那么从极化开始到非稳态扩散延伸到这一厚度需要几秒钟，如有搅拌措施，则可大大缩短达到稳态扩散所需要的时间。相反，如让溶液保持恒温，静止且没有气相产物，那么达到稳态需要十几分钟。因此在实际的生产和科学研究中，要想使电极过程迅速达到稳态，往往使电解液循环，或采取搅拌措施。例如，旋转圆盘电极，由于电极高速旋转产生强制对流，使扩散厚度大大缩小，这样就能缩短达到稳态所需要的时间。

如前所述，当电极过程达到稳态时，电极表面状态也应该不随时间而发生变化，但是往往很难做到，特别是对于固体电极过程，要在整个所研究的电流密度范围内，保持电极表面状态不变是非常困难的，在这种情况下达到稳态所需要的时间更长，有时甚至根本达不到稳态。所以说稳态是相对的，绝对的稳态是不存在的。只要在一段时间范围内电极表面状态基本不变，或变化甚微就可以认为达到了稳态。因此在实际的稳态测量中，除了合理地选择测量电极体系和实验条件外，合理地确定达到稳态的时间或扫描速度是非常重要的。

3.2 稳态极化曲线及动力学方程

3.2.1 稳态极化曲线

浸在电解液中的金属（即电极）具有一定的电极电位。当外电流通过此电极时，电极电位发生变化。电极为阳极时，电位移向正方；为阴极时移向负方。这种电极电位偏离平衡电位的现象称为极化。当外电流密度为i时，电极的极化值为：

$$\Delta\varphi = \varphi_i - \varphi_{\text{平}} \qquad\qquad (3-3)$$

式中，φ_i为电流密度为i时的电极电位；$\varphi_{\text{平}}$为电流密度为零时的电位，即开路电位。

对于可逆电极（如锌在锌盐中），开路电位就是其平衡电位。对于不可逆电极（如锌在海水中），开路电位就是其稳定电位（或自腐蚀电位）。外电流通过电极时，电极电位与平衡电位之差为电极在该电流密度下的过电位，用η表示。习惯上常取η为正值，所以阴极过电位为：

$$\eta_K = -\Delta\varphi = \varphi_{\text{平}} - \varphi_i \qquad\qquad (3-4)$$

阳极过电位为：

$$\eta_A = \Delta\varphi = \varphi_i - \varphi_{\text{平}} \tag{3-5}$$

通过电极的电流密度不同，电极的过电位也不相同。电极电位（或过电位）与电流密度的关系曲线叫做极化曲线。极化曲线通常以过电位 η 与电流密度的对数 $\lg i$ 来表示。

稳态下电流密度表示电极上的反应速度，反应速度随电位变化而变化。电位为自变量，电流为因变量。因此极化曲线以电位为横坐标，电流为纵坐标。控制电流法测极化曲线时，常以电流为横坐标。

3.2.2 电极过程与控制步骤

电极过程包括多个步骤的复杂过程。一般情况下包括下列基本过程或步骤：

（1）电化学反应过程——在电极/溶液界面上得到或失去电子生成产物的过程，即电荷传递过程。

（2）反应物和反应产物的传质过程——反应物向电极表面传递或反应物自电极表面向溶液中或向电极内部的传递过程。

（3）电极界面双电层的充放电过程。

（4）溶液中离子的电迁移或电子导体中电子的导电过程。

此外，还可能有吸（脱）附过程、新相生长过程，以及伴随电化学反应而发生的一般化学反应等。

上述这些基本过程各有自己的规律和特点。在稳态下，整个电极过程相串联，整个电极过程的速度是由最慢的（即进行最困难的）那个步骤的速度决定。这个最慢的步骤称为控制步骤，整个电极动力学特征和这个控制步骤的动力学特征相同。当电化学反应为控制步骤时，测得的整个电极过程的动力学参数就是该电化学步骤的动力学参数。反之，当扩散过程为控制步骤时，则整个电极过程的速度服从扩散动力学的基本规律。当电化学步骤和扩散过程同时控制时，电极反应处于混合控制区，简称混合区。

3.2.3 电极反应与交换电流

电极上总是同时存在着两个反应（也可存在两对或两对以上的反应），即氧化/还原可逆反应。

$$O + ne \rightleftharpoons R \tag{3-6}$$

式中，O 表示氧化态粒子；R 表示还原态粒子。

若以 $\vec{i}$ 表示还原反应速度，以 $\overleftarrow{i}$ 表示氧化反应速度，根据电极反应速度方程式可得：

$$\vec{i} = i^0 \exp\left(\frac{\alpha nF}{RT}\eta_K\right) \tag{3-7}$$

$$\overleftarrow{i} = i^0 \exp\left(\frac{\beta nF}{RT}\eta_A\right) \tag{3-8}$$

式中，i^0 为交换电流密度，简称交换电流；α，β 为传递系数，表示过电位对电极反应活化能影响的参数，$\alpha + \beta = 1$；η_K，η_A 分别为该电极的阴极和阳极过电位；n 为电极反应中的电子数；F 为法拉第常数；R 为气体常数；T 为绝对温度。

因为 n、F、R、T 各常数已知，只要测得 i^0、α 或 β，代入上面式子中，就可算出各过电位下的反应速度。所以 i^0、α 或 β 称为电极反应的基本动力学参数。

交换电流 i^0 表示平衡电位下电极上的氧化或还原反应速度。在平衡电位下，电极处于可逆状态。宏观上看，电极体系并未发生任何变化，即净的反应速度为零。但是从微观上看，物质的交换始终没有停止，只是正反两个反应速度相等而已。所以在平衡电位下：

$$\vec{i} = \overleftarrow{i} = i^0 \tag{3-9}$$

交换电流可定量地描述电极反应的可逆程度。由式（3-7）和式（3-8）知，若达到同样的反应速度 $\vec{i}$ 或 $\overleftarrow{i}$，i^0 越大，则所需要的过电位 η 越小，说明电极反应的可逆性大。反之，i^0 越小，则达到同样反应速度所需过电位越大，说明电极不可逆性越大。这里的可逆是指电极反应的难易。交换电流大，表示电极平衡不易遭到破坏，即电极反应的可逆性大。交换电流大小除受温度影响外，还与电极反应的性质密切相关，并与电极材料和反应物质的浓度有关。

3.2.4 电化学极化方程式

3.2.4.1 电化学基本方程式

在外电流作用下，由于电极反应本身的迟缓性而引起的电极极化，称为电化学极化。例如对于电极：

$$O + ne \rightleftharpoons R$$

电流通过电极时，电子在电极上聚集，如果得电子的反应较慢，电极上将有多余电子积累，使电极电位向负方向移动，即产生了阴极极化。阴极极化的结果，反过来降低了还原反应的活化能，提高了还原反应的速度；同时增加了氧化反应的活化能，降低了氧化反应的速度。最终，电极极化达到稳态，电极上净的还原反应速度等于外电流密度。即 $i_K = \vec{i} - \overleftarrow{i}$，同时 $\eta_K = -\eta_A$。

$$i_K = \vec{i} - \overleftarrow{i} = i^0 \left[\exp\left(\frac{\alpha nF}{RT}\eta_K\right) - \exp\left(-\frac{\beta nF}{RT}\eta_K\right) \right] \tag{3-10}$$

同理，对于阳极极化可得：

$$i_A = \overleftarrow{i} - \vec{i} = i^0 \left[\exp\left(\frac{\beta nF}{RT}\eta_A\right) - \exp\left(-\frac{\alpha nF}{RT}\eta_A\right) \right] \tag{3-11}$$

上面为电化学极化基本方程式。

3.2.4.2 线性极化方程式

当外电流密度足够小，即 $i \ll i^0$ 时，$\vec{i} \approx \overleftarrow{i}$，电极反应仍接近平衡状态，电极过电位 η 很小。当 $\eta \ll \frac{RT}{\alpha nF}$ 或 $\frac{RT}{\beta nF}$ 时（$\approx \frac{50}{n}$mV），可将式（3-10）中的指数项以级数展开，并略去高次项，可得：

$$i_K = \vec{i} - \overleftarrow{i} = i^0 \left[\exp\left(\frac{\alpha nF}{RT}\eta_K\right) - \exp\left(-\frac{\beta nF}{RT}\eta_K\right) \right] = \frac{nFi^0}{RT}\eta_K \tag{3-12}$$

$$i^0 = \frac{RT}{nF} \cdot \frac{i_K}{\eta_K} \tag{3-13}$$

同理，对于阳极极化可得：

$$i^0 = \frac{RT}{nF} \cdot \frac{i_A}{\eta_A} \tag{3-14}$$

可见，当 $i \ll i^0$ 时，即 $\eta \ll \frac{50}{n}$ mV 时，过电位与极化电流密度成正比，即 $\eta - i$ 呈线性关系。

3.2.4.3 塔菲尔方程

当 $i \gg i^0$ 时，即极化电流足够大而又不引起严重的浓差极化时，电极上的电化学平衡受到很大破坏，也就是说电极电位偏离平衡电位较远，大约相当于 $\eta > \frac{100}{n}$ mV。这时 $\overrightarrow{i}$ 与 $\overleftarrow{i}$ 相差较大，较小的可忽略。

阴极极化时：

$$i_K \approx \overrightarrow{i} = i^0 \exp\left(\frac{\alpha nF}{RT}\eta_K\right) \tag{3-15}$$

或

$$\eta_K = -\frac{2.3RT}{\alpha nF}\lg i^0 + \frac{2.3RT}{\alpha nF}\lg i_K \tag{3-16}$$

同理，对于阳极极化可得：

$$\eta_A = -\frac{2.3RT}{\beta nF}\lg i^0 + \frac{2.3RT}{\beta nF}\lg i_A \tag{3-17}$$

3.2.5 浓差极化方程

如果反应物向电极表面附近传递或生成物向溶液深处疏散过程的速度不快，相反地，电化学反应速度却又很快，那么整个电极过程的速度将由这个传递过程或疏散过程来控制。这时，整个电极的极化仅取决于浓差极化，而电化学可以略去不计。

溶质在溶液中传递有三种方式：电迁移、扩散和对流。在一般的电解过程中，为了增加溶液的电导，常向溶液中加入大量的局外电解质，使得放电离子的迁移数变得很小。所以，放电离子的电迁移在溶液质传递过程中所起的作用很小，而主要是扩散起作用，并且常常是在对流的同时，又进行着扩散。把对流和扩散结合起来的溶质传递过程，称为对流扩散。例如，在 $AgNO_3$ 溶液中电沉积 Ag 时，可以向溶液中加入大量的 KNO_3，这时 Ag^+ 在混合溶液中的迁移数相当小，依靠电迁移而到达阴极表面附近的 Ag^+ 绝大部分是由对流扩散传递到电极表面附近的。因为，K^+ 和 Ag^+ 同时向阴极附近迁移，但 K^+ 并不能在阴极上放电。如果只考虑电迁移对溶质传递过程的作用，阴极附近 K^+ 的浓度应当不断上升。事实并非如此，在 K^+ 被迁移到电极表面附近后，形成了浓度梯度，在阴极附近 KNO_3 的浓度比在溶液深处大，故在扩散与对流的作用下，K^+ 与 NO_3^- 一道又重新被送回到溶液深处。由于扩散与对流的作用是等当量地传递溶质中的阴阳两种离子（相当于溶质以整个"分子"的形式在溶液中扩散或被液体的对流而带走），故离子的这种传递过程并不引起电量的迁移。

如果溶液中存在大量的局外电解质，离子的电迁移可以略去不计，并可以假定电化学反应在毛细管中进行，因而也消除了液体对流的作用。若以阴极过程为例，则可以认为在这种情况下电极表面附近的放电离子只能靠扩散过程来补充。通电时，电极表面附近溶液中放电离子浓度下降，于是开始扩散过程。扩散的速度与浓度梯度有关。电极表面附近存在着浓度梯度的溶液层称为扩散层。随着通电时间的延续，电极表面附近放电离子的浓度越来越小，浓度梯度越来越大，因而扩散速度逐渐增加。经过一段时间以后，可以达到一个供应与消耗速度相等的稳定状态。这时，扩散层中各点的浓度不再随时间而变化，即扩散到电极表面附近的放电离子全部为电化学反应所消耗。

因此，可以用放电离子在溶液中的扩散量来表示电极上通过的电流密度。

根据菲克（Fick）定律，在稳定条件下扩散速度 v 与浓度梯度 $(c_0 - c_s)/\delta$ 和截面积 s 成正比，即：

$$v = DS \frac{c_0 - c_s}{\delta} \tag{3-18}$$

式中，c_0 为溶液本体的离子浓度；c_s 为电极表面附近溶液层中的离子浓度；δ 为扩散层厚度；D 为扩散系数，它表示单位面积上和单位浓度梯度下的扩散速度；v 为扩散速度，g/s。

若将 v 换算成电流密度，则有：

$$i_K = nF \frac{v}{S} = nFD \frac{c_0 - c_s}{\delta} \tag{3-19}$$

在未通电前，$i_K = 0$，$c_s = c_0$。当 i_K 逐渐增大时，c_s 逐渐减小。在极限的情况下，$c_s = 0$，这时 i_K 达到极大值，称为极限扩散电流密度。可用 i_d 表示，显然：

$$i_d = \frac{nFDc_0}{\delta} \tag{3-20}$$

或者改写为：

$$i_K = i_d \left(1 - \frac{c_s}{c_0}\right) \quad \text{或} \quad c_s = c_0 \left(1 - \frac{i_K}{i_d}\right) \tag{3-21}$$

由式（3-21）可以看出，i_K 不可能大于 i_d，否则，c_s 为负值。但事实上 i_K 的确有可能大于 i_d，这是由于溶液中另一种离子与前一种同时放电而引起的。它不符合上面所讨论问题的条件。

如果电极过程可逆，平衡电位与溶液中放电离子浓度间的关系可以表示如下：

$$\varphi_平 = \varphi^0 + \frac{RT}{nF} \ln c_0 \tag{3-22}$$

在有电流通过时，电极表面附近所建立起来的稳定浓度 c_s 将小于 c_0。假定电化学极化很小，可以略去不计，那么这时的电极电位取决于 c_s，即：

$$\varphi_平 = \varphi^0 + \frac{RT}{nF} \ln c_s \tag{3-23}$$

将式（3-23）代入式（3-21），可得：

$$\varphi = \varphi^0 + \frac{RT}{nF} \ln c_0 + \frac{RT}{nF} \left(1 - \frac{i_K}{i_d}\right)$$

即：

$$\Delta\varphi = \frac{RT}{nF}\ln\left(1 - \frac{i_K}{i_d}\right) \qquad (3\text{-}24)$$

式（3-24）为浓差极化方程式。

3.2.6 电化学极化与浓差极化同时存在的极化曲线

上面讨论了电化学控制和扩散控制的电极过程。实际上对于许多电极过程，在一般的电流密度下，同时存在着电化学极化和浓差极化。当电流密度小时，以电化学极化为主；当电流密度大时，以浓差极化为主。这是由于电荷传递反应速度和反应离子的扩散速度相差不多，它们在电极极化时共同起着控制整个电极过程速度的作用，因此称为混合控制。

例如在强阴极极化下，电极还原反应速度 $\overrightarrow{i}$ 与放电离子的扩散速度接近相等（这时电极氧化反应速度 $\overleftarrow{i}$ 很小，可忽略不计），同时控制着整个阴极过程的速度 i_K。在稳态下，i_K 为：

$$i_K = \overrightarrow{i} = i_d \qquad (3\text{-}25)$$

由于浓差极化的影响，电极还原反应速度公式中反应物的浓度应以表面浓度 c_s 来代替整体浓度 c_0，于是式（3-7）应为：

$$\overrightarrow{i} = \frac{c_s}{c_0}i^0\exp\left(\frac{\alpha nF}{RT}\eta_K\right) \qquad (3\text{-}26)$$

因电极过程同时还受到扩散速度控制，因此：

$$i_K = \left(1 - \frac{i_K}{i_d}\right)i^0\exp\left(\frac{\alpha nF}{RT}\eta_K\right) \qquad (3\text{-}27)$$

取对数并整理，可得：

$$\eta_K = \frac{RT}{\alpha nF}\ln\frac{i_K}{i^0} - \frac{RT}{\alpha nF}\ln\left(1 - \frac{i_K}{i_d}\right) = \eta_a + \eta_c \qquad (3\text{-}28)$$

可见，这种情况下过电位由两部分组成：其一为活化过电位 η_a，由电化学极化引起，其数值决定于比值 i_K/i_d；其二为浓差过电位 η_c，由浓差极化引起，其数值取决于 i_K 与 i_d 的大小。

3.2.7 稳态极化曲线测量方法分类

稳态极化曲线是指电极过程达到稳态时，电流密度与电极电位之间的关系曲线。稳态极化曲线的测定可采用多种方法，根据控制参量不同，有控制电位法（也称恒电位法）和控制电流法（也称恒电流法），根据被控制参量给出方式不同有静态法和动态法之分；如果同时考虑被控参量的不同以及给出方式的区分，稳态极化曲线测量方法分为静态法和动态法。

（1）静态法。其中有静态恒电流法和静态恒电位法等。

（2）动态法。其中有控制电位扫描法（又称线性电位扫描法，动电位法）和控制电流扫描法（又称线性电流扫描法）。

上述各种测量方法见表 3-1。除了表 3-1 所列出方法之外，极谱法、旋转圆盘电极也是测量稳态极化曲线常用的方法。

表 3-1 稳态极化曲线测量方法比较

方　　法	方　　法	评　　注
控制电位法（恒电位法）	静态恒电位法（逐点法）	仪器装置简单，但测量时间长，数据重现性差
	控制电位阶跃法（阶梯波法）	当阶跃幅值足够小，阶梯波足够多时，此方法类似于控制电流阶跃法，由于用阶梯波发生器控制恒电位仪，可以用示波器或 $X\text{-}Y$ 记录仪自动记录极化曲线，重现性好
	控制电位扫描法（线性电位扫描法，动电位法）	当扫描速度足够慢时，可绘制稳态极化曲线，由信号发生器产生随时间线性变化的电位控制恒电位仪，配以示波器或 $X\text{-}Y$ 函数仪可自动绘制极化曲线，重现性好
控制电流法（恒电流法）	静态恒电流法（逐点法）	仪器装置更简单，但同样有费工费时、重现性差的缺点，此法不适用于极化电流出现峰值的情况
	控制电流阶跃法（阶梯波法）	同控制电位阶跃法，只适用阶梯波发生器控制恒电位仪，可自动绘制极化曲线，同样不适用于极化电流出现峰值的情况
	控制电流扫描法（线性电流扫描法）	类似于控制电位扫描法，用线性扫描信号控制恒电流仪，可自动绘制极化曲线，同样不适用于极化电流出现峰值的情况

3.3 静态恒电位法与静态恒电流法测定稳态极化曲线

3.3.1 静态恒电位法

静态恒电位法是早期普遍采用的一种测量极化曲线的经典方法。所谓静态恒电位法，就是控制电极电位使其依次恒定在不同的数值，同时测定相应的稳态电流密度，然后把测得的一系列对应的电极电位与电流密度画成曲线，即得到静态恒电位稳态极化曲线。由于电流是非控制的量，因此在给定恒定的电极电位之后，电流要经过一段时间的波动才能达到稳定，其电流波动时间的长短视具体的实验条件而定，一般 2～3min，有的需要 5～10min，此后再给出第二个恒定电极电位值，同样地测出稳定电流值，依次类推，可以测出一系列的电极电位与电流密度。

这种方法由于是逐点测定电极电位和通过电极的极化电流，所以又称为逐点法。在这种情况下电位是自变量，电流是因变量，其函数关系为 $i = f(\varphi)$。

实现恒电位控制，可以采用经典恒电位器或恒电位仪。经典恒电位器是早期采用的恒定电极电位的装置，用一个大功率蓄电池，并联一个低阻值的滑线电阻器作为极化电源，测量时手动调节滑线电阻器，逐点给出恒定的电极电位值。这种恒电位装置简单易行，但因测量时间长、精度差，现在已很少采用。目前广泛应用恒电位仪来控制恒定的电极电位，恒电位仪具有输入阻抗高、输出电流大（可达 1A）、响应速度快、精度高、易于调节等优点。用恒电位仪测定稳态极化曲线的线路如图 3-2 所示。

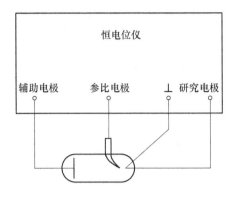

图 3-2 恒电位仪测定极化曲线示意图

3.3.2 静态恒电流法

所谓静态恒电流法是控制电流密度使其依次恒定在不同数值，然后测定相应的稳态极化电位，再把测得的一系列不同的电流密度与相应的电极电位画成曲线，即得静态恒电流极化曲线。静态恒电流法与静态恒电位法相似，也是逐点测定电流与电极电位绘制极化曲线。不同的是在静态恒电流法中，被控制的电流是自变量，电极电位是因变量，其函数关系式是 $\varphi = f(i)$。

控制电流恒定可采用经典恒电流电路或恒电流仪来实现，图 3-3 所示为经典恒电流极化电路示意图，A 是由一个或数个 45V 电池串联而成的高压直流电源。R 为可变电阻，其电阻很高（可以为几兆欧），B 为电位差计用以测定通过电解池的极化电流，该电流主要由高电阻 R 来控制，因为 R 的电阻很大，这样由于极化或其他各种原因引起的电阻变化相对于 R 的电阻来说均可以忽略不计，因而保证了极化电流的恒定，只要 R 的电阻值调定后，电流即可维持不变，这时再由电位差计测出相应的稳定电极电位，即可绘制静态恒电流极化曲线。

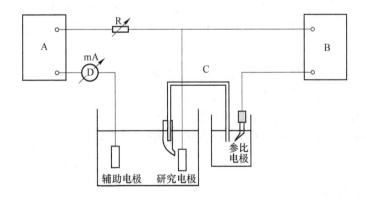

图 3-3 恒电流极化电路示意图

3.4 阶跃法测定稳态极化曲线

  前面论述的静态恒电位法与静态
恒电流法所控制的变量是手动调节的，
因此测量时间很长，精度又差，目前
很少采用。现在多采用阶梯波代替手
动调节，控制的变量电位或电流随时
间阶跃变化，如图 3-4 所示。

  阶跃法又分为控制电位阶跃法和
控制电流阶跃法。控制电位阶跃法被
控制的变量是电位，此电位是随时间
而变化的阶跃波（又称阶梯波），$\Delta\varphi$
为阶跃电位幅值，一般为 $15\sim100\mathrm{mV}$，

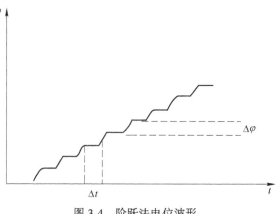

图 3-4 阶跃法电位波形

Δt 为阶跃时间，一般为 $0.5\sim10\mathrm{min}$，此阶跃波由阶梯发生器产生。阶梯波电位信号可从
恒电位仪"外控输入"端输入，阶跃电位信号通过恒电位仪加到电极上，如将 X-Y 函数
仪与恒电位仪后面板"参比输出"与"电流信号"接线柱相接便可自动绘制稳态极化
曲线。

3.5 动电位法测定稳态极化曲线

3.5.1 控制电位扫描法

  控制电位扫描法又称动电位法或线性电位扫描法。这种方法被控制的变量电极电位是
随时间连续变化的。随时间连续性变化的电位用以下线性方程表示：

$$\varphi = \varphi_i + vt \tag{3-29}$$

式中，φ 为电位扫描；t 为扫描时间；v 为扫描速度，$v = \mathrm{d}\varphi/\mathrm{d}t$，它表示单位时间内电极电位
的变化；φ_i 为扫描起点电位，在一般的电化学测量中，常以研究电极相对于参比电极的开
路电位作为扫描的起点电位，当然原则上说，扫描起点电位可以取任意值，依实验要求
而定。

  图 3-5 所示为电位扫描与时间的关系。如果将电
位扫描通过恒电位仪控制电极极化电位，则在电极上
会产生随电位扫描连续变化的电流，用记录仪把连续
变化的电位与电流记录下来，便得到稳态极化曲线，
这种方法叫动电位法。

3.5.2 控制电流扫描法

  控制电流扫描法又称为线性电流扫描法，文献上
也把这种方法归类于动电位法。所谓控制电流扫描法

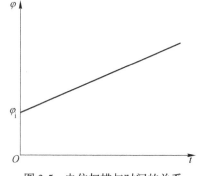

图 3-5 电位扫描与时间的关系

就是将扫描电位信号通过恒电位仪控制电极的极化电流，使极化电流发生连续性变化，在电极上会产生连续变化的电位，把连续变化的电流与电位用 X-Y 函数记录下来便得稳态极化曲线。

3.6 稳态极化曲线的应用

极化曲线表示了电极电位与电流密度之间的关系，因此极化曲线是研究电极过程动力学的重要方法。在电化学基础理论研究方面，稳态极化曲线也是不可缺少的手段。从极化曲线可求电极过程动力学参数，如交换电流密度 i_0，电子传递系数 α、β，标准速度常数 K 以及扩散系数 D，还可以利用稳态极化曲线测定反应级数、电化学反应活化能等。

在电镀、电解等电冶金的生产和实践中，通过测定稳态极化曲线可以找出最佳电解液配方、最佳工艺条件及添加剂浓度范围。采用旋转圆盘电极可以研究添加剂的作用机理。在金属的腐蚀与钝化研究中，通过测定极化曲线可以确定腐蚀速度，筛选、鉴定金属材料和缓蚀剂，找出最佳阴极和阳极保护电位。根据阳极极化曲线，可以找到临界钝化电流密度、维钝电流、稳定钝化电位范围等。下面主要介绍极化曲线在冶金电化学领域中的应用。

3.6.1 用于研究 Cl⁻ 对镍阳极钝化的影响

镍和其他金属一样，容易发生阳极钝化。对于有钝化行为的阳极曲线需用恒电位法测定，而不宜用恒电流法。恒电位法测得的镍在 0.5mol/L 的 H_2SO_4 及不同含量的 NaCl 溶液中的阳极极化曲如图 3-6 所示。其中曲线 1 为不含 Cl⁻ 的曲线，整个阳极极化曲线可分为 4 个不同的区域：AB 段为活性区，此时金属正常溶解，阳极电流随电位的改变一般服从半对数关系；BC 段为过渡区，这时金属开始发生钝化，随着电位的正移，金属的溶解速率反而迅速减小；CD 段为钝化区，这时金属处于稳定的钝化状态，金属的溶解速率几乎与电位的变化无关；DE 段为过钝化区，这时电流再度随

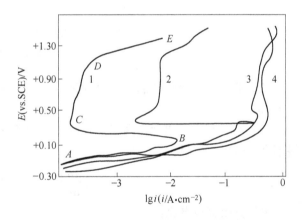

图 3-6 镍在含有不同浓度的 NaCl 及 0.5mol/L 的 H_2SO_4 溶液中的阳极极化曲线

NaCl 溶液的质量分数：1—0；2—0.1%；3—0.5%；4—3.5%

电极电位变正而增大。从这种恒电势阳极极化曲线可得到临界钝化电流、临界钝化电位、稳定钝态的电位区域（CD 段）、钝态下金属的溶解电流等重要参数，这些参数对于研究金属的钝化现象、机理以及在电化学工程中都有很大的实际意义。从图中还可以看出 Cl⁻ 对金属钝化的影响：当添加 0.1%NaCl 时，可使钝化电流增加 1 个数量级多；当 NaCl 的

含量大于 0.5% 时，钝化电流（即阳极溶解速率）增加 3 个数量级以上。这种钝态的破坏通常归因于 Cl⁻ 在钝化表面上的吸附，由于这种吸附 Cl⁻ 的存在，促使了钝化膜的溶解，从而导致钝态的破坏。当 Cl⁻ 浓度较低时，只能引起钝化膜的局部破坏，导致金属的点蚀。

3.6.2　测定电极过程的动力学参数

如对某电化学体系，已知电化学反应电子数 $n = 1$，当测定极化曲线后，求该体系的交换电流 i^0 及传递系数 α 和 β。该问题可进行以下处理：

（1）Tafel 直线外推法。图 3-7 所示为根据实验数据得到的阴/阳极半对数极化曲线，由极化曲线的直线部分即 Tafel 直线（$\eta = a + b\lg i$）的斜率，可求得 $b_A = 120\text{mV}$、$b_K = 120\text{mV}$。因已知 $n = 1$，由式 $b_A = 2.3RT/(\beta nF)$，可求得传递系数 $\alpha = \beta = 0.5$。

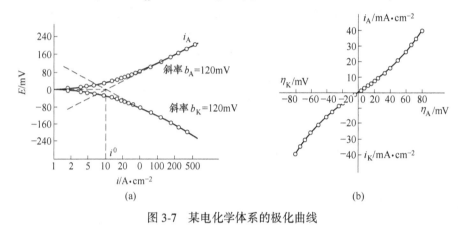

图 3-7　某电化学体系的极化曲线
（a）半对数极化曲线；（b）极化曲线

（2）将阴、阳极极化曲线的直线部分外推得交点，由交点的横坐标可求得交换电流 $i^0 = 10\text{mA/cm}^2$。

（3）线性极化法求 i^0。因图 3-7（b）在平衡电位附近的极化曲线为直线，由直线的斜率可求得极化电阻：

$$R_t = \left(\frac{\text{d}\eta}{\text{d}i}\right)_{\eta \to 0} = 2.5\,\Omega \cdot \text{cm}^2$$

再计算出交换电流：

$$i^0 = \frac{RT}{nF} \cdot \frac{1}{R_t} = 10.3\text{mA/cm}^2$$

复习思考题

3-1 电化学稳态的定义及特点是什么？

3-2 稳态极化曲线及动力学方程：（1）电化学极化的含义；（2）浓差极化的含义；（3）什么是电化学极化和浓差极化共存？

3-3 稳态极化曲线的测定方法有哪些，它们的特点是什么？

4 交流阻抗法

4.1 概 述

电极交流阻抗（本章指正弦波交流阻抗）实验是对电极施以小振幅的正弦波电势（或电流）的扰动信号，同时测量作为其响应的电极电位（或电流）随时间的变化规律。正弦波电势的振幅在 10mV 以下，更严格时在 5mV 以下。在这样的限制条件下，一些比较复杂的关系（例如 φ-i，φ-c 的对数关系）都可以简化为线性关系，这时电极可以用等效电路来表示。

电化学阻抗法（electrochemical impedance spectroscopy，EIS）是一种暂态电化学技术，具有以下特点：（1）使用小振幅对称交流电对电极进行极化，当频率足够高时，每半周期持续时间很短，不会引起严重的浓差极化和表面状态变化，不会严重破坏电极表面状态。在电极上交替进行着阴极过程和阳极过程，同样不会引起极化的积累性发展，避免对体系产生过大的影响；（2）由于在很宽频率范围进行测量，因而比其他常规电化学方法得到更多的电极过程动力学和电极界面结构的信息。

由于电化学测量技术和仪器的不断进步和发展，目前交流阻抗的测试频率范围可以达到 $10^6 \sim 10^{-5}$ Hz。通过计算机对数据进行处理，可以直接得到电极体系的各种阻抗谱图，如阻抗复平面图、导纳复平面图、Bode 图和 Randle 图等。对这些图谱进行解析，包括拟合等效电路等，可以进一步了解影响电极过程的状态变量的情况，判断电极过程机理，测定电极反应动力学参数等。交流阻抗法特别适用于研究快速电极反应、双电层结构及吸附等，在金属腐蚀和结晶等电化学研究中也得到广泛应用。

4.2 电极的等效电路

4.2.1 等效电路

电流通过电极时，在电极上发生 4 个主要的电极过程：（1）电化学反应过程；（2）反应物及产物的电迁移过程；（3）溶液中离子的电迁移过程；（4）电极界面双电层充放电过程。当然，可能还有吸脱附过程、电结晶过程以及表面转化反应等。只是前面的 4 个过程为电极的基本过程。在电极的等效电路中，每一个电极基元过程都表现为一定的阻抗。电化学反应表现为一个纯电阻；反应物和产物的扩散表现为浓差极化电阻，而浓差极化阻抗由电阻和电容串联而成；双电层充电过程用微分电容描述；离子在溶液中的电迁移用电阻表示，称做溶液电阻。可见，电极是一个相当复杂的体系。如果在电极上施加一正弦交流电压信号，则电极上将有正弦的交变电流通过。外加的正弦电压和所引起的正弦电流，两者振幅成一定比例，而且两者的相位也相差一定的角度。如果考虑这一特性，有可能用电阻和电容组成的电路模拟电极在正弦电压信号下的行为。所谓电极的等效电路（等效阻抗）是由电阻、电容、电感组成的一种电路，当加上相同的正弦电压信号时，通过电路的正弦电流与通过电极的正弦电流具有完全相同的振幅和相位角。这个电路的阻抗谱与测得的电化学阻抗谱一样，称为对应电化学体系的等效电路。如图 4-1 所示为电解池的等效电路。

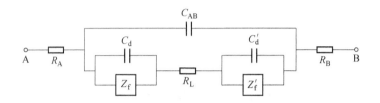

图 4-1　电解池的等效电路

A—研究电极；B—辅助电极；R_A—研究电极的欧姆电阻；R_B—辅助电极的欧姆电阻；

C_{AB}—两电极之间的电容；R_L—研究电极和辅助电极之间的溶液欧姆电阻；C_d—研究电极的界面双电层电容；

C_d'—辅助电极的界面双电层电容；Z_f—研究电极的法拉第阻抗；Z_f'—辅助电极的法拉第阻抗，

其数值大小决定于电极的动力学参数及测量信号的频率

通过电极的瞬间电流由法拉第电流（电化学反应电流）和非法拉第电流（由双电层充放电引起的）两部分组成，法拉第电流的阻抗称做法拉第阻抗，包括电化学反应电阻和浓差极化电阻，两者相互串联。

如果研究电极和辅助电极均为金属电极，电极的欧姆电阻很小，R_A、R_B 可忽略不计，两电极间的距离比双电层厚度大得多，故 C_{AB} 比双电层电容 C_d、C_d' 小得多，且 R_L 不是很大，则 C_{AB} 支路容抗很大，则 C_{AB} 可略去。这样电解池等效电路可简化为如图 4-2 所示。

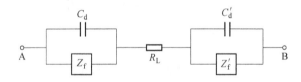

图 4-2　简化后电解池的等效电路

若辅助电极面积很大，远大于研究电极，则 C_d' 很大，其容抗很小，C_d' 支路相当于短路，因而辅助电极的阻抗部分可以忽略，等效电路进一步简化为如图 4-3 所示。这样研究电极的阻抗部分就被简化出来。

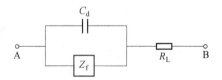

图 4-3　进一步简化后电解池的等效电路

如果采用三电极体系测定研究电极的交流阻抗，则研究电极的等效电路如图 4-3 所示。图中 A、B 两端分别代表研究电极和参比电极。

4.2.2 各元件的测量

4.2.2.1 测溶液电导需要满足的条件

要测溶液电导，就需要把 R_L 突出出来，上升为主要因素，即测得的电解池阻抗的大小，只取决于溶液电阻。因此，必须使两极的界面阻抗降低到零，就必须采用两个大面积电极，例如镀铂黑电极。因两电极上 C_d 都很大，不论界面上有无电化学反应发生，界面阻抗都很小（$\approx 1/(\omega C_d)$），在这种情况下，整个电解池的阻抗，近似地相当于一个纯电阻（R_L）。

4.2.2.2 测量研究电极微分电容 C_d 需满足的条件

适当的控制研究电极电位，使其基本满足于理想极化条件，在界面上不发生电化学反应，也就是说没有法拉第电流流过 Z_f'，相当于开路，这时有 $|Z_f| \gg 1/(\omega C_d)$，于是图 4-3 简化为图 4-4。电解池的阻抗，即为研究电极的界面阻抗，在上述条件下的界面阻抗即为研究电极双电层电容的容抗和 R_L 之和。若在较浓的电解液中测量（R_L 较小可忽略），且所用的频率不太高（$1/(\omega C_d)$ 较大）时，可以认为 $R_L \ll 1/(\omega C_d)$。于是电解池阻抗 ≈ 研究电极界面阻抗 ≈ 双电层电容容抗。

4.2.2.3 测量法拉第阻抗时应满足的条件

在测量研究电极法拉第阻抗时，必须设法消除 C_d 的干扰，使测得的结果有如下关系：电解池阻抗 ≈ 研究电极界面阻抗 ≈ 法拉第阻抗。为此，在电池设计上使研究电极面积尽可能得小，则 $1/(\omega C_d)$ 就大。若控制实验条件，假设电极反应速度比较大，因此就有 $|Z_f| \ll 1/(\omega C_d)$，可以认为图 4-3 中的 C_d 分路断开。此时研究电极的界面阻抗可简化为图 4-5 的形式。如果溶液电阻不能忽略，可单独测出，从电解池总阻抗中减去，即可得到 Z_f。但在具体实验中 $|Z_f| \ll 1/(\omega C_d)$ 的条件有时难以满足，即不能简化为图 4-4 的形式，在这种情况下，C_d 的影响可以进行适当地修正。

图 4-4　研究电极的进一步简化　　　　　　图 4-5　电极的进一步简化

4.2.2.4 法拉第阻抗

所谓法拉第阻抗就是指研究电极在正弦交流电流作用下（有电化学反应发生）电极界面的阻抗。这时电极过程可能受电化学步骤控制，也可能受扩散步骤控制，或者是混合控制。不论哪种情况，电极的阻抗均称为法拉第阻抗。可见，法拉第阻抗对于不同的电极过程有不同的内容，如图 4-6 所示。

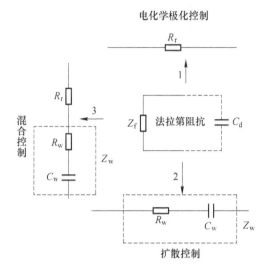

图 4-6   法拉第阻抗的具体等效电路

在实际测量中，将 Z_f 等效成哪种形式，要看具体电极过程而定。若电极过程受电化学极化控制，浓差极化可以忽略时，则 Z_f 等效为 R_r；若电极过程受扩散控制，电化学极化可以忽略时，则 Z_f 可等效为 Z_w；若二者均不能忽略即混合控制，则 Z_f 可等效为 Z_w 和 R_r 串联。另外，不管 Z_f 为哪种形式，原则上既可以用它们的并联组合模拟电池的阻抗，也可以用电阻、电容的串联组合表示，如图 4-7 所示。为了数学处理上的方便，常采用串联组合 R_s、C_s 模拟电解池。

图 4-7   电解池模拟电路

4.2.3   有关复数的概念

根据复数的概念，交流阻抗为：$Z = Z' + jZ''$，$j = \sqrt{-1}$，$j^2 = -1$

阻抗 Z 的模值：

$$|Z| = Z'^2 + Z''^2$$

阻抗的相位角 φ 为：

$$\tan\varphi = \frac{Z''}{Z'}$$

复数指数表示法：

$$Z = |Z|e^{j\varphi}$$

4.2.4   电路的基本性质

一个正弦交流电压，可以用下式表示：

$$\varphi = \varphi_m \sin(\omega t) \tag{4-1}$$

式中，φ_m 为振幅；ωt 为相位角；t 为时间；ω 为角频率，它与频率 f 和周期 T 的关系如下：

$$\omega = 2\pi f = \frac{2\pi}{T} \tag{4-2}$$

因为交流电具有矢量的特性，故可以用表示矢量的方法来表示正弦电压。在复数平面中可以表示为：

$$\varphi = \varphi_m \cos(\omega t) + j\varphi_m \sin(\omega t) \tag{4-3}$$

式中，$\varphi_m\cos(\omega t)$ 为这个矢量在实轴上的投影；$\varphi_m\sin(\omega t)$ 为矢量在虚轴上的投影，j 为 $\sqrt{-1}$ 。

根据欧拉公式，式（4-3）这个矢量 φ 也可以用指数形式表示：

$$\varphi = \varphi_m e^{j\omega t} \tag{4-4}$$

式中，φ_m 为模值；ωt 为幅角。

4.2.4.1 纯电阻

通常用 R 表示纯电阻元件，同时用 R 表示电阻值，其单位为 Ω。将一个正弦交流电压加在电阻值为 R 的纯电阻两端时，通过的电流为：

$$i = \frac{\varphi_m}{R} e^{j\omega t} = i_m e^{j\omega t} \tag{4-5}$$

可见，通过纯电阻的电流相位与电压相位相同。因此，纯电阻的交流阻抗 Z_R 为：

$$Z_R = \frac{\varphi}{i} = R \tag{4-6}$$

Z_R 是一实数，表明纯电阻的交流阻抗等于电阻值 R，没有虚部，数值总为正且与频率无关，相位角为零。其电导 $Y_R = 1/R$，即导纳。在以 $\log|Z|$ 对 $\log\omega$ 作的波特图上，它以一条与横坐标轴平行的直线表示。

纯电阻的 Nyquist 图如图 4-8 所示。

4.2.4.2 纯电容

通常用 C 表示电容元件，同时用 C 表示电容值，单位为 F。如果电路仅由一个电容值为 C 的电容器构成，根据 $Q = CU$（U 为电压），把式（4-4）所示电压代入 $Q = CU$ 中，以 φ 代替 U 得电流为：

$$i = C\frac{\mathrm{d}\varphi}{\mathrm{d}t} = j\omega C\varphi_m e^{j\omega t} = j\omega C\varphi \tag{4-7}$$

由欧姆定律得纯电容电路的交流阻抗为：

$$Z_c = \frac{\varphi}{i} = \frac{1}{j\omega C} \tag{4-8}$$

上式表明，纯电容电路的交流阻抗等于 $1/(j\omega C)$，其电导 $Y_C = j\omega C$。它们只有虚部而没有实部，C 值总为正，在阻抗复平面图上或导纳复平面图上，它们表示与第一象限的纵轴（Z' 轴）重合的一条直线。在波特图上，以 $\log|Z|$ 对 $\log\omega$ 作图，得到一条斜率为 -1 的直线，若以 $\log|Y|$ 对 $\log\omega$ 作图，得到斜率为 $+1$ 的直线。由于阻抗的实部为零，故 $\tan\varphi = \infty$，相位角 $\varphi = \dfrac{\pi}{2}$，与频率无关。

纯电容的 Nyquist 图如图 4-9 所示。

4.2.4.3 电阻与电容串联

下面讨论电阻 R 与电容 C 组成的串联电路，如图 4-10 所示。

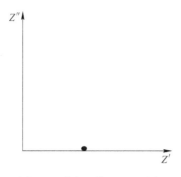 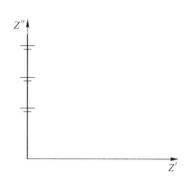

图 4-8　纯电阻的 Nyquist 图　　　　　　图 4-9　纯电容的 Nyquist 图

将式（4-4）所表示的电压施加在电路上得：

$$\varphi = iR + i\frac{1}{\mathrm{j}\omega C}$$

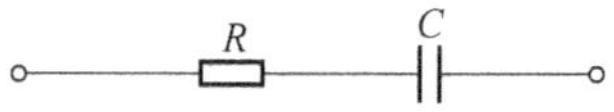

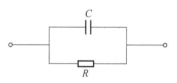

图 4-10　电阻和电容串联的
RC 复合组件

所以得：
$$Z = R + \frac{1}{\mathrm{j}\omega C} \tag{4-9}$$

式（4-9）表明，串联电路总的阻抗等于电路中各个部分阻抗复数和。

为了将来讨论交流阻抗时数学运算概念清楚，将式（4-9）变换为如下形式：

$$Z = R - \mathrm{j}\frac{1}{\omega C} \tag{4-10}$$

从数学形式来看，式（4-10）是式（4-9）的共轭复数。根据这样一个数学概念，可以认为，凡是阻抗为一共轭复数，等效电路一定是电阻和电容组成的串联电路，这可作为判断电极等效电路性质的第一个原则。

4.2.4.4　电阻与电容并联

电阻 R 与电容 C 组成的并联电路，如图 4-11 所示。

阻抗的倒数称为导纳。设 Z 为阻抗，则并联电路的导纳为：

图 4-11　电阻和电容并联的
RC 复合组件

$$\frac{1}{Z} = \frac{1}{R} + \mathrm{j}\omega C \tag{4-11}$$

式（4-11）表明，并联电路的导纳等于各个并联元件导纳的复数和。从数学角度看，式（4-11）为一复数。因此，可以认为，导纳为一复数，等效电路一定是电阻和电容组成的并联电路。这可作为判断电极等效电路性质的第二个准则。

4.2.4.5　电感

用 L 表示电感元件，并且用 L 代表电感值，单位为 H。它的阻抗和电导分别为：

$$Z_{\mathrm{L}} = \mathrm{j}\omega L$$
$$Y_{\mathrm{L}} = -\mathrm{j}(1/\omega L) \tag{4-12}$$

它也是只有虚部没有实部。L 值总为正值，在阻抗复平面图上或导纳复平面图上，它们表示与第四象限的纵轴（Z' 轴）重合的一条直线。在波特图上，以 $\log|Z|$ 对 $\log\omega$ 作图，得到一条斜率为 +1 的直线，若以 $\log|Y|$ 对 $\log\omega$ 作图，得到斜率为 -1 的直线。由于阻抗的实部为零，故 $\tan\varphi = -\infty$，相位角 $\varphi = -\pi/2$，与频率无关。

4.2.4.6 电阻与电感串联

电阻和电感串联这一复合组件用符号 RL 表示，它的阻抗是两个相串联的元件阻抗之和：

$$Z = R + j\omega L \tag{4-13}$$

4.2.4.7 电阻与电感并联

交流电路的电阻与电感并联时（见图 4-12），若 φ 为电路两端的电压，i 为电路总电流。它们用指数表示，则为：

$$\varphi = \varphi_m e^{j(\omega t + \theta_1)} \tag{4-14}$$

$$i = i_m e^{j(\omega t + \theta_2)} \tag{4-15}$$

交流阻抗为：

$$Z = \frac{\varphi_m}{i_m} e^{j(\theta_1 - \theta_2)} = |Z| e^{j\theta} \tag{4-16}$$

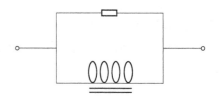

图 4-12 电阻和电感并联的 RL 复合组件

式（4-13）表明，交流阻抗模 $|Z|$ 等于电压与电流振幅之比；交流阻抗的幅角 θ 等于电压与电流的相位差。这可作为判断电极等效电路性质的第三准则。

4.3 电化学极化下的交流阻抗

4.3.1 电化学极化复数平面图

如果电化学步骤的反应速度远小于电极表面上的暂态极限扩散速度，则通过交流电时，基本上不出现反应粒子的浓度极化，电极电位的极化完全由电化学步骤所产生。例如，若反应粒子的浓度很大，以致交变电流的振幅远小于暂态极限扩散电流，就不会出现可察觉的浓度波动。若表面浓度波动的振幅随测量信号频率的增高而减小，故高频时可以忽略电极表面浓度的波动，认为 $C_o(x=0)$ 为常数，即不发生反应离子的浓差极化，在这种情况下，电极的等效电路如图 4-13 所示。

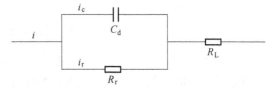

图 4-13 电化学极化等效电路

图中 R_r 与 C_d 并联的导纳 Y 为：

$$Y = \frac{1}{R_r} + j\omega C_d \tag{4-17}$$

式中，ω 为角频率，$\omega = 2\pi f$（f 为正弦信号频率）。

阻抗为：

$$Z_1 = \cfrac{1}{\cfrac{1}{R_r} + j\omega C_d} \tag{4-18}$$

电极总的阻抗为：

$$Z = R_L + \cfrac{1}{\cfrac{1}{R_r} + j\omega C_d} \tag{4-19}$$

整理后得：

$$Z = R_L + \frac{R_r}{1 + (\omega R_r C_d)^2} - j \frac{\omega C_d R_r^2}{1 + (\omega R_r C_d)^2} \tag{4-20}$$

式（4-20）表明，阻抗是一个共轭复数，因而可以认为，电化学极化的电极等效电路可以用电阻和电容组成的串联电路表示。

所谓阻抗复数平面图是阻抗的虚数成分对阻抗的实数成分作图，为了得到这种图，需找到阻抗虚部与实部间的函数关系。基于这种设想，令：

$$X = R_L + \frac{R_r}{1 + a^2} \tag{4-21}$$

$$Y = \frac{a R_r}{1 + a^2} \tag{4-22}$$

其中 $$a = \omega C_d R_r$$

由式（4-21）和式（4-22）得：

$$a = \frac{Y}{X - R_L} \tag{4-23}$$

将式（4-23）代入式（4-22）得：

$$(X - R_L)^2 - (X - R_L) R_r + Y^2 = 0 \tag{4-24}$$

将上式改写为二次曲线标准式得：

$$\left[X - \left(R_L + \frac{1}{2} R_r \right) \right]^2 + Y^2 = \left(\frac{R_r}{2} \right)^2 \tag{4-25}$$

由解析几何可知，这是一个圆的曲线方程式，圆的半径为 $R/2$，圆心为：

$$X = R_L + \frac{R_r}{2}, \ Y = 0$$

如果用 Y（虚数部分）对 X（实数部分）作图，得到半圆，如图 4-14 所示。这个图就是电化学极化阻抗复数平面图。由这个图可求电化学反应有关参数。

4.3.2　电极反应有关参数的测定

由图 4-14 看出，OA 等于溶液电阻 R_L，AC 等于电化学反应电阻 R_r。

双电层微分电容 C_d 由 B 点频率求得。B 点坐标为：$X_B = R_L + R_r/2$，$Y_B = R_r/2$，将它们代入式（4-23）得：

$$a_B = \frac{R_r/2}{R_L + R_r/2 - R_L} = 1 \tag{4-26}$$

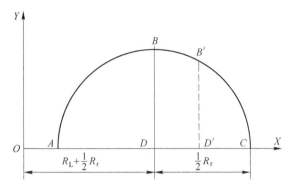

图 4-14 电化学极化阻抗复数平面图

将式（4-26）代入 $a = \omega C_d R_r$ 得双电层微分电容为：

$$C_d = \frac{1}{\omega_B R_r} \tag{4-27}$$

也可在 B 点附近先取一个 B' 点（见图 4-14），其 ω_B' 对应于实验中实际选定的频率，通过 B' 作垂线交 X 轴于 D'。

将 $a = \omega C_d R_r$ 代入式（4-21）得：

$$X = R_L + \frac{R_r}{\omega C_d R_r} \tag{4-28}$$

由上式得：

$$C_d = \frac{1}{\omega R_r} \sqrt{\frac{R_L + R_r - X}{X - R_L}} \tag{4-29}$$

将 B' 点的频率代入式（4-29），并考虑到 B' 点的 X 坐标值，得微分电容 C_d 计算公式：

$$C_d = \frac{1}{\omega_{B'} R_r} \sqrt{\frac{D'C}{AD'}} \tag{4-30}$$

式中，$D'C$ 为 D' 到 C 的距离，AD' 为 A 到 D' 的距离。

复数平面法的优点是不必先测 R_L 再求 R_r，而可以在一次实验数据处理中同时得到 R_L、C_d 和 R_r。为了比较准确地画出复数平面上的半圆，实验采用的交流电频率范围不应太小，具体由 C_d 和 R_r 的乘积 $C_d R_r$ 这个时间常数决定。由上述讨论可知，B 点的角频率恰好是 $\omega_B = 1/(C_d R_r)$，所以频率范围根据 ω_B 而定。要求频率高端 $\omega_{高} > 5\omega_B$；频率低端 $\omega_{低} < \omega_B/5$。

4.4　浓差极化下的交流阻抗

4.4.1　正弦波电流信号所引起的表面浓度波动

假设扩散传质是电极过程的唯一控制步骤，不存在能引起电极电位极化的表面转化反应，双电层电容和溶液电阻对电极阻抗的影响忽略不计。在这种情况下，近似地认为，通过电极的全部电量都用来引起反应表面层浓度的变化。这种条件下的阻抗，纯属扩散步骤控制的电极阻抗，称做 Warburg 阻抗。

设电极反应为 $O+ne \rightleftharpoons R$，不论电极反应是否可逆，在有正弦波电流通过时，浓度的变化都应遵循 Fick 扩散方程式：

$$\frac{\partial c_0}{\partial t} = D_0 \left(\frac{\partial^2 c_0}{\partial x^2} \right) \tag{4-31}$$

式中，c_0 为反应物 O 浓度；D_0 为反应物扩散系数，cm^2/s；x 为离开电极表面的距离，cm；t 为时间，s。

初始条件为：

$$c_0(x, 0) = c_0^0 \text{（本体离子浓度）} \tag{4-32}$$

边界条件为：

$$\begin{cases} i_m \sin\omega t = nFD_0 \left(\frac{\partial c_0}{\partial x} \right)_{x=0} \\ c_0(x, \infty) = c_0^0 \end{cases} \tag{4-33}$$

式中，i_m 为电流振幅；$c_0(x, \infty)$ 为半无限扩散条件。

下面进行求解，将式进行 Laplace 变换，得到：

$$L\left[\frac{\partial c_0(x, t)}{\partial t} \right] = L\left\{ D\left[\frac{\partial^2 c_0(x, t)}{\partial^2 x} \right] \right\} \tag{4-34}$$

左边由下式表示：

$$L\left[\frac{\partial c_0(x, t)}{\partial t} \right] = \int_0^\infty e^{-pt} \left[\frac{\partial c_0(x, t)}{\partial t} \right] dt \tag{4-35}$$

进行分部积分得：

$$L\left[\frac{\partial c_0(x, t)}{\partial t} \right] = \left[e^{-pt} c_0(x, t) \right]_0^\infty + p \int_0^\infty e^{-pt} c_0(x, t) dt \tag{4-36}$$

所以得到：

$$L\left[\frac{\partial c_0(x, t)}{\partial t} \right] = -c_0^0 + p\, \bar{c}_0(x, p) \tag{4-37}$$

式中，c^0 为溶液本体浓度；$\bar{c}(x, p)$ 是浓度 c 的 Laplace 变换，是 x 和 p 的函数。

式（4-34）右边进行 Laplace 变换，得到：

$$L\left[D\frac{\partial^2 c_0(x, t)}{\partial x^2} \right] = D\frac{\partial^2}{\partial x^2}\left[\int_0^\infty e^{-pt} c_0(x, t) dt \right] \tag{4-38}$$

即：

$$L\left[D\frac{\partial^2 \bar{c}_0(x, t)}{\partial x^2} \right] = D\left[\frac{\partial^2 \bar{c}_0(x, p)}{\partial x^2} \right] \tag{4-39}$$

得到：

$$\frac{d^2 \bar{c}_0(x, p)}{dx^2} - \frac{p}{D}\bar{c}_0(x, p) = -\frac{c_0^0}{D} \tag{4-40}$$

这是一个象函数 $\bar{c}_0(x, p)$ 的二阶非齐次常微分方程，为了求解，需要转化为常系数线性齐次常微分方程。因此，定义一个新的浓度变量 c^*：

$$c^*(x, t) = c_0^0 - c_0(x, t) \tag{4-41}$$

式中，c_0^0 为本体离子浓度；$c_0(x, t)$ 为时间 t 及离开电极表面距离 x 的函数。

将上式进行 Laplace 变换得：

$$\int_0^\infty c^*(x, t)\mathrm{e}^{-pt}\mathrm{d}t = \int_0^\infty c_0^0 \mathrm{e}^{-pt}\mathrm{d}t - \int_0^\infty c_0(x, t)\mathrm{e}^{-pt}\mathrm{d}t \tag{4-42}$$

进行简化，得到：

$$\bar{c}^*(x, p) = \frac{c_0^0}{p} - \bar{c}_0(x, p) \tag{4-43}$$

对 x 求二阶导数得：

$$\frac{\mathrm{d}^2\bar{c}^*(x, p)}{\mathrm{d}x^2} = -\frac{\mathrm{d}^2\bar{c}_0(x, p)}{\mathrm{d}x^2} \tag{4-44}$$

将式 (4-43)、式 (4-44) 代入式 (4-40)，得到：

$$\frac{\mathrm{d}^2\bar{c}^*(x, p)}{\mathrm{d}x^2} - \frac{p}{D}\bar{c}^*(x, p) = 0$$

上式为二阶常系数齐次常微分方程，其通解为：

$$\bar{c}^*(x, p) = A\mathrm{e}^{-\alpha x} + B\mathrm{e}^{\alpha x} \tag{4-45}$$

式中，$\alpha = (p/D)^{1/2}$；A，B 为常数，由初始条件和边界条件确定。

根据半无限扩散边界条件：当 $x \to \infty$ 时，$c_0(\infty, t) = c_0^0$，得到 $c^*(\infty, t) = 0$，对其进行 Laplace 变换，并代回原式，得到 $A\mathrm{e}^{-\alpha\infty} + B\mathrm{e}^{\alpha\infty} = 0$，所以：

$$B = 0$$

即：

$$\bar{c}^*(x, p) = A\mathrm{e}^{-\alpha x}$$

得到：

$$\bar{c}_0(x, p) = \frac{c_0^0}{p} - A\mathrm{e}^{-\alpha x} \tag{4-46}$$

根据电极表面浓度的边界条件：当 $t > 0$，$x = 0$ 时，$c^*(x, t) = c^*(0, t)$，作 Laplace 变换，得到：$\bar{c}^*(x, p) = \bar{c}^*(0, p)$，代入 $\bar{c}^*(x, p) = A\mathrm{e}^{-\alpha x}$ 和 $x = 0$，得到 $A = \bar{c}^*(0, p)$，即得到 $\bar{c}^*(x, p) = \bar{c}^*(0, p)\mathrm{e}^{-\alpha x}$，为方程的解。

利用式 (4-43)，将 $x = 0$ 代入，得到：

$$\bar{c}^*(0, p) = \frac{c_0^0}{p} - \bar{c}_0(0, p)$$

$$\bar{c}_0(x, p) = \frac{c_0^0}{p} + \left[\bar{c}_0(0, p) - \frac{c_0^0}{p}\right]\exp\left[-\left(\frac{p}{D}\right)^{1/2}x\right] \tag{4-47}$$

上式对 x 求导数，并令 $x = 0$，得到：

$$\left[\frac{\partial\bar{c}_0(x, p)}{\partial x}\right]_{x=0} = -\left(\frac{p}{D_0}\right)^{1/2}\left[\bar{c}_0(0, p) - \frac{c_0^0}{p}\right]$$

$$\frac{\bar{i}}{nFAD_0} = -\left(\frac{P}{D_0}\right)^{1/2}\left[\bar{c}_0(0, p) - \frac{c_0^0}{P}\right] \tag{4-48}$$

解出：

$$\bar{c}_0(0, p) = \frac{c_0^0}{P} - \frac{\bar{i}}{nFA(D_0P)^{1/2}}$$

用卷积法将上式进行 Laplace 的逆变换，得到：

$$c_0(0,\ t) = c_0^0 - \frac{1}{nFA\sqrt{D_0\pi}} \int_0^t \frac{i_m\sin\varpi(t-\tau)}{\tau^{1/2}}\mathrm{d}\tau \tag{4-49}$$

式（4-49）为反应物 O 的浓度表达式。下面求积分项的表示式：

$$\int_0^t \frac{i_m\sin\omega(t-\tau)}{\tau^{1/2}}\mathrm{d}\tau = \int_0^t \frac{i_m\sin(\omega t)\cos(\omega\tau) - \cos(\omega t)\sin(\omega\tau)}{\tau^{1/2}}\mathrm{d}\tau$$

$$= i_m\sin\omega t \int_0^t \frac{\cos(\omega\tau)}{\tau^{1/2}} - i_m\cos(\omega t) \int_0^t \frac{\sin(\omega\tau)}{\tau^{1/2}}\mathrm{d}\tau \tag{4-50}$$

电流刚接通，反应物 O 的电极表面浓度按暂态规律变化，经过一段时间后，扩散达到稳态，此时反应物 O 的浓度随电流按正弦规律变化。假定 $t\to\infty$ 时，扩散达到稳态，故积分上限 t 取无穷大，因此，式（4-50）可写为：

$$\int_0^\infty \frac{i_m\sin\omega(t-\tau)}{\tau^{1/2}}\mathrm{d}\tau = i_m\sin\omega t \int_0^\infty \frac{\cos(\omega\tau)}{\tau^{1/2}}\mathrm{d}\tau - i_m\cos(\omega t) \int_0^\infty \frac{\sin(\omega\tau)}{\tau^{1/2}}\mathrm{d}\tau \tag{4-51}$$

将 $\int_0^\infty \dfrac{\cos(\omega\tau)}{\tau^{1/2}}\mathrm{d}\tau = \int_0^\infty \dfrac{\sin(\omega\tau)}{\tau^{1/2}}\mathrm{d}\tau = \left(\dfrac{\pi}{2\omega}\right)^{1/2}$ 代入式（4-51），得到：

$$\int_0^\infty \frac{i_m\sin\omega(t-\tau)}{\tau^{1/2}}\mathrm{d}\tau = \left(\frac{\pi}{2\omega}\right)^{1/2} i_m(\sin\omega t - \cos\omega t) \tag{4-52}$$

$$c_0(0,\ t) = c_0^0 - \frac{i_m}{nFA\sqrt{2D_0\omega}}(\sin\omega t - \cos\omega t) \tag{4-53}$$

因为：

$$\cos\left(\frac{\pi}{4}\right) = \sin\left(\frac{\pi}{4}\right) = \frac{1}{\sqrt{2}}$$

所以：

$$c_0(0,\ t) = c_0^0 - \frac{i_m}{nFA\sqrt{D_0\omega}}\sin\left(\omega t - \frac{\pi}{4}\right) \tag{4-54}$$

$$\Delta c_0(0,\ t) = c_0(0,\ t) - c_0^0 = -\frac{i_m}{nFA\sqrt{D_0\omega}}\sin\left(\omega t - \frac{\pi}{4}\right) \tag{4-55}$$

式中，$\Delta c_0(0,\ t)$ 为反应物以本体浓度为中心按正弦规律变化；"$-$" 为阴极反应；$i_m/(nFA\sqrt{D_0\omega})$ 为浓度变化振幅，与角频率 $\omega^{1/2}$ 成反比，故增加正弦扰动信号频率可以消除浓差极化。因此，浓差极化电化学阻抗在低频区域出现。

4.4.2 浓差极化下交流阻抗复平面图

4.4.2.1 电极电位表示式

正弦电流通过电极时，电极上发生如下可逆还原反应：

$$O + ne \Longleftrightarrow R$$

假如产物 R 不溶，平衡电极电势可写成：

$$\varphi_{平} = \varphi^\ominus + \frac{RT}{nF}\ln c_0^0$$

当电极反应速度完全由扩散控制时，相应的电极电位波动可写成：

$$\Delta\varphi = \frac{RT}{nF}\ln\frac{c_0(0,\ t)}{c_0^0} = \frac{RT}{nF}\ln\left[1 + \frac{\Delta c_0(0,\ t)}{c_0^0}\right] \tag{4-56}$$

因为扰动信号 $\Delta\varphi$ 小于 10mV，故 $\Delta c_0(0,\ t)/c_0^0 \ll 1$，因此：

$$\ln\left[1 + \frac{\Delta c_0(0,\ t)}{c_0^0}\right] \approx \frac{\Delta c_0(0,\ t)}{c_0^0} \tag{4-57}$$

$$\Delta\varphi = \frac{RT}{nF} \cdot \frac{\Delta c_0(0,\ t)}{c_0^0} = -\frac{i_m RT}{(nF)^2 Ac_0^0\sqrt{D_0\omega}}\sin\left(\omega t - \frac{\pi}{4}\right) \tag{4-58}$$

式中，"－" 为阴极过程；$i_m RT/(n^2 F^2 Ac_0^0\sqrt{D_0\omega})$ 为电势振幅；$\omega t - \pi/4$ 为电势电位。

上式表明电极电势按正弦规律变化。

4.4.2.2 浓差极化阻抗表示式

浓差极化阻抗称为 Warburg 阻抗，用 Z_w 表示。

$$Z_w = |Z_w|e^{-j\theta}$$

按欧拉公式展开：

$$Z_w = |Z_w|\cos\theta - j|Z_W|\sin\theta \tag{4-59}$$

$$|Z| = \frac{\varphi_m}{i_m} = \frac{i_m RT}{(nF)^2 Ac_0^0\sqrt{D_0\omega}} \cdot \frac{1}{i_m} = \frac{RT}{(nF)^2 Ac_0^0\sqrt{D_0\omega}} \tag{4-60}$$

浓差极化的阻抗角：

$$\theta = -\left(\omega t - \frac{\pi}{4} - \omega t\right) = \frac{\pi}{4}$$

所以，浓差极化阻抗表示式为：

$$Z_w = \frac{RT}{(nF)^2 Ac_0^0\sqrt{2D_0\omega}} - j\frac{RT}{(nF)^2 Ac_0^0\sqrt{2D_0\omega}}$$

简化为：

$$Z_w = \sigma\omega^{-1/2} - j\sigma\omega^{-1/2} \tag{4-61}$$

其中

$$\sigma = \frac{RT}{(nF)^2 Ac_0^0\sqrt{2D_0}}$$

式（4-61）是在平衡电极电势下推导出来的，故阻抗是可逆电极过程的浓差极化阻抗。

4.4.2.3 浓差极化电极等效电路

浓差极化阻抗可用共轭复数表示，因此，浓差极化的电极等效电路由等效电阻 R_w 和等效电容 C_w 串联构成，如图 4-15 所示。

图 4-15 浓差极化电极等效电路

根据浓差极化的电极等效电路，Warburg 阻抗用等效电路中的等效电工学元件表示为：

$$Z_w = R_w - j\frac{1}{\omega C_w} \tag{4-62}$$

对于可逆电极反应，浓差极化等效电路中的等效电阻 R_w 及等效电容 C_w 分别为：

$$R_w = \sigma\omega^{-1/2} \tag{4-63}$$

$$C_w = \frac{1}{\sigma}\omega^{-1/2} \tag{4-64}$$

4.4.2.4　浓差极化的电化学阻抗复平面图

用浓差极化阻抗的虚部对阻抗的实部在复平面坐标中作图，得到通过坐标原点的直线，并与实轴坐标成 π/4 角，为浓差极化复平面图（见图 4-16），浓差极化复平面图只出现在低频区。

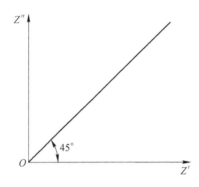

图 4-16　浓差极化的电化学阻抗复平面图

4.5　电化学极化与浓差极化混合控制下的交流阻抗

如果电极过程由电化学极化与浓差极化同时控制，电极的等效电路如图 4-3 所示。相应的电极交流阻抗为：

$$Z = R_L + \cfrac{1}{j\omega C_d + \cfrac{1}{R_r + \sigma\omega^{-1/2} - j\sigma\omega^{-1/2}}} \tag{4-65}$$

将上式分解为实数部分和虚数部分得：

$$Z = R_L + \frac{R_r + \sigma\omega^{-1/2}}{(C_d\sigma\omega^{1/2} + 1)^2 + \omega^2 C_d^2 (R_r + \sigma\omega^{-1/2})^2} -$$

$$j\frac{\omega C_d(R_r^2 + 2\sigma R_r\omega^{-1/2}) + \sigma\omega^{-1/2}(2C_d\sigma\omega^{1/2} + 1)}{(C_d\sigma\omega^{1/2} + 1)^2 + \omega^2 C_d^2 (R_r + \sigma\omega^{-1/2})^2} = x - jy \tag{4-66}$$

分析这样的方程式是特别复杂的，所以只研究两种情况。

4.5.1　低频时的情况

如果使用的正弦波交流信号频率比较低，则方程式中含有的 ω 和 $\omega^{1/2}$ 项略去，而含有 $\omega^{-1/2}$ 项保留，这样近似地得到下列方程式：

$$x = R_L + R_r + \sigma\omega^{-1/2}$$

$$y = \sigma\omega^{1/2} + 2\sigma^2 C_d \tag{4-67}$$

消除 ω 得：

$$y = x - R_L - R_r + 2\sigma^2 C_d \tag{4-68}$$

该式表明，此时电极阻抗的复数平面图为斜率45°的直线段，该直线段外推到实轴的截距为 $R_L + R_r - 2\sigma^2 C_d$，如图4-17所示。

很容易发现，交流信号频率低时，电极过程由扩散步骤控制，电极交流阻抗是浓差极化引起的。

4.5.2 高频时的情况

如果正弦波信号频率足够高时，扩散来不及发生，浓差极化可以忽略，因而方程式中含 σ 项均被略去，得：

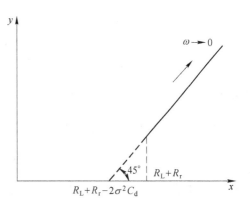

图4-17 低频时阻抗复数平面图

$$Z = R_L + \frac{R_r}{1 + (\omega C_d R_r)^2} - j\frac{\omega C_d R_r^2}{1 + (\omega C_d R_r)^2} \tag{4-69}$$

将上式与式（4-20）对照，发现它们是同一个方程式，可见，高频时，电极过程由电化学极化控制。显然，其复数平面图是一个半圆。

一般情况，在恒定的反应物及交换电流不太大的情况下，如果正弦波信号的频率在大范围内变化，电化学极化与浓差极化可能同时出现。可以预料，随着频率的改变，控制步骤会发生改变，复数平面图也会随着频率的变化而具有电化学极化与浓差极化的特征，因而，在这种情况下的复数平面图是角度为45°的直线与中心位置在横坐标上的半径为 $R_r/2$ 的半圆相结合的图，如图4-18所示。由图可以得到电极反应电阻 R_r、溶液电阻 R_L 和双电层微分电容。知道 R_r，便可以计算交换电流 i^0。

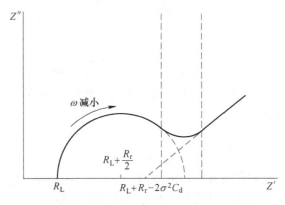

图4-18 混合控制时阻抗复数平面图

4.6　阻抗频谱法

法拉第阻抗中包含很多描述电极反应历程的动力学参数，为了测量这些参数，进而解释电化学研究和生产中的一些问题，就需要将法拉第阻抗进行解析。常用的解析方法有两种，一种为阻抗频谱法，另一种为复数平面法。本节介绍阻抗频谱法。

所谓阻抗频谱法，就是利用法拉第阻抗和正弦交流电频率所特有的函数关系 $(Z_f)_{实部} = f(\omega)$ 和 $(Z_f)_{虚部} = f(\omega)$ ，分别作实频特性曲线及虚频特性曲线，这种曲线称为阻抗频谱。阻抗频谱法也分为电极过程受电化学极化步骤控制、扩散步骤控制和混合控制 3 种情况。

4.6.1　电化学极化时的阻抗频谱法

电化学极化情况下已经推导式（4-20）。对于图 4-7 的情况，其总阻抗为 $Z' = R_s + \dfrac{1}{j\omega C_s} = R_s - j\dfrac{1}{\omega C_s}$ ，因为图 4-7 和图 4-13 同是电化学极化的等效电路，是等效的，它们总的阻抗应相等，即 $Z = Z'$ 。所以它们的实部与虚部分别相等。即：

实部：
$$R_s = R_L + \frac{R_r}{1 + (\omega R_r C_d)^2} \tag{4-70}$$

虚部：
$$\frac{1}{\omega C_s} = \frac{\omega C_d R_r^2}{1 + (\omega R_r C_d)^2} \tag{4-71}$$

由式（4-70）可得：
$$\frac{1}{R_s - R_L} = \frac{1 + \omega^2 C_d^2 R_r^2}{R_r} = \frac{1}{R_r} + R_r C_d^2 \omega^2 \tag{4-72}$$

由式（4-72）可知，以 $1/(R_s - R_L)$ 对 ω^2 作图应得一条直线，如图 4-19 所示，称为实频特性曲线，直线的截距等于 $1/R_r$ ，直线的斜率等于 $R_r C_d^2$ ，所以：
$$C_d^2 = \frac{斜率}{R_r} = 斜率 \times 截距$$
$$C_d = \sqrt{斜率 \times 截距}$$

由式（4-71）得：
$$C_s = \frac{1 + \omega^2 C_d^2 R_r^2}{\omega^2 C_d R_r^2} = C_d + \frac{1}{\omega^2 C_d R_r^2} \tag{4-73}$$

从式（4-73）可知，以 C_s 对 $1/\omega^2$ 作图应得一直线，如图 4-20 所示，称为虚频特性曲线，直线的斜率为 $1/(C_d R_r^2)$ ，所以：
$$R_r^2 = \frac{1}{C_d \times 斜率} = \frac{1}{截距 \times 斜率}$$

从上述讨论可知，当测得各频率下的 R_s 和 C_s 以后，分别作出实频特性曲线和虚频特性曲线，求得 R_r 和 C_d ，进而可计算出电化学反应动力学参数。

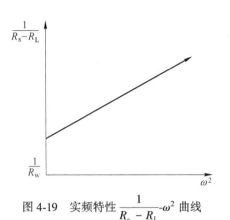

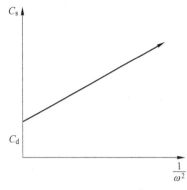

图 4-19 实频特性 $\dfrac{1}{R_{\text{s}} - R_{\text{L}}}$-$\omega^2$ 曲线

图 4-20 虚频特性 C_{s}-$\dfrac{1}{\omega^2}$ 曲线

4.6.2 扩散步骤控制时的阻抗频谱

从扩散控制时法拉第阻抗表达式（4-63）、式（4-64）可知，$R_{\text{w}} = \sigma\omega^{-1/2} = 1/(\omega C_{\text{w}}) = Z_{\text{C}}$，所以特性曲线（$R_{\text{w}}$-$\omega^{-1/2}$）和虚频特性曲线（$Z_{\text{C}}$-$\omega^{-1/2}$）为重合的两条直线，其斜率为 σ（见图 4-21）。根据这一特性可以确定在通过交流电时电极反应速度受扩散控制。

4.6.3 混合控制时的阻抗频谱

图 4-6 中第 3 部分 Z_{f} 中的实数部分（用 R_{f} 表示）为：

$$R_{\text{f}} = R_{\text{r}} + R_{\text{w}} = \frac{RT}{nF} \cdot \frac{1}{i^0} + \sigma\omega^{-1/2} \tag{4-74}$$

虚部为：

$$Z_{\text{c}} = \frac{1}{\omega C_{\text{w}}} = \sigma\omega^{-1/2} \tag{4-75}$$

可知，其实频曲线（R_{f}-$\omega^{-1/2}$）和虚频曲线（Z_{f}-$\omega^{-1/2}$）之间的关系为相互平行的两根直线；它们之间的距离为 R_{r}，如图 4-22 所示，利用这一关系可以求得 i^0 的数值。

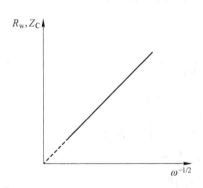

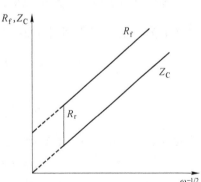

图 4-21 扩散控制时阻抗频谱

图 4-22 混合控制时阻抗频谱

关于电化学反应电阻 R_r 的推导如下，设电极反应为：

$$O + ne \underset{k_b}{\overset{k_f}{\rightleftharpoons}} R$$

式中，k_f（可用符号 $\vec{k}$ 表示）为 "→" 方向的反应速度常数；k_b（可用符号 $\overleftarrow{k}$ 表示）为 "←" 方向的反应速度常数。

$$k_f = k_f^0 \exp\left(- \frac{\alpha n F \varphi}{RT}\right) \tag{4-76}$$

$$k_b = k_b^0 \exp\left[- \frac{(1 - \alpha) n F \varphi}{RT}\right] \tag{4-77}$$

式中，k_f^0 为 $\varphi = 0$ 时的 k_f；k_b^0 为 $\varphi = 0$ 时的 k_b；α 为传递系数，$(1-\alpha)$ 有时用 β 表示；φ 为电极电位。

$$\vec{i} = nF k_f C_{sO} = nF k_f^0 c_{sO} \exp\left(- \frac{\alpha n F \varphi}{RT}\right) \tag{4-78}$$

$$\overleftarrow{i} = nF k_b C_{sR} = nF k_b^0 c_{sR} \exp\left[\frac{(1 - \alpha) n F \varphi}{RT}\right] \tag{4-79}$$

式中，c_{sO}（可用 $c_0(o, t)$ 表示）为电极界面处的 O 物质浓度；c_{sR}（可用 $c_R(o, t)$ 表示）为电极界面处的 R 物质浓度。

电极在平衡时：

$$\varphi = \varphi_平, \quad c_{sO} = c_O^0, \quad c_{sR} = c_R^0$$

式中，$\varphi_平$ 为平衡电极电位；c_O^0（可用 $c_0(\infty, t)$ 表示），为溶液内部的 O 物质的浓度；c_R^0（可用 $c_R(\infty, t)$ 表示），为溶液内部 R 物质的浓度。

由式（4-78）和式（4-79）得到：

$$\varphi_平 = \varphi^0 + \frac{RT}{nF} \ln \frac{c_O^0}{c_R^0} \tag{4-80}$$

$$\varphi^0 = \frac{RT}{nF} \ln \frac{k_f^0}{k_b^0} \tag{4-81}$$

式中，φ^0 为标准电极电位，严格说来，式（4-80）中的 c 应用活度 a 代替。

交换电流 i^0 为电极平衡时 $\vec{i}$ 值（此时 $\vec{i} = \overleftarrow{i}$）：

$$i^0 = nF k_f^0 c_O^0 \exp\left(- \frac{\alpha n F \varphi_平}{RT}\right) \tag{4-82}$$

$$i^0 = nF k_b^0 c_R^0 \exp\left[\frac{(1 - \alpha) n F \varphi_平}{RT}\right] \tag{4-83}$$

将式（4-80）和式（4-81）代入式（4-82）和式（4-83），得到：

$$i^0 = nF (k_f^0 c_O^0)^{1-\alpha} (k_b^0 c_R^0)^\alpha \tag{4-84}$$

$$i^0 = nF k_s (c_O^0)^{1-\alpha} (c_R^0)^\alpha \tag{4-85}$$

式中，k_s（可用符号 k^0 表示）为标准速度常数。

$$k_s = (k_f^0)^{1-\alpha} (k_b^0)^\alpha \tag{4-86}$$

$$k_s = k_f^0 \exp\left(-\frac{\alpha nF\varphi^{\ominus}}{RT}\right) = k_b^0 \exp\left[\frac{(1-\alpha)nF\varphi^{\ominus}}{RT}\right] \tag{4-87}$$

$$k_f = k_s \exp\left[-\frac{\alpha nF(\varphi - \varphi^{\ominus})}{RT}\right] \tag{4-88}$$

$$k_b = k_s \exp\left[\frac{(1-\alpha)nF(\varphi - \varphi^{\ominus})}{RT}\right] \tag{4-89}$$

在 $c_O^0 = c_R^0 = c$ 的特殊情况下：

$$i^0 = nFk_s c \tag{4-90}$$

电极在极化时：

$$i = \overrightarrow{i} - \overleftarrow{i}$$

$$i = nF(k_f c_{sO} - k_b c_{sR}) \tag{4-91}$$

$$i = nF\left\{k_f^0 c_{sO} \exp\left(-\frac{\alpha nF\varphi}{RT}\right) - k_b^0 c_{sR} \exp\left[\frac{(1-\alpha)nF\varphi}{RT}\right]\right\} \tag{4-92}$$

$$i = i^0\left\{\frac{c_{sO}}{c_O^0}\exp\left[-\frac{\alpha nF(\varphi - \varphi_平)}{RT}\right] - \frac{c_{sR}}{c_R^0}\exp\left[\frac{(1-\alpha)nF(\varphi - \varphi_平)}{RT}\right]\right\} \tag{4-93}$$

$$i = nFk_s\left\{c_{sO}\exp\left[-\frac{\alpha nF(\varphi - \varphi^{\ominus})}{RT}\right] - C_{sR}\exp\left[\frac{(1-\alpha)nF(\varphi - \varphi^{\ominus})}{RT}\right]\right\} \tag{4-94}$$

$$i = i^0\left\{\frac{c_{sO}}{c_O^0}\exp\left(\frac{\alpha nF\eta}{RT}\right) - \frac{c_{sR}}{c_R^0}\exp\left[-\frac{(1-\alpha)nF\eta}{RT}\right]\right\} \tag{4-95}$$

式中，η 为过电位。

当 $\eta < 5\mathrm{mV}$ 时，展开上式并忽略高次项，得到：

$$i = i^0\left(\frac{nF}{RT}\eta + \frac{c_{sR} - c_R^0}{c_R^0} - \frac{c_{sO} - c_O^0}{c_O^0}\right) \tag{4-96}$$

如果过程只有电化学和扩散过程，活度近似等于浓度，则界面浓度遵守 Fick 定律。

$$\frac{\partial c_O}{\partial t} = D_O\left(\frac{\partial^2 c_O}{\partial x^2}\right) \tag{4-97}$$

$$\frac{\partial c_R}{\partial t} = D_O\left(\frac{\partial^2 c_R}{\partial x^2}\right) \tag{4-98}$$

初始条件 $t = 0$，$x > 0$ 时：

$$c_O = c_O^0$$

$$c_R = c_R^0$$

边界条件 $t > 0$，$x = 0$ 时：

$$i = nFD_O\left(\frac{\partial c_O}{\partial x}\right) = -nFD_R\left(\frac{\partial c_R}{\partial x}\right) \tag{4-99}$$

当 $t > 0$，$x \to \infty$ 时：
$$c_O = c_O^0, \quad c_R = c_R^0$$

以 $\eta = -\varphi_m \sin(\omega t)$ 解式（4-97）、式（4-98）和式（4-99），得到：

$$\eta = -\frac{RT}{nF}\left\{\left[\frac{1}{i^0} + \frac{A}{nF(2\omega)^{1/2}}\right]i_m\sin(\omega t) + \frac{A}{nF(2\omega)^{1/2}}i_m\cos(\omega t)\right\} \qquad (4\text{-}100)$$

其中
$$A = \frac{1}{c_O^0\sqrt{D_O}} + \frac{1}{c_R^0\sqrt{D_R}}$$

式（4-100）为法拉第阻抗基本表达式。等号右边第一项 $\frac{RT}{nFi^0}i_m\sin(\omega t)$ 对应电化学过电位，而第二、三项 $\frac{RTA}{n^2F^2(2\omega)^{1/2}}i_m\sin(\omega t) + \frac{RTA}{n^2F^2(2\omega)^{1/2}}i_m\cos(\omega t)$ 对应扩散过电位。等号左边 η 是正弦交变电流作用下研究电极总的过电位，单位为 V；而等号右边的 $i_m\sin(\omega t)$ 和 $i_m\cos(\omega t)$ 是交变电流的瞬时值，单位为 A。所以 $\frac{RT}{nFi}$ 和 $\frac{RTA}{n^2F^2(2\omega)^{1/2}}$ 相当于一个电阻的成分，其单位为 Ω。前者为电化学极化阻力，称为反应电阻，用 R_r 表示，后者表征浓差扩散阻力。

4.7 李萨育图法测交流阻抗复数平面图

以控制电极的交换电位实验为例，把电极的交流电位和它的响应——流过电极的交流电流（已变换为电压信号），分别输入示波器或函数记录仪的 Y 和 X 通道，可以得到如图 4-23 所示的图形，称为李萨育（Lissajous）图。李萨育技术可在低频时使用，例如频率在 1Hz 以下测量电极阻抗时使用。

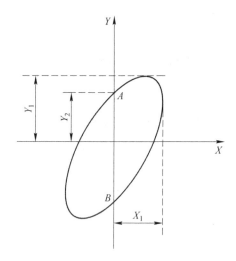

图 4-23   测量交流阻抗的李萨育图

4.7.1   控制电流法测量电路

图 4-24 所示为李萨育图测交流阻抗复数平面图电路。由 5 部分组成：（1）正弦

信号发生器；（2）记录仪，记录李萨育图用，高频时用示波器，低频时（低于 1Hz）用 X-Y 记录仪；（3）高电阻 R，用于产生恒电流；（4）取样电阻 R_1，测电流用，电流在 R_1 上的电压降输给示波器 X 轴上的 A—B 输入端，它采用浮地的输入形式；（5）电解池，由研究电极、辅助电极及参比电极组成。研究电极接地，参比电极接示波器的 Y 轴，由于辅助电极面积比研究电极面积大 100 倍，故有时采用两电极电解池，将辅助电极同时作参比电极使用，此时，示波器上辅助电极的接线柱与参比电极的接线柱接通。

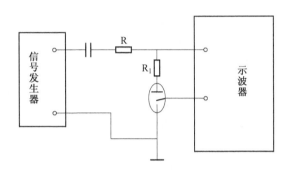

图 4-24　李萨育图法测交流阻抗电路

4.7.2　控制电流法测复数平面图原理

通过电极的电流为：

$$i = i_m \sin(\omega t) \tag{4-101}$$

在取样电阻 R_1 上的电压降为：

$$\varphi_1 = V_m \sin(\omega t) \tag{4-102}$$

其中，$V_m = i_m R_1$。

正弦电流通过电极时的研究电极电位：

$$\varphi = \varphi_m \sin(\omega t - \varphi) \tag{4-103}$$

上式展开得：

$$\varphi = \varphi_m \left[\sin(\omega t)\cos\varphi - \cos(\omega t)\sin\varphi \right] \tag{4-104}$$

将式（4-102）代入上式得：

$$\frac{\varphi}{\varphi_m} - \frac{\varphi_1}{V_m}\cos\varphi = -\sqrt{1 - \left(\frac{\varphi_1}{V_m}\right)^2}\sin\varphi \tag{4-105}$$

将上式求平方得：

$$\frac{\varphi^2}{(\varphi_m\sin\varphi)^2} - \frac{2\varphi\varphi_1}{\varphi_m V_m}\frac{\cos\varphi}{\sin^2\varphi} + \left(\frac{\varphi_1}{V_m}\right)^2\frac{1}{\sin^2\varphi} = 1 \tag{4-106}$$

式中，φ 为电极电位；φ_1 为电流在取样电阻上电压降。

式（4-106）为椭圆方程式，表明将电流信号送入示波器 X 轴，电极电位输入到 Y 轴，在示波器上得到椭圆。如图 4-25 所示，这个椭圆叫李萨育图。根据这个椭圆可求交流阻抗复数平面图。

由图 4-25 看出，电流最大值用 I 表示，显然，$\omega t = \dfrac{1}{2}\pi$、$\dfrac{5}{2}\pi$、$\cdots$ 时，电流才为最大，故由式（4-102）得：

$$V_m = R_1 i_m \tag{4-107}$$

当 $\omega t = \dfrac{1}{2}\pi$、$\dfrac{5}{2}\pi$、$\cdots$ 时的电极电位用 h_1 表示，由式（4-103）得

$$h_1 = \varphi_m \cos\varphi \tag{4-108}$$

由式（4-102）看出，当 $\omega t = \pi$、3π、$\cdots$ 时，电流为零，电极电位用 h_2 表示，由式（4-80）得：

$$h_2 = \varphi_m \sin\varphi \tag{4-109}$$

假设电极等效电路由电阻与电容串联，故阻抗由共轭复数表示：

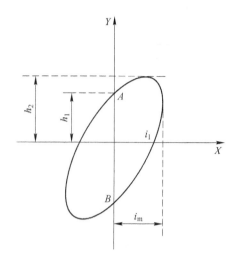

图 4-25　电极阻抗的李萨育图

$$Z = x - \mathrm{j}y \tag{4-110}$$

式中，x、y 为待测量。

因为是控制电流法，所以电流的初始相位为零；又因为阻抗是容抗性的，所以电压的初始相位为负值。根据交流阻抗的定义得：

$$Z = \frac{\varphi_m \mathrm{e}^{\mathrm{j}\omega t} \mathrm{e}^{-\mathrm{j}\varphi}}{i_m \mathrm{e}^{\mathrm{j}\omega t}} = \frac{\varphi_m}{i_m}\mathrm{e}^{-\mathrm{j}\varphi} \tag{4-111}$$

将上式按欧拉公式展开得：

$$Z = \frac{\varphi_m}{i_m}(\cos\varphi - \sin\varphi) \tag{4-112}$$

因为式（4-110）与式（4-112）相等，故得：

$$x = \frac{\varphi_m}{i_m}\cos\varphi \tag{4-113}$$

$$y = \frac{\varphi_m}{i_m}\sin\varphi \tag{4-114}$$

将式（4-107）及式（4-108）及式（4-109）分别代入式（4-113）和式（4-114）得：

$$x = \frac{h_1}{I}R_1, \quad y = \frac{h_2}{I}R_1 \tag{4-115}$$

式中，h_1、h_2 及 I 由李萨育图测得；R_1 为取样电阻；由式（4-115）可求得交流阻抗复数平面图。

4.7.3　控制电位李萨育图法

为了能在宽广的电位范围内测电极交流阻抗，常采用控制电位法。图 4-26 所示为控制电位李萨育图法测量电路图，实验采用恒电位仪控制电极单位，调节恒电位仪内的给定电压，可调节研究电极的直流电位。当正弦信号发生器输出小幅度信号（<10mV）作为

恒电位仪的外给定，这样可使研究电极的电位同时发生相应的正弦波状变化。流过研究电极的电流可由电阻 R_s 上的电压进行测量，用示波器或 X-Y 函数记录仪记录电极电位的电流之间的李萨育图。电位可直接从正弦信号发生器取得。一般正弦波信号发生器输出的电压和电极电位间的相位差应很小，为了调节李萨育图在示波器中位置，有时在记录仪输入端串接一可调直流电压。读数和椭圆分析与控制电流法相同。

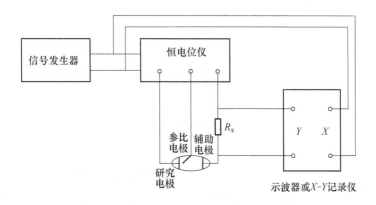

图 4-26　控制电位李萨育图法测量电路图

4.8　选相调辉和选相检波法测交流阻抗复数平面图

交流阻抗技术经常与其他暂态技术如电流阶跃法、大幅度三角波电位法等结合运用，也常用来研究电极的表面现象。这时电极阻抗随电极的极化状态或者表面状态的变化而迅速改变，因此电极阻抗的瞬间测量是很需要的。选相调辉和选相检波技术及相敏检测技术都能够测量电极的瞬间阻抗。这些技术都能够分别测量电极阻抗的实数和虚数成分。测量中使用的正弦波交流电频率为已知，因而，能够进一步求出电极阻抗的等效电路的各元件数值。

4.8.1　选相调辉技术

控制流过电极的电流依照小幅度正弦波变化，即 $i = i_m \sin(\omega t)$。电极阻抗以电阻 R_s 和电容 C_s 串联的等效电路表示，如图 4-27 所示。

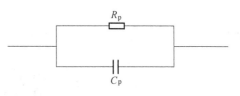

图 4-27　等效电路

电极的交流电位应为：
$$\varphi = \varphi_{R_s} + \varphi_{C_s}$$

其中
$$\varphi_{R_s} = iR_s = R_s i_m \sin(\omega t) \tag{4-116}$$

$$\varphi_{C_s} = \frac{1}{C_s}\int i\,dt = -\frac{1}{\omega C_s} i_m \cos(\omega t) \tag{4-117}$$

当 $\omega t = 0$、π、2π、$\cdots$ 时，$\varphi = -\dfrac{1}{\omega C_s} i_m$，$\dfrac{1}{\omega C_s}$ 与 φ 成正比。

当 $\omega t = \pi/2$、$3\pi/2$、$5\pi/2$、$\cdots$ 时，$\varphi = R_s i_m$，R_s 与 φ 成正比。

因此，只要把通过电极的电位信号 φ 输入示波器，并且在 $\omega t = 0$、π、2π、$\cdots$ 或者 $\pi/2$、$3\pi/2$、$5\pi/2$、$\cdots$ 的各时刻向示波器的亮度调制通道输入调辉尖脉冲，则可以由亮点位置分别测定瞬间的电极阻抗的虚数和实数部分。

如果控制电极电位按照小幅度正弦波电位变化，即：

$$\varphi = \varphi_{\mathrm{m}}\sin(\omega t) \tag{4-118}$$

且电极阻抗以图 4-27 所示的电阻 R_{p} 和电容 C_{p} 并联的等效电路来表示，流过电极的交流电流为：

$$i = i_{R_{\mathrm{p}}} + i_{C_{\mathrm{p}}} \tag{4-119}$$

其中：

$$i_{R_{\mathrm{p}}} = \frac{1}{R_{\mathrm{p}}}\varphi_{\mathrm{m}}\sin(\omega t) \tag{4-120}$$

$$i_{C_{\mathrm{p}}} = C_{\mathrm{p}}\frac{\mathrm{d}\varphi}{\mathrm{d}t} = \omega C_{\mathrm{p}}\varphi_{\mathrm{m}}\cos(\omega t) \tag{4-121}$$

电极导纳 $Y = \dfrac{1}{R_{\mathrm{p}}} + \mathrm{j}\omega C_{\mathrm{p}}$，$\dfrac{1}{R_{\mathrm{p}}}$ 和 ωC_{p} 分别为电极导纳的实数和虚数部分。

与控制流过电极的交流电流情况相似，当 $\omega t = \pi/2$、$3\pi/2$、$5\pi/2$、$\cdots$ 时，$i = \varphi_{\mathrm{m}}/R_{\mathrm{p}}$、$1/R_{\mathrm{p}}$ 与 i 成正比。因此，只要把流过电极的电流信号输入示波器，并且在 $\omega t = 0$、π、2π、$\cdots$ 或者 $\pi/2$、$3\pi/2$、$5\pi/2$、$\cdots$ 的各时刻向示波器的亮度调制通道输入调辉尖脉冲，则可以由亮点位置分别测定瞬间的电极导纳的虚数和实数部分。

4.8.2　选相检波技术

如果需要用直流电表读数或在函数记录仪上记录电极阻抗，可以采用选相检波技术，它的原理与选相调辉技术类似，在控制流过电极的电流按小幅度正弦波变化时，若在 $2n\pi < \omega t < (2n + 1)\pi$ 半周期内检出电极的交流电位（n 为正整数或零），然后求平均值，那么：

$$\overline{\varphi} = \frac{1}{T}\int_{\omega t = 0}^{\pi}\varphi\mathrm{d}t = \frac{1}{T}\int_{\omega t = 0}^{\pi}\varphi_{R_{\mathrm{s}}}\mathrm{d}t + \frac{1}{T}\int_{\omega t}^{\pi}\varphi_{C_{\mathrm{s}}}\mathrm{d}t \tag{4-122}$$

其中

$$\frac{1}{T}\int_{\omega t = 0}^{\pi}\varphi_{R_{\mathrm{s}}}\mathrm{d}t = R_{\mathrm{s}}\frac{i_{\mathrm{m}}}{\pi} \tag{4-123}$$

$$\frac{1}{T}\int_{\omega t = 0}^{\pi}\varphi_{C_{\mathrm{s}}}\mathrm{d}t = 0$$

式中，T 为交流电流（或电位）的周期，$T = 2\pi/\omega$。

因此这半周期内所检出的电极交流电位的平均值为：

$$\overline{\varphi} = \frac{1}{T}\int_{\omega t = 0}^{\pi}\varphi\mathrm{d}t = R_{\mathrm{s}}\frac{i_{\mathrm{m}}}{\pi} \tag{4-124}$$

可见，R_{s} 正比于该平均值。若在 $\left(2n - \dfrac{1}{2}\right)\pi < \omega t < \left(2n + \dfrac{1}{2}\right)\pi$ 半周期内检出电极的交流电位，然后求平均值，那么：

$$\overline{\varphi} = \frac{1}{T} \int_{\omega t = -\frac{\pi}{2}}^{\frac{\pi}{2}} \varphi \mathrm{d}t = \frac{1}{T} \int_{\omega t = -\frac{\pi}{2}}^{\frac{\pi}{2}} \varphi_{R_\mathrm{s}} \mathrm{d}t + \frac{1}{T} \int_{\omega t = -\frac{\pi}{2}}^{\frac{\pi}{2}} \varphi_{C_\mathrm{s}} \mathrm{d}t \tag{4-125}$$

其中

$$\frac{1}{T} \int_{\omega t = -\frac{\pi}{2}}^{\frac{\pi}{2}} \varphi_{R_\mathrm{s}} \mathrm{d}t = 0$$

$$\frac{1}{T} \int_{\omega t = -\frac{\pi}{2}}^{\frac{\pi}{2}} \varphi_{C_\mathrm{s}} \mathrm{d}t = -\frac{1}{\omega C_\mathrm{s}} \cdot \frac{i_\mathrm{m}}{\pi} \tag{4-126}$$

因此，这半周期内所检出的电极交换电位的平均值为：

$$\overline{\varphi} = \frac{1}{T} \int_{\omega t = -\frac{\pi}{2}}^{\frac{\pi}{2}} \varphi \mathrm{d}t = -\frac{1}{\omega C_\mathrm{s}} \cdot \frac{i_\mathrm{m}}{\pi} \tag{4-127}$$

可见，$\dfrac{1}{\omega C_\mathrm{s}}$ 正比于该平均值。比例系数 $\dfrac{i_\mathrm{m}}{\pi}$ 可以通过检出 $2n\pi < \omega t < (2n+1)\pi$ 半周期内所控制流过电极的交换电流，然后取其平均值。即：

$$\frac{1}{T} \int_{\omega t = 0}^{\pi} i \mathrm{d}t = \frac{i_\mathrm{m}}{\pi} \tag{4-128}$$

同样，也可以控制电极的交换电位按小幅度正弦波变化，依照控制流过电极交换电流的相似推导方法，若在 $2n\pi < \omega t < (2n+1)\pi$ 半周期内检出流过电极的交流电流，然后取平均值，该平均值为：

$$\frac{1}{T} \int_{\omega t = 0}^{\pi} i \mathrm{d}t = \frac{1}{R_\mathrm{p}} \cdot \frac{\varphi_\mathrm{m}}{\pi} \tag{4-129}$$

可见，$\dfrac{1}{R_\mathrm{p}}$ 正比于这个平均值；若在 $\left(2n - \dfrac{1}{2}\right)\pi < \omega t < \left(2n + \dfrac{1}{2}\right)\pi$ 半周期内检出电极的交流电流，然后取其平均值，该平均值为：

$$\frac{1}{T} \int_{\omega t = 0}^{\frac{\pi}{2}} i \mathrm{d}t = \omega C_\mathrm{p} \frac{\varphi_\mathrm{m}}{\pi} \tag{4-130}$$

可见，ωC_p 正比于这个平均值，比例系数 $\dfrac{\varphi_\mathrm{m}}{\pi}$ 可以通过检出 $2n\pi < \omega t < (2n+1)\pi$ 半周期内所控制的电极交流电位，然后取平均值，即：

$$\frac{1}{T} \int_{\omega t = 0}^{\pi} \varphi \mathrm{d}t = \frac{\varphi_\mathrm{m}}{\pi} \tag{4-131}$$

图 4-28 所示为选相检波法实验线路图。当开关打向 1 时为控制交流电流测定串联等效电路电阻 R_s 和电容 C_s；当开关打向 2 时，为控制交流电位测定并联等效电路电阻 R_p 和电容 C_p。方波发生器可产生与正弦波同频率的 $\pm 6\mathrm{V}$ 的方波信号到二极管 D，其相位可通过移相器调节。二极管 D 起着单向阀门的作用，当方波为正半周时，二极管不通，场效应管 T 的栅极无信号输入，场效应管导通，使运算放大器 A 的反馈电阻 R 短路。输入到 A 的信号被短路到地，即输出电压为零。在方波负半周时二极管导通，场效应管的栅极输入 $-6\mathrm{V}$ 的信号，使 T 夹断，于是输入到 A 的信号被 A 放大并滤波在微安表上（或 X-Y 记录仪上）得到相应的检波输出。

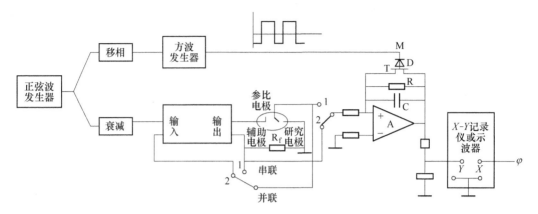

图 4-28   选相检波法实验线路方块图

复习思考题

4-1 什么是法拉第阻抗和非法拉第阻抗？

4-2 推导纯电阻、纯电容和纯电感阻抗的复数表达式。

4-3 推导电阻与电容串联和电阻与电容并联的阻抗的复数表达式。

4-4 推导电化学极化下的交流阻抗的表达式。

4-5 推导浓差极化下的交流阻抗的表达式。

4-6 推导电化学极化与浓差极化混合控制下的交流阻抗。

4-7 李萨育图谱法测定交流阻抗的原理。

4-8 选相调辉和选相检波法测定交流阻抗的原理。

5 控制电流暂态法

5.1 暂态的概念

稳态是在指定的时间范围内，电化学系统的参量基本不变的状态。暂态是相对稳态而言的。当极化条件改变时，电极会从一个稳态向另一个稳态转变，期间要经历一个不稳定的、变化的过渡阶段，这一阶段称为暂态。

在暂态过程中，电极过程的各基本过程如电化学反应过程、传质过程、双电层充放电过程、溶液中离子的电迁移过程等均处于暂态，描述电极过程的物理量如电极电势、双电层电容、浓度分布等都可能随时间发生变化，因此暂态过程十分复杂。由于各子过程或步骤的动力学参数不同，可以利用各子过程对时间响应的不同，抓住它们各自的特点，使问题得以简化，从而达到研究各子过程并控制电极总过程的目的。

5.1.1 暂态的特点

暂态过程具有暂态电流，即双电层充电电流。在暂态过程中，极化电流包括两个部分：一部分用于双电层充电，称为双电层充电电流，或非法拉第电流，用 i_c 表示；另一部分用于进行电化学反应，称为法拉第电流，或者电化学反应电流，用 i_r 表示。

因此，总电流 i 为：

$$i = i_r + i_c \tag{5-1}$$

由于非法拉第电流就是双电层充电电流，因此它可由下式表示：

$$i_c = \frac{\mathrm{d}(C_d \varphi)}{\mathrm{d}t} = C_d \frac{\mathrm{d}\varphi}{\mathrm{d}t} + \varphi \frac{\mathrm{d}C_d}{\mathrm{d}t} \tag{5-2}$$

式中，C_d 为双电层微分电容。

上式右边第一项为电极电位改变时引起的双电层充电电流；第二项为双电层电容改变时引起的双电层充电电流。当表面活性物质在电极界面吸附和脱附时，双电层结构发生剧烈变化，因而 C_d 有很大变化，这时第二项有很大的数值，表现为吸脱附电容峰。但是，在一般情况下，C_d 随时间变化不大，第二项可以忽略。

因：

$$\frac{\mathrm{d}\varphi}{\mathrm{d}t} = \frac{\mathrm{d}\eta}{\mathrm{d}t}$$

所以，充电电流为：

$$i_c = C_d \frac{\mathrm{d}\varphi}{\mathrm{d}t} = C_d \frac{\mathrm{d}\eta}{\mathrm{d}t} \tag{5-3}$$

随着双电层充电，过电位增加，因此，电化学反应速度 i_r 随过电位增加而增加，由下式表示：

$$i_r = i_0 \left[\exp\left(\frac{\alpha n F}{RT}\eta\right) - \exp\left(\frac{-\beta \eta F}{RT}\eta\right) \right] \qquad (5\text{-}4)$$

将式（5-3）和式（5-4）代入式（5-1）得到通过电极的总电流为：

$$i = C_d \frac{d\eta}{dt} + i_0 \left[\exp\left(\frac{\alpha n F}{RT}\eta\right) - \exp\left(\frac{-\beta \eta F}{RT}\eta\right) \right] \qquad (5\text{-}5)$$

如图 5-1 所示，在电流阶跃暂态期间，虽然极化电流 i 不随时间发生变化，但是充电电流 i_c 和电化学反应电流 i_r 都随时间发生变化。在暂态过程初期，过电位 η 很小，式 (5-5) 右边第二项比第一项相比要小得多，电极极化电流主要用于双电层充电。即：

$$i = i_c \qquad (5\text{-}6)$$

随着双电层充电过程的进行，过电位逐渐增加，式 (5-5) 右边第二项（即 i_r）逐渐增大，第一项（即 i_c）相应地减小。当接近稳态时，$d\eta/dt = 0$，式 (5-5) 右边第一项接近于零，双电层停止充电。双电层的电量和结构不再改变，流经电极的电量全部用于电化学反应。

根据上述分析，暂态过程中通过电极的电流一部分用于双电层充电，另一部分用于电化学反应。因此，电极/溶液界面相当于一个电容和一个电阻并联的电路，如图 5-2 所示。此电路称为电极/溶液界面等效电路。从这个等效电路也可以看出，在开始接通电路时主要是双电层充电。暂态过程结束时，也就是双电层充电结束时，电流全部流经反应电阻 R_r，用于电化学反应。从等效电路可知：

$$\eta = R_r i_r \qquad (5\text{-}7)$$

达到稳态时，$i_r = i$，所以稳态时的过电位 $\eta = R_r i$，即 $R_r = \eta/i$。

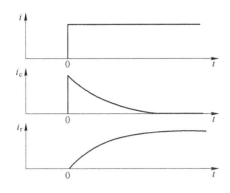

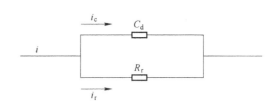

图 5-1　恒电流暂态时电流与时间的关系　　　　图 5-2　电极/溶液等效电路

5.1.2　电化学极化控制下的暂态

在电化学极化控制下，暂态过程所经历的时间就是双电层充电所需要的时间，主要取决于电极的性质和充电电流的大小。对于图 5-2 所示的电极等效电路来说：

$$\frac{d\eta}{dt} + \frac{\eta}{R_r C_d} - \frac{i}{C_d} = 0 \qquad (5\text{-}8)$$

解此方程可得：

$$\eta = i R_r \left[1 - e^{-t/(R_r C_d)} \right] \qquad (5\text{-}9)$$

这就是恒电流充电方程式。当达到稳态时，$t \to \infty$，$i_r = i$，可得 $\eta_\infty = i R_r$，代入上式

可得：

$$\eta = \eta_\infty \left[1 - e^{-t/(R_r C_d)} \right] \tag{5-10}$$

这是恒电流充放电曲线的另一种形式。式中 $R_r C_d$ 是时间常数，通常以 τ 表示，即：

$$\tau = R_r C_d \tag{5-11}$$

这说明电极时间常数取决于电极体系本身的性质。

由式 (5-11) 可知，当极化时间 $t \geqslant 5\tau$ 时，过电位可达到稳态过电位的 99% 以上。一般认为这时已达到稳态。因此，在电化学极化控制下，暂态过程的时间大约为 5τ。要想不受双电层充电的影响，就必须在 $t \geqslant 5\tau$ 后测量稳态过电位。

实际测量中，极化电流通过电极/溶液界面后还流过电解液，在溶液电阻未补偿的情况下，研究电极与参比电极间的等效电路如图 5-3 所示，即 R_r 与 C_d 并联后再与 R_L 串联，R_L 表示研究电极与参比电极间溶液的电阻。

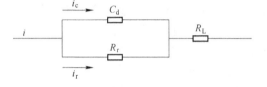

图 5-3　电极等效电路

由等效电路可导出双电层充电微分方程式为：

$$i = \frac{\varphi - i R_L}{R_r} + C_d \frac{\mathrm{d}}{\mathrm{d}t}(\varphi - i R_L) \tag{5-12}$$

式中，i 为通过电极的电流；φ 为电极电位，它相对平衡电位，所以可看作是过电位；t 为时间。

上式整理后得到：

$$C_d \frac{\mathrm{d}\varphi}{\mathrm{d}t} + \frac{\varphi}{R_r} = R_L C_d \frac{\mathrm{d}i}{\mathrm{d}t} + \left(1 + \frac{R_L}{R_r} \right) i \tag{5-13}$$

根据 Laplace 变换的性质，函数 $f'(t)$ 对应的 Laplace 变换为 $p\bar{f}(p) - f(0)$，将式 (5-13) 进行 Laplace 变换得到：

$$C_d p \bar{\varphi}(p) - C_d \varphi(0) + \frac{\bar{\varphi}(p)}{R_r} = R_L C_d p \bar{i}(p) - R_L C_d i(0) + \left(1 + \frac{R_L}{R_r} \right) \bar{i}(p) \tag{5-14}$$

初始条件及边界条件为：

当 $t = 0$ 时，$\varphi(0) = 0$，$i(0) = 0$

当 $t > 0$ 时，$i_t = i_K$（恒电流） $\tag{5-15}$

由式 (5-15) 得：

$$\bar{i}(p) = \frac{i_K}{p} \tag{5-16}$$

将上述有关值代入式 (5-14)，得到：

$$\bar{\varphi}(p) = \frac{R_r + R_L}{R_r C_d} \cdot \frac{i_K}{p \left(p + \dfrac{1}{R_r C_d} \right)} + \frac{R_L i_K}{p + \dfrac{1}{R_r C_d}} \tag{5-17}$$

将上式进行 Laplace 反演，得到：

$$\varphi(t) = i_K (R_r + R_L) \left[1 - e^{-t/(R_r C_d)} \right] + i_K R_L e^{-t/(R_r C_d)} = i_K \left\{ R_L + R_r \left[1 - e^{-t/(R_r C_d)} \right] \right\}$$

$$\tag{5-18}$$

式（5-18）为电化学极化条件下电流阶跃法得到的电位-时间关系式，表达了恒电流对双电层充电时电极电位的变化规律，由方程可求有关参数。

5.1.3 扩散步骤控制下的暂态

在大幅度电流阶跃下，电极首先发生双电层充电，随着充电的进行，双电层电荷逐渐增加，当电极电位达到离子放电电位时，在电极表面上便发生电荷传递反应。由于电化学反应的结果，反应物在电极表面上的浓度逐渐降低，而产物浓度却逐渐增加（假设产物可溶），这样一来，在电极界面上产生了浓度梯度。由于浓度梯度的存在，反应物从溶液内部向电极表面扩散（以阴极反应为例），产物由电极界面向溶液内部扩散。扩散层的厚度随时间不断向溶液内部扩散，这就导致了扩散层内部任一点浓度随时间而变化。扩散层内粒子浓度随时间而变化的扩散称做非稳态扩散或暂态扩散，非稳态扩散是一种暂态。如果这种暂态时的电极过电位完全由浓度极化决定，则这种暂态称做扩散控制下的暂态。显然，它是扩散引起的。暂态是不稳定的，是暂时存在的状态，在外界因素作用下会发展成稳态，只要有对流存在，经过一定时间之后，扩散层厚度不再随时间而增长，因此扩散层内的粒子浓度也不再随时间而变化，因而达到了稳态扩散。在自然对流条件下，稳态扩散层的有效厚度约为 10^{-2} cm。当非稳态扩散层厚度随时间增到这一厚度时，由于溶液的运动，扩散层厚度就不能继续向溶液内部发展而达到了稳态。在自然对流条件下，由暂态扩散达到稳态扩散只需 10s 的数量级时间。如果在强制对流下，达到稳态扩散需要的时间更短。

5.1.4 扩散传质和电化学极化混合控制下的暂态

所谓暂态是指参量（浓度、电流及电极电位）随时间发生变化时电极所处的状态。在暂态发展过程中，如果过电位是电化学步骤引起的，这时所出现的暂态属于电化学极化下的暂态。这种暂态出现在扰动信号比较小（$\eta < 10\text{mV}$）的情况下，表现这种暂态的特征参量是充电电流随时间的变化。当充电电流达到零时，电化学极化达到稳态。如果过电位完全由扩散步骤引起，此时所出现的暂态属于扩散控制下的暂态，这种暂态出现在扰动信号大，交换电流密度大的电极体系，表现这种暂态的特征参量是浓度随时间的变化。当 $dC/dt = 0$ 时，扩散达到稳态，即浓差极化达到稳态。

如果在大幅度电流阶跃作用下，电极表面附近液层浓度发生随时间的变化，且电极过电位包含电化学极化过电位和浓差极化过电位，这种暂态称做扩散传质步骤和电化学步骤混合控制下的暂态。表现这种暂态的特征参量也是浓度随时间的变化，产生这种暂态的原因是扩散。当 $dC/dt = 0$ 时，混合控制下的暂态达到了稳态。这种暂态发生在交换电流密度小于可逆体系交换电流密度的电化学体系。

上述三种暂态达到稳态所需的时间是不同的，双电层充电引起的暂态达到稳态所需时间远小于扩散引起的暂态达到稳态所需的时间，因此，研究扩散引起的暂态规律时可以忽略双电层充电的影响。从暂态发展过程来看，电化学极化达到稳态后，再开始扩散暂态的发展过程，所以扩散达到稳态时，电化学极化早就达到稳态了。因此，要求电极过程达到稳态，必须使扩散达到稳态。

从上述分析可以看出，电极暂态过程远比稳态过程复杂，归纳起来有下列特点：

（1）暂态阶段流过电极界面的总电流包括各基本过程的暂态电流，如双电层充电电流 i_c 和反应电流 i_r 等。而稳态极化电流只表示电极反应电流。

（2）由于暂态系统的复杂性，常把电极体系用等效电路来表示，以便于分析和计算。稳态系统虽然也可用等效电路表示，但要简单得多，因为它只由电阻元件组成。稳态系统的分析中常用极化曲线，很少用等效电路。

（3）虽然暂态系统比较复杂，但暂态法比稳态法多考虑了时间因素，可利用各基本过程对时间的不同响应，使复杂的等效电路得以简化或进行解析，以测得等效电路中各部分的数值，达到研究基本过程和控制电极总过程的目的。

由于暂态法极化时间短，即单向电流持续的时间短，可以大大减小或消除浓差极化的影响，因此有利于快速电极过程的研究。由于测量时间短，液相中的粒子或杂质往往来不及扩散到电极表面，因此有利于研究界面结构和吸附现象。对于某些电极表面状态变化较大的体系，如金属电沉积和腐蚀等，由于反应产物在电极表面的积累或电极表面因反应而不断遭到破坏，用稳态法费时多，且不易得到重现性好的结果。

暂态研究方法很多，按照控制方式不同，分为控制电流法和控制电位法。按照极化方式不同，可分为阶跃法、方波法、线性扫描法、三角法、交流阻抗法等。

5.2　控制电流暂态法的分类

控制电流暂态测量方法是指控制电极的电流按某一指定的规律变化，同时测量电极参数对时间 t 的变化。最常用的是测量电极电位对时间的变化，再根据电位时间的关系计算电极的有关参数或电极等效电路的有关元件值。

5.2.1　电流阶跃法

在暂态实验开始以前，电极电流为零。实验开始时，电极电流突然从零跃迁至 i_1 并保持此电流不变，同时记录下电极对参比电极的电位变化，这就是电流阶跃法（current step）。如图 5-4 所示。

5.2.2　断电流法

在暂态实验开始以前，电极电流为某一指定值 i_1，让电极电位基本上达到稳态。实验开始时，电极电流 i 突然切断为零，在电流切断的瞬间，电极的 Ohm 极化（即 IR 降）消失为零，这就是断电流法（current interruptor），电流波形如图 5-5 所示。

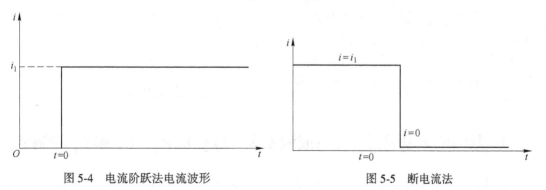

图 5-4　电流阶跃法电流波形　　　　　　图 5-5　断电流法

5.2.3 方波电流法

方波电流法（rectangular current or cyclic current）就是用小幅度方波电流对电极极化。例如在某一指定电流 i_1 下持续时间 t_1 后，突变到另一指定电流值 i_2，持续时间 t_2 后又突变回 i_1，如此循环下去，同时测定电极电位随时间的变化，如图 5-6 所示。一般 $i_1 \neq i_2$，$t_1 \neq t_2$。在特殊情况下，控制 $i_1 = -i_2$，$t_1 = t_2$，则称为对称方波电流法。

5.2.4 电流换向阶跃法

在暂态开始以前，电极电流为零，实验开始时电极电流突变至某一指定恒值 i_1，持续一段时间 t_1 后，突变为另一指定实验值 i_2（改变电流方向），然后持续到实验结束，这就是电流换向阶跃法（current reversal），如图 5-7 所示。

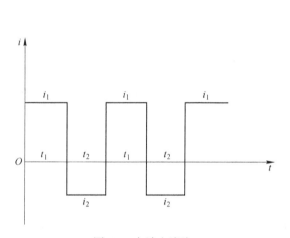

图 5-6 方波电流法

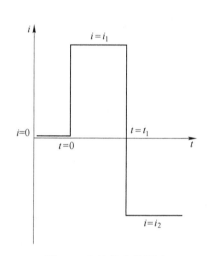

图 5-7 电流换向阶跃法

5.2.5 双脉冲电流法

在暂态实验开始前，电极电流为零。实验开始时电极电流突变至某一指定恒值 i_1，持续时间 t_1 后，电极电流 i 突降至另一指定恒值 i_2（电流方向保持不变），直至实验结束为止。一般 t_1 的时间很短（微秒级），$i_1 > i_2$，这就是双脉冲电流法（double current step or double pulse），如图 5-8 所示。

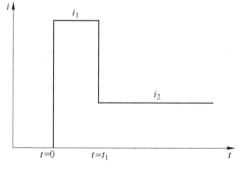

图 5-8 双脉冲电流法

5.3 双电层充电过程、无溶液浓差极化过程及 R_L、C_d 和 R_r 的测定

在控制电流暂态实验方法中，在指定时刻发生电流突跃，电极系统在电流突跃之后的

极短瞬间，Ohm 极化即跟着发生突跃，其突跃值为 $\Delta\eta_R = \Delta i \cdot R_L$。基本完成这一突跃所需的时间受电路和电解池的分布电容的影响，在分布电容不大的情况下，Ohm 极化的突跃决定于电流突跃波形。在较短时间内（$t \ll R_L \cdot C_d$）流经电极的电量极小，所以电极双电层电容的电位差还来不及有显著的变化，电极的各种状态（如电化学反应电流和浓差极化等）都还没有显著变化，这一瞬间内电极等效电路可以简化为仅有溶液电阻 R_L 一个元件，适宜于测定 R_L。实验上可以测量电极电流波形的突跃 Δi 和电极电位波形的突跃 $\Delta\eta_R$，由二者的比值计算 R_L。为了减小双电层充电等其他因素的干扰，必须在电流突跃后的极短时间内测量。这个时间应远小于时间常数 $R_L \cdot C_d$。如果要测定 Ohm 极化，最好采用周期远小于时间常数 $R_L \cdot C_d$ 的方波电流。这种条件下电极的其他极化都基本上来不及反应，测得的 Ohm 极化比较准确（例如避免浓差极化导致电极界面附近溶液电导率的变化）。此时，电极电位波形为与电流波形相同频率的方波。在测定电导的实验中，电极的制备采取一定的措施（例如镀铂黑），使时间常数 $R_L \cdot C_d$ 较大，因而采用 1kHz 的方波就可以满足上述条件。这时整个电极电位方波的幅度与 Ohm 极化的突跃相一致，也可以将方波经过检波后用直流表读数。

电极电位在 Ohm 极化突跃后，电流继续流过电极。由于双电层充电，电极电位迅速移动直到电极反应发生，双电层充电电流减小，随着反应的进行，电极界面反应物的浓度减为零，扩散不足以提供足够的反应物以满足外加电流的电化学反应的需要，因而大部分的电流转去充电双电层，电极电位迅速移动直到又一电极反应发生。因此，控制电流方法虽然控制了流经电极的总电流，但总电流 Δi 分为双电层充电电流 i_c 和电化学反应电流 i_r（法拉第电流）两个支路（其中 i_r 可能是十几个支路的并联），而且 i_c 和 i_r 的分配随暂态的进程而变化，即使在无浓差极化的最简单过程，这也造成测定双电层电容 C_d 和电化学反应电阻 R_r 的困难。解决的办法有两类，一类是选择暂态进程的某一特定阶段，达到极限简化，因为极限的实验条件不能严格达到，所以简化只是近似的；另一类是按照 i_c 和 i_r 两者变化的规律性对实验结果采用解方程作图的方法，分别求出 C_d 和 R_r，结果为近似值。

采用极限简化的方法测定 C_d，必须在电流突跃后远小于时间常数 R_rC_d 的时间内，测量 φ-t 曲线在双电层电容开始充（放）电瞬间的斜率变化 $\Delta\dfrac{\mathrm{d}\varphi}{\mathrm{d}t}$，如图 5-9 中虚线所示，然后按 $C_d = \Delta i / \Delta\dfrac{\mathrm{d}\varphi}{\mathrm{d}t}$ 的关系式计算 C_d。时间常数 R_rC_d 越小，曲线弯曲越快，斜率不易测准。但如果 R_r 很大，可以方便地测得 $\dfrac{\mathrm{d}\varphi}{\mathrm{d}t}$，从而计算得到 C_d。

相反地，采用极限简化的方法测定 R_r，须在电流突跃后，使电流恒定维持远大于时间常数 R_rC_d 的时间，并经过远大于时间常数 R_rC_d 的时间后测量过电位 η（或电位 φ）突跃后的变化值 $\Delta\eta_a$，如图 5-9 所示，这时 η 已基本上达到稳定，$i_c = 0$，因此可按 $R_r = \Delta\eta_a / \Delta i$ 计算 R_r（这里要求在 $\Delta\eta_a$ 范围内 R_r 为常数）。实际上只要 $t \geq 5R_rC_d$，双电层充电已基本达到稳定，以上计算的误差不超过 1%。但是毕竟这种方法需经过较长的时间，常受到浓差极化的电位漂移等的干扰。由于浓差过电位的逐渐加大，η 值比 $\Delta i(R_1 + R_r)$ 偏高，且没有稳定值，造成测定 R_r 的困难。

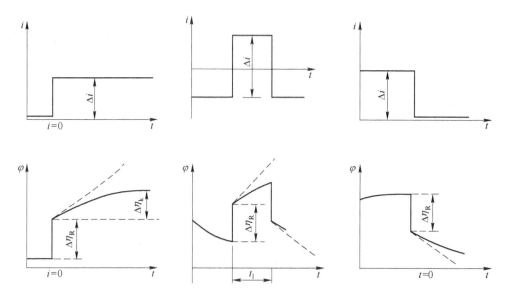

图 5-9 控制电流法中的电极电流波形和电极电位波形

采用解析的方法测定 R_r 和 C_d 是利用 $\varphi\text{-}t$ 曲线的弯曲部分，这时 $t \approx R_r C_d$，浓差极化的干扰较小。为了解出 $\eta\text{-}t$ 曲线方程，通常假设 C_d 与 φ 无关，且限制极化电位不超过 10mV，以便近似地认为 R_r 与 φ 无关。对于图 5-10，可以建立关于电位 φ_2 的微分方程：

$$C_d \frac{\mathrm{d}\varphi_2}{\mathrm{d}t} + \frac{\varphi_2}{R_r} = i \tag{5-19}$$

对于电流阶跃实验，边界条件为：当 $t = 0$ 时，$\varphi_2 = 0$，$i = 0$；当 $t > 0$ 时，$i = i_k$。根据 5.1 节的推导，可得到

$$\varphi_2 = i_k R_r \left[1 - \mathrm{e}^{-t/(R_r C_d)} \right] \tag{5-20}$$

对于对称方波电流实验，达到电流平稳态时，即当方波电流通过若干周期以后，电极电位按方波周期性变化的情形，如图 5-11 所示，其边界条件为：当 $t = 0$ 时，$\varphi_2(0) = -\varphi_2(\tau)$；当 $t = 0$ 时，$i(0) = -i_k$；当 $t > 0$ 时，$i(t) = i_k$。同理，可得到对称方波电流法的电位响应：

$$\varphi_2 = i_k R_r \left[1 - \frac{2\mathrm{e}^{-t/(R_r C_d)}}{1 + \mathrm{e}^{-\tau/(R_r C_d)}} \right]$$

$$\varphi_1 = i_k R_L$$

和

$$\varphi = \varphi_1 + \varphi_2 = i_k \left\{ R_L + R_r \left[1 - \frac{2\mathrm{e}^{-t/(R_r C_d)}}{1 + \mathrm{e}^{-\tau/(R_r C_d)}} \right] \right\} \tag{5-21}$$

若以 T 表示方波电流的周期，上式变为：

$$\varphi = i_k \left\{ R_L + R_r \left[1 - \frac{2\mathrm{e}^{-t/(R_r C_d)}}{1 + \mathrm{e}^{-T/(2R_r C_d)}} \right] \right\} \tag{5-22}$$

显然，当 $t \gg R_r C_d$ 时（例如 $t > 5R_r C_d$），$\varphi \approx i_k(R_L + R_r)$，这个极限 φ 值以 φ_∞ 表示，则式（5-20）和式（5-21）可以表示为：

$$\varphi = \varphi_\infty - b\mathrm{e}^{-t/(R_r C_d)}$$

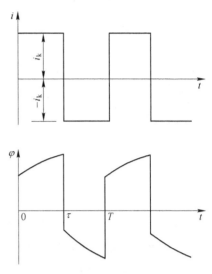

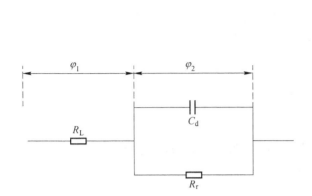

图 5-10 无浓差极化过程的电极等效电路

图 5-11 对称方波波形和无浓差极化过程的响应电位波形

或 $\lg(\varphi_\infty - \varphi) = \lg b - \dfrac{t}{2.3 R_r C_d}$

$$（5\text{-}23）$$

式中，$b = \varphi_\infty - \varphi_{t=0}$，由式（5-23）可见，以 $\lg(\varphi_\infty - \varphi)$ 对 t 作图可以得到直线，其斜率为 $-\dfrac{1}{2.3 R_r C_d}$。从实验得到 $\varphi\text{-}t$ 曲线的弯曲部分，尝试选定某个 φ_∞ 值作 $\lg(\varphi_\infty - \varphi) - t$ 图，若 φ_∞ 选得太高，曲线偏离直线，出现正偏差；若 φ_∞ 选得太低，则出现负偏差；若 φ_∞ 选得正好，则出现直线，如图 5-12 所示。

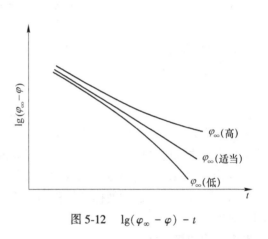

图 5-12 $\lg(\varphi_\infty - \varphi) - t$

从这个选定的 φ_∞ 值可以计算 $R_L + R_r$，扣除 R_L 后得到 R_r，再从 R_r 及直线的斜率计算 C_d。

5.4 浓差极化存在时的控制电流阶跃暂态的测量方法

采用大幅度的电流阶跃信号对电极进行极化（即所谓的大幅度运用），且极化持续时间较长，使得反应物、产物粒子流向电极表面或离开电极表面的扩散速率不足以补偿电极表面上的消耗或积累时，电极表面和电极附近的粒子浓度就会发生变化，导致相应的电极电势变化，即存在浓差极化。在这种情况下，为了确定电极电位的相应曲线，必须首先确定反应物及产物的浓度表示式。

5.4.1　反应物及产物表面的浓度表示式

在平面电极上，施加一大幅度电流阶跃，发生如下简单电荷反应：

$$O + ne \rightleftharpoons R \tag{5-24}$$

式中，O 和 R 分别为反应物及产物。

在忽略反应物质的电迁移和对流且无均相化学转移的情况，即只有扩散引起浓度变化的情况，传质过程符合 Fick 第二扩散定律，它们的浓度表示式为：

$$\frac{\partial c_0(x,\ t)}{\partial t} = D_0 \frac{\partial^2 c_0(x,\ t)}{\partial x^2} \tag{5-25}$$

$$\frac{\partial c_R(x,\ t)}{\partial t} = D_R \frac{\partial^2 c_R(x,\ t)}{\partial x^2} \tag{5-26}$$

式中，c_0，c_R 分别为反应物及产物的浓度；D_0，D_R 分别为反应物及产物的扩散系数，cm^2/s；x 为离开电极表面的距离，cm，t 为时间，s。

解上述方程式的初始条件及边界条件为：

初始条件：

$$c_0(x,\ o) = c_0^0 \tag{5-27}$$

式中，c_0^0 为反应物的初始浓度。

上式表明，实验开始前反应物浓度均匀分布。

$$c_R(x,\ o) = 0 \tag{5-28}$$

表示实验前溶液中不存在产物 R。

半无限边界条件：

$$c_0(\infty,\ o) = c_0^0 \tag{5-29}$$

$$c_R(x,\ o) = 0 \tag{5-30}$$

上述方程式表示距离电极表面无穷远处不出现浓差极化。这一条件不要理解为只有在溶液体积为无限大时才能实现。事实上，只要液相体积足够大，以致在非稳态扩散过程实际可能进行的时间内，与容器壁相接触的液层中不会发生可察觉的浓度变化，就可采取式（5-29）和式（5-30）。这种便捷条件称为半无限边界条件，是指扩散只是在电极/溶液界面的一侧进行。

电极表面边界条件：

$$D_0 \left(\frac{\partial c_0}{\partial x} \right)_{x=0} + D_R \left(\frac{\partial c_R}{\partial x} \right)_{x=0} = 0 \tag{5-31}$$

上式表示在电极表面上不发生物质积累。

$$i = nFAD_0 \left(\frac{\partial c_0}{\partial x} \right)_{x=0} ; \quad i = -nFAD_R \left(\frac{\partial c_0}{\partial x} \right)_{x=0} \tag{5-32}$$

式中，i 为恒电流密度，A/cm^2。

由上述初始和边界条件进行 Laplace 变换，解 Fick 第二定律得到如下方程式。

根据前面推导出的式子

$$\bar{c}(x,\ p) = \frac{c^0}{p} + \left[\bar{c}(0,\ p) - \frac{c^0}{p} \right] \exp \left[-\left(\frac{p}{D} \right)^{1/2} \right] x$$

得到:

$$\bar{c}_0(x, p) = \frac{c_0^0}{p} + \left[\bar{c}_0(0, p) - \frac{c_0^0}{p} \right] \exp\left[-\left(\frac{p}{D}\right)^{1/2} \right] x \tag{5-33}$$

$$\bar{c}_R(x, p) = \frac{c_R^0}{p} + \left[\bar{c}_R(0, p) - \frac{c_R^0}{p} \right] \exp\left[-\left(\frac{p}{D}\right)^{1/2} \right] x \tag{5-34}$$

将上面式子对 x 求偏导数,然后令 $x=0$,得到:

$$\left[\frac{\partial \bar{c}_0(x, p)}{\partial x} \right]_{x=0} = -\left(\frac{p}{D_0}\right)^{1/2} \left[\bar{c}_0(0, p) - \frac{c_0^0}{p} \right] \tag{5-35}$$

$$\left[\frac{\partial \bar{c}_R(x, p)}{\partial x} \right]_{x=0} = -\left(\frac{p}{D_R}\right)^{1/2} \left[\bar{c}_R(0, p) - \frac{c_R^0}{p} \right] \tag{5-36}$$

对式 (5-31) 和式 (5-32) 做 Laplace 变换,得到:

$$D_0 \left[\frac{\partial \bar{c}_0(x, p)}{\partial x} \right]_{x=0} + D_R \left[\frac{\partial \bar{c}_R(x, p)}{\partial x} \right]_{x=0} = 0 \tag{5-37}$$

$$\frac{i}{p} = nFAD_0 \left[\frac{\partial \bar{c}_0(x, p)}{\partial x} \right]_{x=0} \tag{5-38}$$

将式 (5-35) 代入式 (5-36),解出 $\bar{c}_0(0, p)$:

$$\bar{c}_0(0, p) = \frac{c_0^0}{p} - \frac{i}{nFAD_0^{1/2} p^{3/2}} \tag{5-39}$$

同样得到:

$$\bar{c}_R(0, p) = \frac{c_R^0}{p} + \frac{i}{nFAD_R^{1/2} p^{3/2}} \tag{5-40}$$

进行 Laplace 反演,得到:

$$c_0(0, t) = c_0^0 - \frac{2it^{1/2}}{nFA\sqrt{D_0\pi}} \tag{5-41}$$

$$c_R(0, t) = c_R^0 + \frac{2it^{1/2}}{nFA\sqrt{D_R\pi}} \tag{5-42}$$

上面式子分别表示反应物 O 及生成物 R 的电极表面浓度,其中 $c_R^0 = 0$。还表达了扩散为唯一传质方式时,反应物及产物在电极界面上随时间变化的规律。

将式 (5-39) 和式 (5-40) 分别代入式 (5-33) 和式 (5-34) 中,得到:

$$\bar{c}_0(x, p) = \frac{c_0^0}{p} - \frac{i}{nFAD_0^{1/2} p^{3/2}} \exp\left[-\left(\frac{p}{D_0}\right)^{1/2} \right] x \tag{5-43}$$

$$\bar{c}_R(x, p) = \frac{c_R^0}{p} + \frac{i}{nFAD_R^{1/2} p^{3/2}} \exp\left[-\left(\frac{p}{D_R}\right)^{1/2} \right] x \tag{5-44}$$

进行 Laplace 逆变换后:

$$c_0(x, t) = c_0^0 - \frac{2it^{1/2}}{nF\pi^{1/2}D_0^{1/2}} \exp\left(-\frac{x^2}{4D_0 t} \right) + \frac{ix}{nFD_0} \operatorname{erfc}\left(\frac{x}{2\sqrt{D_0 t}} \right) \tag{5-45}$$

$$c_R(x, t) = C_R^0 + \frac{2it^{1/2}}{nF\pi^{1/2}D_R^{1/2}} \exp\left(-\frac{x^2}{4D_R t} \right) - \frac{ix}{nFD_R} \operatorname{erfc}\left(\frac{x}{2\sqrt{D_R t}} \right) \tag{5-46}$$

5.4.2 可逆电极反应的概念

根据电化学反应动力学的基本公式:

$$i = i_0 \left\{ \frac{c_0^s}{c_0^0} \exp\left[-\frac{\alpha nF}{RT}(\varphi - \varphi_\text{平}) \right] - \frac{c_R^s}{c_R^0} \exp\left[\frac{(1-\alpha)nF}{RT}(\varphi - \varphi_\text{平}) \right] \right\} \quad (5-47)$$

当交换电流密度 i_0 足够大时,则 $i/i_0 \to 0$,因而有:

$$\frac{c_0^s}{c_0^0} \exp\left[-\frac{\alpha nF}{RT}(\varphi - \varphi_\text{平}) \right] = \frac{c_R^s}{c_R^0} \exp\left[\frac{(1-\alpha)nF}{RT}(\varphi - \varphi_\text{平}) \right] \quad (5-48)$$

将上式整理得到:

$$\frac{c_0^0}{c_R^s} = \frac{c_0^0}{c_R^0} \exp\left[\frac{nF}{RT}(\varphi - \varphi_\text{平}) \right] \quad (5-49)$$

将能斯特公式代入上式,得:

$$\varphi = \varphi^\ominus + \frac{RT}{nF} \ln \frac{c_0^s}{c_R^s} \quad (5-50)$$

式中,φ^0 为标准平衡电极电位;c_0^s 为反应物 O 的电极表面浓度;c_R^s 为产物 R 的电极表面浓度;φ 为有电流通过电极时的电极电位。

上式表明,当电极反应的交换电流密度 i_0 很大时电极过程遵守能斯特公式。根据这一数学特征可以这样来定义可逆电极反应的概念。当电流通过电极时,极化的电极电位遵守能斯特公式的电极反应称做可逆电极反应。也可以这样说,电荷传递界面总是处于平衡状态的电化学反应称为可逆电极反应。可逆电极反应有如下特征:

(1) 由于交换电流密度大,通过电极的净电流仅是正向速度与逆向速度之间很小的差值,因而可以认为在电极界面上总是同时存在正反两个速度几乎相等的电流,这表明电极反应能向两个方向进行;

(2) 由于交换电流密度大,电化学反应不会受阻,因而不引起电化学极化,此时所产生的极化由扩散引起,故可逆电极过程属扩散控制;

(3) 遵守能斯特公式。

5.4.3 过渡时间

过渡时间 τ 是指从电流阶跃极化开始到表面浓度 ($c_0(0, t) = 0$) 下降为零,恒定的电流导致双电层迅速充电,电极电势发生突变所经历的时间。由式 (5-41) 得到:

$$\sqrt{\tau} = \frac{nFAc_0^0 \sqrt{\pi D_0}}{2i} \quad (5-51)$$

该式称为桑德方程 (Sand equation)。

5.4.4 可逆电极反应的电位-时间关系式

将式 (5-51) 代入式 (5-41) 和式 (5-42) 中,得到:

$$\frac{c_0(0, t)}{c_0^0} = 1 - \sqrt{\frac{t}{\tau}} \quad (5-52)$$

$$\frac{c_R(0,\ t)}{c_R^0} = \xi\sqrt{\frac{t}{\tau}} \tag{5-53}$$

$$\xi = \frac{\sqrt{D_0}}{\sqrt{D_R}}$$

将式（5-52）和式（5-53）代入式（5-50）中，得到：

$$\varphi = \varphi^\ominus + \frac{RT}{nF}\ln\frac{\sqrt{D_R}}{\sqrt{D_0}} + \frac{RT}{nF}\ln\frac{\sqrt{\tau}-\sqrt{t}}{\sqrt{t}} \tag{5-54}$$

进一步可将式（5-54）改写为：

$$\varphi = \varphi_{1/2} + \frac{RT}{nF}\ln\frac{\sqrt{\tau}-\sqrt{t}}{\sqrt{t}} \tag{5-55}$$

式中，$\varphi_{1/2}$ 为稳态极化曲线的半波电势。

$$\varphi_{1/2} = \varphi^\ominus + \frac{RT}{nF}\ln\frac{\sqrt{D_R}}{\sqrt{D_0}} \tag{5-56}$$

当 $t = \tau/4$ 时，所对应的电势为 $E_{\tau/4} = E_{1/2}$，称为四分之一电势。可以看出，$E_{\tau/4}$ 同电流阶跃幅值 i 无关，这是可逆电极体系的特征。

根据实验测得的 φ-t 曲线，用 $\varphi - \lg\frac{\sqrt{\tau}-\sqrt{t}}{\sqrt{t}}$ 作图，可得到一条直线。由直线截距可求出 $\varphi_{1/2}$，由斜率可求出得失电子数 n。

5.5 扩散传质步骤和电子转移步骤混合控制下的电流阶跃法

5.5.1 不可逆电极反应的概念

电化学反应动力学方程式的通用式为：

$$i = i_0\left\{\frac{c_0^s}{c_0^0}\exp\left[-\frac{\alpha nF}{RT}(\varphi-\varphi_平)\right] - \frac{c_R^s}{C_R^0}\exp\left[\frac{(1-\alpha)nF}{RT}(\varphi-\varphi_平)\right]\right\} \tag{5-57}$$

如果 i_0 比较小，同时又在足够大的过电位（$\eta \geqslant 120/n$，mV）下，则上式括号中的第二项可以忽略，此时电极反应速度由下式表示：

$$i = i_0\frac{c_0^s}{c_0^0}\exp\left[-\frac{\alpha nF}{RT}(\varphi-\varphi_平)\right] \tag{5-58}$$

定义：由式（5-58）描述的电极反应称为不可逆电极反应。

不可逆电极反应有如下特征：

（1）由于 i_0 比较小，这意味着电荷传递反应容易受阻，因而需要较大的活化过电位。另一方面，当发生电荷传递反应时，由于电极表面上反应物浓度的消耗，必然导致浓度梯度的存在而产生浓差极化，故在不可逆电极反应情况下，既存在浓差极化，又存在电化学极化，属于混合控制。

（2）由式（5-57）可以看出，因为不可逆电极反应发生在高过电位下（$\eta \geqslant 120/n$，

mV），故电极反应只向一个方向进行。

（3）由于不可逆电极反应是混合控制，因此电极电位不遵守能斯特公式。

5.5.2　不可逆电极过程反应物浓度的表示式

当发生不可逆电极反应时，反应物表面浓度仍然由式（5-41）表示。因为在推导该方程式时，并没有假设电极过程是否可逆，因此，式（5-41）既适用可逆电极反应，又适用不可逆电极反应。显然，由式（5-41）所导出的过渡时间表示式及桑德公式对不可逆电极反应也同样适用。

5.5.3　不可逆电极反应的电位-时间方程式

如果电极反应 $O + ne \rightarrow R$ 完全不可逆，则通过电极的净电流为：

$$i = nFk_c'c_0(0, t)\exp\left[-\frac{\alpha nF}{RT}(\varphi - \varphi_{\text{平}})\right] \tag{5-59}$$

将式（5-52）代入上式得：

$$i = nFk_c'c_0^0\left[1 - \left(\frac{t}{\tau}\right)^{1/2}\right]\exp\left[-\frac{\alpha nF}{RT}(\varphi - \varphi_{\text{平}})\right] \tag{5-60}$$

式中，i 为恒定的极化电流密度；k_c' 为 $\varphi = \varphi_{\text{平}}$ 时的电极反应速度常数。

将上式整理后得：

$$\varphi = \varphi_{\text{平}} + \frac{RT}{\alpha nF}\ln\frac{nFk_c'c_0^0}{i} + \frac{RT}{\alpha nF}\ln\left[1 - \left(\frac{t}{\tau}\right)^{1/2}\right] \tag{5-61}$$

式中，$\varphi_{\text{平}}$ 为平衡电极电位。

式（5-61）为不可逆电极反应的电位-时间关系，表达了在平面电极上发生不可逆电极反应的规律。曲线形状如图 5-13 所示。由式（5-61）可得到不可逆电极反应的特征。用 φ 对 $\ln\left[1 - \left(\frac{t}{\tau}\right)^{1/2}\right]$ 作图得到直线，斜率为 $\frac{RT}{\alpha nF}$，由斜率可求得 αn。如将半对数关系外推到 $t = 0$，即 $\ln\left[1 - \left(\frac{t}{\tau}\right)^{1/2}\right] = 0$，得截距为：

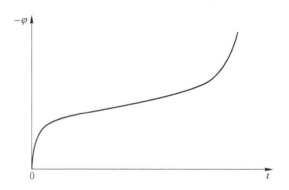

图 5-13　不可逆电极反应电位-时间曲线

$$\varphi_{i=0} = \varphi_{\text{平}} + \frac{RT}{\alpha nF}\ln\frac{nFk_c'C_0^0}{i} \tag{5-62}$$

$\varphi_{i=0}$ 的物理意义是：当 $t \rightarrow 0$ 时，扩散来不及发生，因此 $\varphi_{i=0}$ 为纯电化学极化的电极电位。

5.6 电流阶跃法实验技术

5.6.1 经典恒电流电路

最简单的控制电流阶跃实验电路如图 5-14 所示。如果对于一个处于平衡电势的电极进行控制电流阶跃实验，就可利用这一电路。为了得到恒定的电流，采用高电压（如 90V）的直流电源 B，回路中串联大阻值的电阻 R_0 和 R，由于其阻值远远大于电解池的阻抗，因此电路中的电流仅决定于大电阻的阻值和电源的输出电压值，不受电解池阻抗变化的影响。

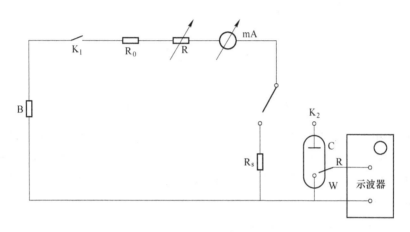

图 5-14 经典恒电流电路示意图

恒定电流的大小由可变电阻 R 调节，通常电流的可调范围在几十毫安以内。控制开关 K_2，使电路接通标准电阻 R_s，调节电流大小，然后将开关 K_2 调到电解池一侧，对电极进行极化。

如果不考察电极的暂态行为，可使用手动机械开关或继电器来实现电流阶跃；若要求测出短时间内的暂态响应，则需采用快速的电子开关来实现电流的切换，其切换时间可小于微秒级。

如果电源使用高输出电压的信号发生器，则可输出不同波形的电流，如方波或正弦波等。同电流阶跃的情况相似，电流波形的幅值也仅决定于大电阻的阻值和电源输出电压波形的幅值，不受电解池阻抗变化的影响。

5.6.2 具有桥式补偿的电流阶跃实验电路

5.6.2.1 电路的组成

图 5-15 所示为具有桥式补偿电路的实验装置。它由 3 部分组成：

（1）信号发生器 G。能发生单次阶跃电压及方波电压。要求输出电压为 90V 及阶跃波上升时间快。

（2）电极电位记录仪。实验过程得到的电位-时间曲线由该仪器记录，要求记录仪具有足够快的相应时间，具有浮地的输入端。小幅度电流阶跃实验，一般充电时间短，测量电极电位-时间曲线需要示波器或贮存示波器。对于大幅度的电流阶跃实验，因为过渡时间比较长，故可用贮存示波器或 X-Y 函数记录仪记录电位-时间曲线。这种测量电路只有一个接地点，因此测量仪器的输入端必须浮地。

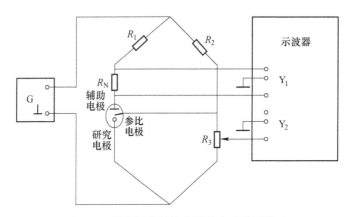

图 5-15　具有桥式补偿电路的电流阶跃装置

（3）电桥电路，由 4 个臂组成：第 1 个臂 R_1 与第 2 个臂 R_2 为高电阻，且 $R_1 = R_2$。这两个臂的作用是产生恒电流；第 3 个臂为电解池，它由研究电极、参比电极及辅助电极组成；第 4 个臂是一电位器，其作用是补偿溶液欧姆电压降（鲁金毛细管口到电极表面这段液层的欧姆电压降）。

5.6.2.2　溶液欧姆电压降补偿原理

设 $\varphi_{测}$ 为测量电位，由记录仪测得；$\varphi_{参}$ 为参比电极电位；$i_R R_1$ 为溶液欧姆电压降；$\Delta\varphi_{补}$ 为电位器 R_3 产生的补偿电压，其值等于电位器的滑动点的电位值，且 $\Delta\varphi_{补}$ 与 $i_R R_1$ 方向相反；$\varphi_{研}$ 为研究电位。由图 5-15 得：

$$\varphi_{测} = \varphi_{研} + i_K R_1 - \Delta\varphi_{补}$$

调节电位器的滑动点，使 $\Delta\varphi_{补}$ 与 $i_R R_1$ 相等，则得：

$$\varphi_{测} = \varphi_{研}$$

上式表明，调节电位器滑动点可以使测得的电极电位不包含溶液欧姆电压降。从实验上可以判断，未消除溶液欧姆降的电位-时间曲线上有溶液欧姆突跃。当 $t = 0$ 时，$\varphi - t$ 曲线中 $i_R R_1$ 刚刚消失，说明溶液的欧姆降被补偿了。

5.6.2.3　电路的工作过程

由信号发生器 G 给定一个高电压脉冲，由于高电阻 R_1 的存在，便产生了一个恒电流阶跃通过电解池，研究电极电位与时间关系用示波器或 X-Y 函数记录仪记录，由于溶液电阻欧姆电压降被补偿，因此记录仪可以提高灵敏度，增加实验数据测量精度。

5.6.3　运算放大器组成的恒电流阶跃实验电路

图 5-16 所示为由运算放大器组成的恒电流阶跃实验电路的示意图。由于 A_1 具有很高

的开环放大倍数，迫使 A 点为虚地。又由于 A_1 的输入阻抗很高，输入电流为零，因而流过 R 的电流 i 全部流经电解池 C。因为 A 点为虚地，故流过 R 的电流为 V/R。其中 V 为外加电压，改变 V 也就可以改变流过 R 的电流，也就是改变流过电解池的电流。因此可以保证恒电流的性质。如果 A_1 具有快的响应速度，当开关 K 接通后，就可保证电流阶跃具有很短的上升时间。运算放大器 A_2 组成的电压跟随器可提高示波器的输入阻抗，使流过参比电极的电流非常小，提高了电位测量精度。由于 A_2 组成的电压跟随器导致 B 点的电位就等于参比电极相对于研究电极的电位，研究电极接虚地 A，所以单端输入示波器 Y 轴就显示了参比电极相对研究电极的电位。

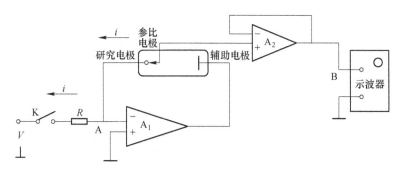

图 5-16　运算放大器组成的恒电流阶跃实验电路

A_1，A_2—运算放大器

5.6.4　恒电位仪构成的电流阶跃实验电路

恒电位仪很容易接成恒电流仪。国产的恒电位仪都具有恒电流仪的功能，只要将工作选择打向恒电流便可作恒电流仪使用。

如图 5-17 所示，电路由 3 部分组成：

（1）恒电流仪，控制通过电极的电流为一恒定值。

（2）信号发生器，作用是调节初始电流，电流阶跃幅值和持续时间（或方波周期）。

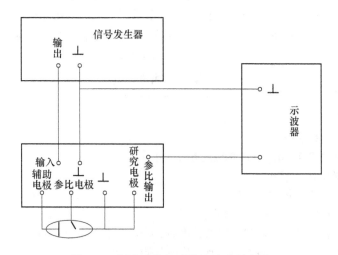

图 5-17　恒电流仪组成的电流阶跃电路

若从平衡电位开始极化就要使初始电流调为零；若要从某一电位下开始，就要调初始电流使电极极化到这一稳定电位，再开始进行阶跃实验。

（3）记录系统，其作用实记录电位-时间曲线。如果是小幅度电流阶跃，采用电子示波器或贮存示波器，如果是大幅度电流阶跃，可采用 X-Y 函数记录仪。

接线时，恒电流仪的地可与记录仪的地相连接，记录仪也可以浮地。

为了说明恒电流实验工作过程，这里给出恒电流仪的原理图，如图 5-18 所示。由图看出，只要信号发生器输出电压指令信号 V_i 送到运算放大器 IC$_1$ 的同相输入端，便得到通过电极的恒定电流，研究电极电位由运算放电器 IC$_4$ 的输出端送到示波器记录得到电位-时间曲线。

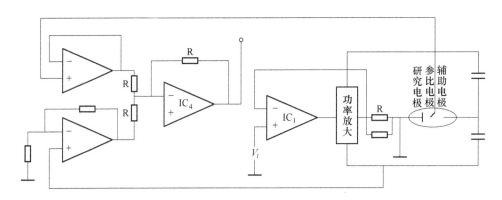

图 5-18　恒电流仪原理图

5.6.5　暂态实验的研究电极直径设计原则

除了前面讨论的平面电极情况，实验室常用的研究电极（即工作电极）还有柱面电极、球面电极和圆盘电极。这些电极严格地说不是平面电极，不遵守平面电极的扩散规律。但是，在一定的条件下，可近似地当作平面电极。一般认为，电极的半径为 10δ（δ 为扩散层厚度）时，这些电极均可近似地当作平面电极。根据这一原则，可以推算出符合平面电极性质的研究电极半径。在自然对流条件下，扩散层的有效厚度为 0.01cm，将这一值代入上述原则中得到符合平面电极性质的研究电极半径为 0.1cm。

复习思考题

5-1　电化学暂态过程的特点是什么？

5-2　控制电流暂态法包括哪些方法？

5-3　无溶液浓差极化过程 R_L、C_d 和 R_r 的测定方法有哪些？

5-4　什么是可逆电极反应、过渡时间？

5-5　推导可逆电极反应的电位-时间关系式。

5-6　推导不可逆电极反应的电位-时间方程式。

5-7　推导有浓差极化存在时反应物及产物表面浓度的表示式。

5-8　经典恒电流电路和具有桥式补偿的电流阶跃实验电路的组成。

6 控制电位暂态法

6.1 分 类

控制电位暂态法是指控制电位按指定规律变化，同时记录电流-时间的关系。最常见的控制电位法有电位阶跃法和方波电位法两种。从开始对电极极化到电极过程达到稳定状态需要一定时间，其间存在着一个非稳定的过渡过程，这个过程称为暂态过程。暂态和稳态是相对而言的，它们的划分是以参量变化显著与否为标准。和稳态过程相对应，电极处于暂态时，或电极/溶液界面附近的反应物、产物的浓度发生了变化或电极/溶液界面的状态发生了变化，或二者同时变化，这些变化都会引起电极电位、电流两者的变化，或引起二者之一的变化。所以只要电流、电位发生变化，或二者之一发生变化，电极就处于暂态。

暂态过程的产生是由于物质所具有的能量不能跃变而造成的。电路中产生暂态的主要原因是电路的接通、切断、短路、电源电压的改变或电路中元件参数的改变等（称为换路）引起电路中的电压和电流发生变化，当电路中含有电容元件或电感元件的时候，就会引起电路中的能量关系发生变化，使电容中储存的电场能量发生改变或使电感储存的磁场能量发生变化等，而这种变化也是不能跃变的。在含有储能元件的电路中发生换路，从而导致电路中的能量关系发生改变是电路中产生暂态的原因。

电位扫描的方式有阶跃法、方波法以及线性电位扫描法，这章主要介绍阶跃法和方波法，线性电位扫描法在第 7 章介绍。

6.1.1 阶跃法

电位阶跃法是指电位像台阶一样突然提升，而后保持恒定。在暂态实验开始前电极电位处于开路电位 $E_{开}$，实验开始时（$t=0$）电极电位突然跃至某一指定恒电位值 $\varphi_{恒}$，直至实验结束，同时记录电流-时间曲线，这种方法做电位阶跃法，如图 6-1 所示。当电位阶跃幅度 $\Delta\varphi < 10\text{mV}$ 时，这时候电极反应尚没有开始或者很小，得到的电流-时间曲线主要揭露电极双电层充电及电荷传递反应的规律属于电化学极化。在这种条件下测定电化学反应电阻与双电层微分电容，如果采用大幅度电位阶跃，根据交换电流密度 i_a 的大小不同，电流-时间曲线所揭露的电极极化过程规律也有所不同。当 i_a 大时，电流-时间曲线揭露反应物的扩散规律，电极过程属于浓差极化；当 i_a 比较小时，电流-时间曲线表现电荷传递反应和扩散的规律，电极过程属于混合控制。因此，用电位阶跃法研究电极过程规律，对不同的实验目的，应正确选择电位阶跃幅度，才能保证实验正确进行。

6.1.2　方波法

首先对电极电位施加到某一指定值 φ_1，持续时间 t_1，之后突变为另一指定恒电位 φ_2，持续时间 t_2，后又突变回到 φ_1，如此反复多次，φ_1 与 φ_2 可以不等，t_1 也可以不等于 t_2。若控制 $\varphi_1 = \varphi_2$，$t_1 = t_2$，此时电位和时间关于交叉点对称，故称作对称方波电位法，如图6-2所示。

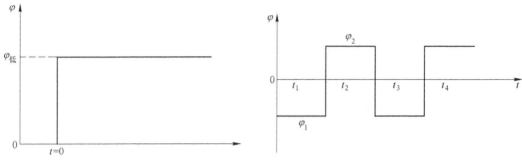

图 6-1　电位阶跃-时间波形　　　　　　　　图 6-2　对称方波电位阶跃-时间波形

6.2　扩散控制下的可逆电极反应

6.2.1　可逆电极的电流-时间关系式

扩散控制下的可逆电极反应，流过电极的电流，由扩散电流密度表示：

$$i = nFD_0\left(\frac{\mathrm{d}C_0}{\mathrm{d}x}\right)_{x=0} \tag{6-1}$$

将式 $\left[\dfrac{\mathrm{d}C_0(x,\,t)}{\mathrm{d}x}\right]_{x=0} = -\dfrac{C_0^0}{\sqrt{D_0\pi t}}$（推导过程详见6.3节）代入式（6-1）得：

$$i = nFC_0^0\sqrt{\frac{D_0}{\pi t}} \tag{6-2}$$

式（6-2）为可逆电极反应的电流-时间关系式。表明恒电位暂态扩散电流随反应时间的延长而减少；而且当 $t \to \infty$ 时，$i \to 0$，因此这种电流不具有稳定值。这就是暂态扩散电流的特征（见图6-3）。

用 i 对 $t^{-1/i}$ 作图，得到直线，如果将直线延伸，便通过坐标原点，由直线的斜率可求扩散系数 D_0。由式（6-2）可知，由于在电极反应开始后最初一段时间内扩散层的有效厚度比较薄，因而液相传质速度和扩散电流密度有较高的数值，电化学反应有可能较快地进行。例如，设 $c_0^0 = 10^{-4}\mathrm{mol/cm^3}$、$n = 1$、$D = 10^{-8}\mathrm{cm^2/s}$、$t = 10^{-8}\mathrm{s}$，由式（6-2）计算得 $i = 5.44\mathrm{A/cm^2}$。

6.2.2　反应物的分布特征

6.2.2.1　误差函数的性质

反应物在电极附近分布的特征符合误差函数的性质，误差函数是一积分式，其定义式为：

$$\text{erf}(\lambda) = \frac{2}{\sqrt{\pi}} \int_0^\lambda e^{-y^2} dy \tag{6-3}$$

式中，y 是辅助变量，在积分上下限代入后便消失；$\text{erf}(\lambda)$ 的数值可从数学表中查得。

误差函数最重要的性质是：当 $\lambda = 0$ 时，$\text{erf}(\lambda) = 0$；当 $\lambda \geq 2$ 时，$\text{erf}(\lambda) = 1$。

掌握了误差函数的基本性质后，就可以来分析浓度分布特征。

6.2.2.2 非稳态扩散向稳态扩散的转化条件

为了对恒电位电解时浓度分布有一个全貌的认识，根据方程式

$$c_0(x, t) = c_0^0 \text{erf}\left(\frac{x}{2\sqrt{D_0 t}}\right) \tag{6-4}$$

将不同时间的浓度分布曲线画在同一图中，如图6-4所示。

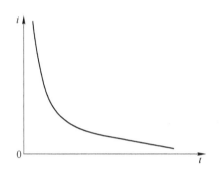
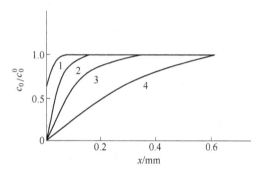

图 6-3　暂态扩散电流与时间关系曲线　　图 6-4　电极表面液层中反应物浓度分布随时间及距离关系

1— 0.1s；2—1s；3—10s；4—100s

这些曲线形象地描述了浓差极化的发展过程。由图6-4和式（6-4）可知，任何一点浓度都随时间的增加而不断减小。而且当 $t \to \infty$ 时，任何一点的浓度，$c_0(x, \infty) \to 0$，表明平面电极上单纯由于扩散作用不可能建立稳态传质过程，但在大多数情况下，液相中总存在对流，非稳态扩散不会延续很久。当溶液中存在自然对流时，稳态扩散层有效厚度约为0.01cm，当非稳态扩散层的厚度达到这一数值，非稳态扩散就不能再继续发展，电极表面上的传质过程逐渐转为稳态，计算表明非稳态扩散达到这一厚度只需几秒种，这表明非稳态扩散持续时间短。如果采用搅拌措施，非稳态扩散过程转为稳态扩散过程的时间就更短。如果电解电流密度很小，而且反应又不生成气体，在小心避免振动和保温情况下，非稳态过程也可能持续几十分钟。

6.2.2.3 扩散层总厚度

有浓度梯度存在的液层厚度称做扩散层的总厚度。由式（6-4）看出，当 $x = 0$ 时，$c_0(0, t) = 0$；当 $x/(2\sqrt{D_0 t}) \geq 2$ 时，即 $x \geq 4\sqrt{D_0 t}$ 处，$c_0(x, t) = c_0^0$，这表明 x 在0与4 $\sqrt{D_0 t}$ 之间，存在浓度梯度；当 $x > 4\sqrt{D_0 t}$ 后，反应物浓度均匀分布，不存在浓度梯度。因而可以认为，恒电位极化时，扩散层总厚度等于 $4\sqrt{D_0 t}$。

6.2.2.4　扩散层有效厚度

前面虽然得到了扩散层总厚度表示式。但是在总扩散层内不同点，浓度梯度不相同，这为研究带来不便，为了实际上的需要，引入扩散层有效厚度的概念。所谓扩散层有效厚度是指由电极表面浓度梯度确定的扩散层厚度。定义式为：

$$\left(\frac{\mathrm{d}c_0}{\mathrm{d}x}\right)_{x=0} = \frac{c_0^0 - c_0^\delta}{\delta} \tag{6-5}$$

式中，c_0^δ 为反应物电极表面浓度；δ 为扩散层有效厚度。

扩散层有效厚度可以这样求得：将图 6-5 中反应物的浓度分布曲线，在 $x=0$ 处作切线，延伸相交于 A 点。交点到电极表面的距离为扩散层有效厚度 δ。

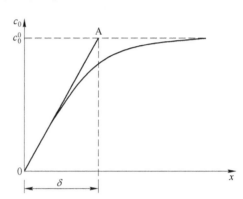

图 6-5　反应物浓度分布曲线图

扩散层有效厚度表示式也可由式（6-4）求得，首先将误差函数定义式代入式（6-4），得：

$$c_0(x,\ t) = c_0^0 \frac{2}{\sqrt{\pi}} \int_0^{\frac{x}{2\sqrt{D_0 t}}} \mathrm{e}^{-y^2}\mathrm{d}y \tag{6-6}$$

将上式对 x 求导，$F(x) = \int_{g(x)}^{h(x)} f(t)\,\mathrm{d}t$，则 $F'(x) = h'(x)f[h(x)] - g'(x)f[g(x)]$

$$c_0(x,\ t) = c_0^0 \frac{2}{\sqrt{\pi}} \left(\frac{1}{2\sqrt{D_0 t}} \mathrm{e}^{-\frac{x^2}{4D_0 t}} - 0\right) \tag{6-7}$$

令 $x=0$ 得：

$$\left[\frac{\mathrm{d}c_0(x,\ t)}{\mathrm{d}x}\right]_{x=0} = \frac{c_0^0}{\sqrt{D_0 \pi t}} \tag{6-8}$$

将式（6-5）代入式（6-8）得：

$$\delta = \sqrt{\pi D_0 t} \tag{6-9}$$

式（6-9）为扩散层有效厚度的表示式。

由上述分析结果看出，无论是扩散层总厚度，还是扩散层有效厚度，在暂态扩散过程中都随时间而变，与 $\sqrt{t}$ 成正比。表明随着时间的延长，扩散发展速度越来越慢。将 $D_0 = 10^{-4}\mathrm{cm}^2/\mathrm{s}$ 代入式（6-9），可求出平面电极上扩散层厚度随时间的变化，见表 6-1。

表 6-1　扩散层厚度与时间关系

反应开始后所经历时间/s	1	10	100	1000
扩散层总厚度 /cm	4×10^{-2}	12.65×10^{-2}	40×10^{-2}	126.5×10^{-2}
扩散层有效厚度 /cm	3.142×10^{-4}	9.934×10^{-4}	31.42×10^{-4}	99.34×10^{-4}

6.2.3 产物不溶时的浓度表示式

在平面电极上施加大幅度电位阶跃，使电极发生如下可逆过程的还原反应：

$$O + ne \Longrightarrow R$$

式中，O 为氧化态物质；R 为不溶的还原态物质，沉积在固体电极表面上，故活度等于 1。

由于采用大幅度电位阶跃，电化学反应速度相对较快，扩散速度相对较慢，因而电极过程属于浓差极化。反应物在电极表面附近的扩散规律由 Fick 第二定律描述：

$$\frac{\partial c_0(x, t)}{\partial t} = D_0 \frac{\partial^2 c_0(x, t)}{\partial x^2} \tag{6-10}$$

为了得到恒电位阶跃时反应物在电极表面附近的分布规律，需要解 Fick 第二定律。

初始条件为：

$$c_0(x, t) = c_0^0 \tag{6-11}$$

式中，c_0^0 为电解前反应物浓度；x 为距离电极表面的距离；t 为时间。

半无限边界条件：

$$c_0(\infty, t) = c_0^0 \tag{6-12}$$

当选择电位阶跃度足够大时，反应物在电极表面上浓度为零，则有：

$$c_0(0, t) = 0 \tag{6-13}$$

上式称完全极化条件。

在上述初始条件及边界条件下，用 Laplace 变换法解 Fick 第二定律得到反应物浓度表示为（详细过程见第 10 章）：

$$c_0(x, t) = c_0^0 \mathrm{erf}\left(\frac{x}{2\sqrt{D_0 t}}\right) \tag{6-14}$$

式中，c_0^0 为反应物本体浓度，$\mathrm{mol/cm^3}$；x 为离开电极表面的垂直距离，cm；t 为极化所经历的时间，s；D_0 为反应物扩散系数，$\mathrm{cm^2/s}$；$\mathrm{erf}(\lambda)$ 为误差函数。

式 (6-14) 表达了反应物分布规律。

6.3 电化学极化下的方波电位法

对称方波电位是指在平衡电位下，在研究电极上施加一小幅度电位 φ_k（<10mV），持续时间 t 后，突然跃到 φ_k，持续时间 t 后，又突跃回到 φ_k，如此反复多次，同时测出相应的电流-时间曲线，如图 6-6 所示。

由于对称方波电位幅度小于 10mV，电化学反应速度慢，故电极过程属于电化学极化。

实验测得的对称方波正半周期相应的电流-时间曲线，可用一方程式描述。在正半周期小幅度电位阶跃作用下，双电层充电微分方程式同样可用式 (6-15) 表示：

$$\frac{\varphi - iR_1}{R_r} + C_d \frac{\mathrm{d}}{\mathrm{d}t}(\varphi - iR_r) = i \tag{6-15}$$

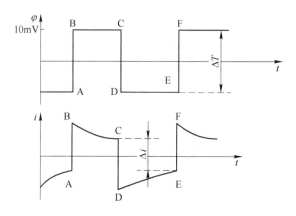

图 6-6　方波电位暂态波形

将上式进行 Laplace 变换（Laplace 变换方法详见第 10 章）：

$$C_d P \overline{\varphi}(P) - C_d \varphi(0) + \frac{\overline{\varphi}(P)}{R_r} = R_1 C_d P \overline{i}(P) - R_1 C_d i(0) + \left(1 + \frac{R_1}{R_r}\right)\overline{i}(P) \tag{6-16}$$

为了得到电流-时间曲线，需要确定初始条件及边界条件。

在正半周期内，$\varphi = \varphi_k$；在负半周期内，$\varphi = -\varphi_k$。所以对于正半周而言，$\varphi(0) = -\varphi_k$，经过若干周期后，i 的波形趋于稳定，负半周 i 的波形恰好为正半周 i 波形的负值，所以对于正半周而言，$i(0) = -i(T/2)$，T 为周期。将上述有关值代入式（6-16）得正半周波形相应的电流 Laplace 变换式：

$$\overline{i}(P) = \frac{\varphi_k}{R_1} \cdot \frac{1}{P + \dfrac{1}{R /\!/ C_d}} + \frac{\varphi_k}{R_1 R_r C_d} \cdot \frac{1}{P\left(P + \dfrac{1}{R /\!/ C_d}\right)} + \frac{(\varphi_k/R_1) - i(T/2)}{P + \dfrac{1}{R /\!/ C_d}} \tag{6-17}$$

式中，$R /\!/ C_d = [R \times C_d/(R + C_d)]$，将上式反演得：

$$i = \frac{\varphi_k}{R_r + R_1}\left[1 + \frac{R_r}{R_1} e^{-t/(R /\!/ C_d)}\right] + \frac{\varphi_k}{R_1} e^{-t/(R /\!/ C_d)} - i(T/2) e^{-t/(R /\!/ C_d)} \tag{6-18}$$

令上式中 $t = T/2$ 得：

$$i\left(\frac{T}{2}\right) = \frac{\varphi_k}{R_r + R_1}\left\{1 + \frac{2R_r e^{-T/(2R /\!/ C_d)}}{R_1[1 + e^{-T/(2R /\!/ C_d)}]}\right\} \tag{6-19}$$

将式（6-19）代入式（6-18）得：

$$i = \frac{\varphi_k}{R_r + R_1}\left\{1 + \frac{2R_r e^{-T/(2R /\!/ C_d)}}{R_1[1 + e^{-T/(2R /\!/ C_d)}]}\right\} \tag{6-20}$$

式（6-20）为正半周电位阶跃相应的电流-时间曲线方程式，在设立初始条件时，认为电流的波形趋于稳定，把达到稳定正半周电流-时间波形的起点作为时间的零点。式（6-20）适应任一正半周电位阶跃相应达到稳定的电流-时间曲线。

选择合适的方波频率，使半周期 $T/2 \geqslant 5R /\!/ C_d$，可认为电化学极化达到稳态，此时，电流-时间曲线出现平台。在这种条件下，指数项的影响可忽略，由式（6-20）得：

$$i_r = \frac{\varphi_k}{R_r + R_1} \tag{6-21}$$

如果消除溶液电阻的影响（采用鲁金毛细管或采用补偿法）得到电化学反应电阻为 R_r，计算式为：

$$R_r = \frac{\varphi_k}{i_r} \tag{6-22}$$

式（6-22）是根据正半周期电位阶跃得到的计算式，如同时考虑正半周与负半周，电化学反应电阻 R_r 应由下式求得：

$$R_r = \frac{\Delta\varphi}{i_C - i_E} - \frac{\Delta\varphi}{\Delta i} \tag{6-23}$$

式中，$\Delta\varphi$ 与 Δi 由图 6-6 给出。

6.4 电化学极化下的电位阶跃法

6.4.1 电流-时间关系式

用电位阶跃法测定电化学反应电阻及双电层微分电容，需要将电极过程控制在电化学极化下，为了达到这种目的，电位阶跃的幅度应这样选择。在平衡电位（开路电位）下，在电极上施加一小幅度（$\Delta\varphi < 10\mathrm{mV}$）的恒电位阶跃；同时记录电流-时间曲线，如图 6-7 所示，实验所得到的电流-时间曲线可用方程式表示。

为了得到电化学极化下的电流-时间关系式，假设浓差极化忽略，只发生电化学极化。在这种极限条件下，电极的等效电路示意图如图 6-8 所示。

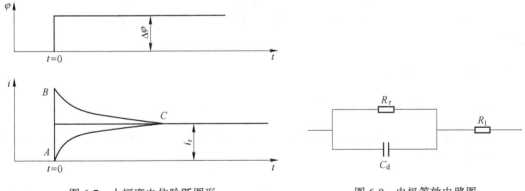

图 6-7　小幅度电位阶跃图形　　　　　图 6-8　电极等效电路图

在等效电路上施加小幅度的电位阶跃（$\Delta\varphi < 10\mathrm{mV}$），像电流阶跃法那样，解下列双电层充电微分方程式：

$$\frac{\varphi - iR_1}{R_r} + C_d \frac{\mathrm{d}}{\mathrm{d}t}(\varphi - iR_1) = i \tag{6-24}$$

可得电流-时间关系式，将上式进行 Laplace 变换得：

$$C_d \frac{d\varphi}{dt} + \frac{\varphi}{R_r} = R_1 C_d \frac{di}{dt} + \left(1 + \frac{R_1}{R_r}\right) i \qquad (6\text{-}25)$$

将式（6-25）进行 Laplace 变换得：

$$C_d P \overline{\varphi}(P) - C_d \varphi(0) + \frac{\overline{\varphi}(P)}{R_r} = R_1 C_d P \overline{i}(P)$$

$$- R_1 C_d i(0) + \left(1 + \frac{R_1}{R_r}\right) \overline{i}(P) \qquad (6\text{-}26)$$

初始条件及边界条件为：

当 $t=0$ 时，　　　　　　　　$i(0) = 0, \ \varphi(0) = 0$

当 $t>0$ 时，　　　　　　　　$\varphi = \varphi_k$（相对平衡电极电位） $\qquad (6\text{-}27)$

由式（6-27）得：

$$\overline{\varphi}(P) = \frac{\varphi_k}{P}$$

将上述各值代入式（6-26）得：

$$\overline{i}(P) = \frac{\varphi_k}{R_1} \cdot \frac{1}{P + \dfrac{1}{R /\!/ C_d}} + \frac{\varphi_k}{R_1 R_r C_d} \cdot \frac{1}{P\left(P + \dfrac{1}{R /\!/ C_d}\right)} \qquad (6\text{-}28)$$

式中，$R /\!/ = \dfrac{R_1 R_r}{R_1 + R_r}$，相当于 R_1 和 R_r 并联的电阻值；φ_k 为相对平衡电极电位的恒电位值，故可看作是过电位，也可用 $\Delta\varphi$ 表示。

将式（6-28）进行反演得：

$$i = \frac{\varphi_k}{R_1 + R_r}\left[1 + \frac{R_r}{R_1} e^{-t/(R/\!/C_d)}\right] \qquad (6\text{-}29)$$

式（6-29）为电化学极化下的电流-时间关系，表示恒电位双电层充电时，电流随时间的变化规律。由式（6-29）可求得电化学反应电阻 R_r，双电层微分电容 C_d 及溶液电阻 R_1。

6.4.2　R_1、R_r 及 C_d 的测定

6.4.2.1　溶液电阻 R_1 的测定

实验开始时，$t=0$，在电流-时间曲线上出现电流突跃 AB，如图 6-7 所示，将 $t=0$ 代入式（6-29）得：

$$i = \frac{\varphi_k}{R_1} \qquad (6\text{-}30)$$

上式表明，$t=0$ 时电流为通过溶液电阻向双电层充电的电流。因为此时过电位为零，故未发生电化学反应。式中 i 等于 AB，φ_k 为施加在电极上的已知电位值，由上式可求溶液电阻 R_1。

6.4.2.2　电化学反应电阻 R_r 的测定

由式（6-29）看出，当 $t \to \infty$ 时，电化学极化完全达到稳态。实际上稳态是相对的，

达到稳态并不需要经过无限长的时间，如果像电流阶跃法那样处理问题，只要 $t \geqslant 5R /\!/ C_d$ 时，认为电化学极化达到稳态，根据式（6-29）估算达到稳态所需时间同样很短，此时方程式中的指数项可略。

当电化学极化达到稳态时，充电电流等于零，在电流-时间曲线上出现平台，相应的电流为电化学反应电流 i_r，如图6-7所示。此时由于指数项可以忽略，则由式（6-29）得：

$$R_r = \frac{\varphi_k}{i_r} - R_1 \tag{6-31}$$

式中 i_r 由图6-7求得。联立解式（6-30）及式（6-31），得 R_r。

6.4.2.3　双电层微分电容的测定

如果有电化学反应发生，用电位阶跃法测微分电容 C_d，将导致较大的误差。为了精确测定 C_d，需要选择合适的溶液体系及电位范围，使电极在该电位范围内不发生电化学反应，因而可以认为 $R_r \to \infty$，由式（6-29）看出，此时电化学反应电流 $i_r = 0$。在这种极限情况下，电流与时间关系如图6-9所示。

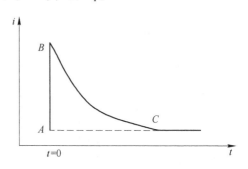

图 6-9　电流-时间曲线

因为：

$$C_d = \frac{\mathrm{d}q}{\mathrm{d}\varphi} = \frac{i\mathrm{d}t}{\mathrm{d}\varphi} \tag{6-32}$$

考虑到电位阶跃幅度 $\Delta\varphi < 10\mathrm{mV}$，且为一恒定值，故可将上式积分得：

$$C_d = \frac{1}{\Delta\varphi} \int_A^C i\mathrm{d}t \tag{6-33}$$

只要求得上式积分，就可得双电层微分电容 C_d。积分 $\int_A^C i\mathrm{d}t$ 为双电层充电时总电荷量。可用如下方法求得，首先根据记录纸格数算出单位面积相应的电荷量，然后算出 ABC 总面积，相乘便得总的电荷量。总面积用称重法得，用分析天秤称取单位记录纸面积的质量，再称 ABC 面积质量，相除得 ABC 总面积。

6.4.3　解析法求 R_1、R_r 及 C_d

对于某些体系时间常数可能很大，电流达到稳态需要相当长的时间，容易引起浓差极化及平衡电位的漂移，使测量误差增大，甚至测不到正确的电化学反应电流，在这种情况下，可利用暂态期间的数据用解析法求 R_r。

由式（6-29）可知，当 $t \gg R /\!/ C_d$ 时，$i \approx \dfrac{\varphi_k}{R_1 + R_r}$，用 i_∞ 表示：

$$i_\infty = \frac{\varphi_k}{R_1 + R_r} \tag{6-34}$$

将式（6-34）代入式（6-29）得：

$$i = i_\infty + i_\infty \cdot \frac{R_r}{R_1} e^{-t/(R // C_d)} \tag{6-35}$$

当 $t = 0$ 时，
$$i_{t=0} = i_\infty + i_\infty \cdot \frac{R_r}{R_1} \tag{6-36}$$

令 $A = i_{t=0} = i_\infty$ ，合并上述有关方程式得：
$$i = i_\infty + A e^{-t/(R // C_d)} \tag{6-37}$$

将式（6-37）移项并取对数得：
$$\lg(i - i_\infty) = \lg A - \frac{t}{2.3R // C_d} \tag{6-38}$$

用 $\lg(i - i_\infty)$ 对 t 作图，得

直线，斜率为 $-\dfrac{1}{2.3R // C_d}$ 。

从实验得到的 $i - t$ 曲线的弯曲
部分后，可试选某个 i_∞ 值，作
$\lg(i - i_\infty)$ 对 t 图，如 i_∞ 选得正
好，则出现直线，就可以利用
这个 i_∞ 值由式（6-38）计算
$R_1 + R_r$ ，扣除 R_1 得 R_r ，再由直
线斜率得 C_d 。如图 6-10 所示。

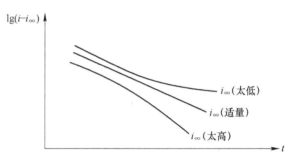

图 6-10　$\lg(i - i_\infty)$ 与 t 关系曲线

6.5　混合控制下的电位阶跃法

6.5.1　不可逆电极表面的浓度表示式

不可逆电极反应中不仅存在电化学极化，而且存在浓差极化，属于混合控制。这种情况的出现不仅由于电极反应本身交换电流密度比较小，还由于电位阶跃幅度足够大，一般 $\Delta\varphi \geqslant 120\text{mV}$ 。电化学反应的逆反应可以忽略，表现为不可逆。如发生如下不可逆电极还原反应：

$$A + ne \xrightarrow{k_c} B \tag{6-39}$$

式中，k_c 为电极反应速度常数，由下式表示：

$$k_c = k_c{}^2 \exp\left(-\frac{\alpha n F}{RT}\varphi\right) \tag{6-40}$$

式中，k_c^2 为 $\varphi = 0$ 时电极反应速度常数。

由于反应不可逆，只考虑反应物 A 的扩散问题。对于平面电极的 Fick 第二定律为：

$$\frac{\partial c_A(x, t)}{\partial t} = D_A \frac{\partial^2 c_A(x, t)}{\partial x^2} \tag{6-41}$$

解方程式的初始条件：

$$c_A(x, 0) = c_A^0 \tag{6-42}$$

半无限边界条件：

$$c_A(\infty, \ t) = c_A^0 \tag{6-43}$$

电极表面边界条件：

$$D_A \left[\frac{\partial c_A(x, \ t)}{\partial x} \right]_{x=0} = k_c c_A(0, \ t) \tag{6-44}$$

式（6-44）表明电极过程为混合控制，等式的意义是扩散速度等于电化学反应速度。

在上述条件下，用 Laplace 变换解 Fick 第二定律，得到反应物电极表面浓度表示式为：

$$c_A(0, \ t) = c_A^0 \exp\left[\frac{k_c^2 t}{D_A}\right] \mathrm{erfc}\left[k_c \left(\frac{t}{D_A}\right)^{\frac{1}{2}} \right] \tag{6-45}$$

式中，k_c 为电极电位，其值等于 φ 时的电极反应速度常数，cm/s，$\mathrm{erfc}(\lambda) = 1 - \mathrm{erf}(\lambda)$，称做误差函数的共轭函数。

式（6-45）表达了反应物在电极表面上的浓度分布规律。

6.5.2 不可逆电极的电流-时间关系式

如果发生式（6-39）所示的不可逆电极反应，反应速度由下式表示：

$$i = nFk_c c_A(0, \ t) \tag{6-46}$$

将式（6-45）代入上式得：

$$i = nFk_c c_A^0 \exp\left(\frac{k_c^2 t}{D_A}\right) \mathrm{erfc}\left[k_c \left(\frac{t}{D_A}\right)^{\frac{1}{2}} \right] \tag{6-47}$$

式（6-47）为不可逆电极反应的电流-时间关系式，表达了不可逆电极反应的规律。

如果在不同速度常数 k_c 下，用 $i/(nFk_c c_A^0)$ 对 t 作图，如图 6-11 所示，可显现不可逆电极反应的特征。

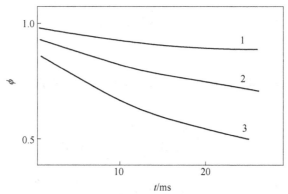

图 6-11 电流函数 $\phi = -\dfrac{i}{nFk_c c_A^0}$ 与 t 关系

1—$k_c = 10^{-8}\,\mathrm{m/s}$；2—$k_c = 5 \times 10^{-5}\,\mathrm{m/s}$；3—$k_c = 10^{-4}\,\mathrm{m/s}$

由图 6-11 看出，电极反应速度常数越小，曲线越平坦，速度常数越大，曲线形状越接近可逆反应的形状。式（6-47）数学形式太复杂，影响了它的实用价值。为了揭露不可逆电极反应的特征，应对方程式进行简化处理。当 $\lambda \ll 1$ 时，因子 $\exp(\lambda^2)\mathrm{erfc}(\lambda)$ 可展开为：

$$\exp(x^2)\mathrm{erfc}(x) = \left(1 + x^2 + \frac{x^4}{2!} + \frac{x^6}{3!} + \cdots\right)\left[1 - \frac{2}{\sqrt{\pi}}\left(x - \frac{x^3}{3} + \frac{x^5}{5 \times 2!} - \cdots\right)\right]$$

$$\exp(\lambda^2)\mathrm{erfc}(\lambda) = 1 - \frac{2\lambda}{\pi^{1/2}} + \lambda^2 - \frac{4\lambda^2}{3\pi^{1/2}} + \cdots \tag{6-48}$$

如果只取前面两项得：

$$\exp(\lambda^2)\mathrm{erfc}(\lambda) = 1 - \frac{2\lambda}{\pi^{1/2}} \tag{6-49}$$

当 $\dfrac{k_c}{D_A^{1/2}} \cdot t^{1/2} \ll 1$ 时，式（6-47）简化为：

$$i = nFk_c c_A^0\left(1 - \frac{2k_c}{\sqrt{\pi D_A}} \cdot \sqrt{t}\right) \tag{6-50}$$

式（6-50）是一个线性方程式，用 i 对 $\sqrt{t}$ 作图得直线，斜率为：

$$斜率 = -2nFc_A^0 k_c^2 \frac{1}{\sqrt{\pi D_A}} \tag{6-51}$$

直线的截距 $i_{t=0}$ 为：

$$i_{t=0} = nFk_c c_A^0 \tag{6-52}$$

式（6-50）与式（6-52）联立求解可得 k_c 及 D_A。

截距 $i_{t=0}$ 的物理意义是时间外推到零，电流接通电极的瞬刻，此时反应物来不及发生扩散，$i_{t=0}$ 为纯电化学极化电流。

当 $(k_c/D_A^{1/2}) t^{1/2} \ll 1$ 时，式（6-50）才成立。所以采取数据的时间范围与电化学反应速度常数有关，速度常数越小，采取数据允许的时间范围就越宽。若 $(k_c/D_A^{1/2}) t^{1/2} < 0.1$ 满足式（6-50）的简化条件，对于 $k_c = 10^{-4}\,\mathrm{m/s}$ 及 $D_A = 10^{-8}\,\mathrm{m^2/s}$ 时，式（6-50）可用的时间范围为 10ms；$k_c = 10^{-5}\,\mathrm{m/s}$ 时，适用时间范围为 1000ms。

6.5.3 反应动力学参数

实验时，求出一系列电位阶跃下 $i_{t=0}$ 值，用 η 对 $i_{t=0}$ 作图，所得直线应遵守塔费尔公式：

$$\eta = a + b\lg i_{t=0} \tag{6-53}$$

其中，

$$a = -\frac{2.3RT}{anF}\lg i_0, \quad b = \frac{2.3RT}{anF}$$

a、b 值均可由塔费尔直线求得，因而联立求解得 an 及 i_0。已知 i_0，由 $i_0 = nFK_s (c_A^0)^{1-\alpha} (c_B^0)^{\alpha}$，可求出 a 及 K_s。

6.6 金属电结晶

6.6.1 生长机理

金属电沉积过程相当复杂，金属离子首先在电极上还原为吸附原子，然后再由单个吸附原子组成为晶体形成金属沉积层。这一过程在电场中完成，故称为电结晶过程。金属电结晶可能按两种不同的机理进行，成核式生长机理和螺旋位错生长机理。早在1931年，文献上就出现了二维成核式生长机理。这一理论认为在晶核生长过程中，晶面上不同位置原子的成键能力不同。

图6-12所示为简单立方晶体的（001）晶面，每个小立方体代表晶面上的1个原子。由图看出，不同位置的原子其最近邻的原子数目不同，新原子进入界面晶格的最适宜位置应是成键数目最多的位置。图中原子c的位置应是结合新原子的最有利位置。它可以与周围的3个最近邻晶格平面上的吸附原子成键，这个位置称纽结。除纽结位置是成键数目最多的外，台阶的前沿也是结合新原子较有利的位置，图中原子b所在位置属于台阶前沿。在这个位置上，原子b与两个最邻近的原子成键，最不利的结合位置是理想晶面上的位置，如孤立原子a的位置。二维成核式生长机理认为，金属理想界面上的电结晶生长包括3个主要步骤：

（1）溶液中的金属离子向界面附近移动；

（2）离子在界面上放电形成吸附原子，然后聚集在一起形成二维临界晶核，提供晶体生长所需的台阶；

（3）吸附原子在台阶上吸附，并沿台阶一维扩散到纽结，最后进入晶格座位并析出结晶潜热。经过台阶多次重复运动和纽结的不断延伸，生长面终于被一个新晶面覆盖。如果晶体要继续生长，必须在新晶层上再一次形成二维临界晶核以便提供新的台阶源，可见，生长过程是单原子过程，金属原子是一个接着一个堆积成晶体，而且晶体是分层进行生长的。该理论认为，临界晶核的形成是这一生长过程的速度控制步骤，成核所需过电位比生长所需过电位要大。

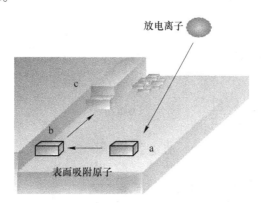

图6-12 电结晶过程示意图

a—晶格平面上的吸附原子；b—台阶位置；c—纽结位置

6.6.2 单核生长与多核生长的条件

二维晶核的成核速度 I 是指单位时间内在单位面积上形成二维晶核的数目，cm^{-2}/s。二维晶核生成速度由下式表示：

$$I = a\exp\left(-\frac{b}{\eta}\right) \tag{6-54}$$

式中，a，b 均为常数；η 为结晶过电位。

式（6-54）表明，生成晶核速度与过电位有关。过电位大，可得到较大的晶核生成速度；过电位小，便得到较小的生成速度。

成核周期 t_n 是指相继的两成核作用的时间间隔。单个二维晶核的台阶扫过电极表面所需的时间设为 t_r。t_n 和 t_r 存在如下关系：

（1）如果控制过电位较小，使 $t_n \gg t_r$。这表明，等到第二个晶核生成时，第一个晶核已经长大。这种情况属于单核生长。

（2）如果控制过电位较大，使 $t_n \ll t_r$。这表明，在生长着的晶层铺满电极表面之前，已有新的晶核产生，称做多核生长。当电极表面上同时存在多个生长中心时，晶核的生长过程变得复杂。在电位阶跃下，把这种多核生长归纳为两种情况来研究，一种是 $t>0$ 时，表面上的晶核总数恒为 N_0，在晶粒生长过程中没有新的晶核生成，这称做瞬时成核；另一种情况是晶核数目是时间的函数，晶核生长过程中有新的晶核生成，这称做连续成核。

6.6.3 电位阶跃下单核生长的电流-时间关系

图 6-13 所示为圆盘状二维晶核示意图。

假设电位阶跃施加在电极上后，晶核将在电极表面上出现，并横过表面侧向生长，生长速度 i（电流）与生长台阶长度 $2\pi r$ 成正比：

$$i = nFkh(2\pi r) \tag{6-55}$$

式中，k 为速度常数，$mol/(m^2 \cdot s)$；r 为半径；h 为高度。

晶核的体积为：

$$V = \pi r^2 h \tag{6-56}$$

将 r 对 t 求导得：

$$\frac{dr}{dt} = \frac{1}{2\pi rh} \cdot \frac{dV}{dt} \tag{6-57}$$

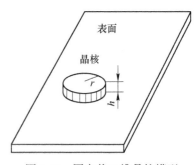

图 6-13 圆盘状二维晶核模型

$$\frac{dr}{dt} = \frac{nFh}{i} \cdot \frac{dV}{dt} \tag{6-58}$$

根据法拉第定律（$M = kit$）得：

$$i = \frac{n\rho(dV/dt)}{M} \tag{6-59}$$

式中，ρ，M 分别为沉积相的密度及相对原子质量。

将式（6-59）代入式（6-58）得：

$$\frac{dr}{dt} = k\frac{M}{\rho} \tag{6-60}$$

积分得（假设 $t=0$ 时，$r=0$）：

$$r = \frac{Mkt}{\rho} \tag{6-61}$$

将式（6-61）代入式（6-60）得：

$$i = 2nF\pi h \frac{M}{\rho} k^2 t \tag{6-62}$$

式（6-62）式为单核生长时电流-时间关系式，表达了单核生长规律。

6.6.4 电位阶跃下连续成核生长的动力学公式

过电位比较大时，会出现连续成核生长。Fleischmanr 假设连续成核时的晶核数目 N 与时间 t 的关系服从一级定律：

$$N = N_0(1 - e^{-bt}) \tag{6-63}$$

式中，b 为晶核生成反应速度常数；N_0 为最大可能形成的晶核总数。

如果 $bt < 0.1$ 时，式（6-63）可以简化为：

$$N = bN_0 t \tag{6-64}$$

在 dt 时间内，晶核增加数为 dN，则电流的增量为 di，由式（6-62）求得：

$$di = 2nF\pi h \frac{M}{\rho} k^2 i dN \tag{6-65}$$

将式（6-64）全微分，并代入式（6-65）得：

$$di = 2nF\pi h \frac{M}{\rho} k^2 bN_0 t dt \tag{6-66}$$

积分上式得：

$$i = nF\pi h \frac{M}{\rho} k^2 bN_0 t^2 \tag{6-67}$$

式（6-67）为连续成核时的电流-时间关系式，该式只适用电解初期。随着电解的进行，晶核不断长大，晶粒边界开始相连接，出现晶核生长中心重叠。当出现晶粒重叠时，式（6-67）必须修正晶粒生长中心重叠的影响。

如图 6-14 所示，假设 S_1 为所有不受重叠影响的生长区面积（图中圆圈内的空白部分），S_2 为两个生长中心相重叠的面积（划阴影的部分），S_3 为三个生长中心相重叠的面积（涂黑部分），而 S_m 为 m 个生长中心相重叠的面积（未划出），由图可见，表面上实际的生长区面积 S 为：

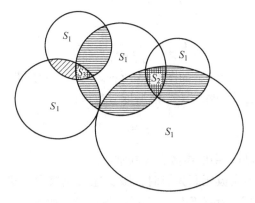

图 6-14 晶核生长中心重叠示意图

$$S = S_1 + S_2 + S_3 + \cdots + S_m \tag{6-68}$$

当不考虑重叠时的生长区总面积，即"展开面积" $S_{1,ex}$ 为：

$$S_{1,ex} = S_1 + 2S_2 + 3S_3 + \cdots + mS_m \tag{6-69}$$

S 与 $S_{1,ex}$ 的关系由统计学得：

$$S = 1 - \exp(-S_{1,ex}) \tag{6-70}$$

对圆盘状晶核有：

$$dS_{1,ex} = \pi r^2 b N_0 dt \tag{6-71}$$

积分得：

$$S_{1,ex} = \pi r^2 b N_0 t \tag{6-72}$$

将式 (6-61) 代入上式得：

$$S_{1,ex} = \pi N_0 b \left(\frac{M}{\rho}\right)^2 k^2 t^2 \tag{6-73}$$

将式 (6-73) 代入式 (6-70) 得：

$$S = 1 - \exp\left[-\pi N_0 b \left(\frac{M}{\rho}\right)^2 k^2 t^2\right] \tag{6-74}$$

所以圆盘二维晶核体积为：

$$V = h \cdot s = h\left[1 - \exp\left(-\pi N_0 b \frac{M^2}{\rho^2} k^2 t^2\right)\right] \tag{6-75}$$

上式对 t 求导得：

$$\frac{dV}{dt} = 3\pi N_0 b \left(\frac{M}{\rho}\right)^2 k^2 t^2 h \exp\left[-\pi N_0 b \left(\frac{M}{\rho}\right)^2 k^2 t^2\right]$$

将上式代入式 (6-58) 得：

$$i = 3nF\pi \frac{M}{\rho} N_0 b k^2 h t^2 \exp\left[-\pi \left(\frac{M}{\rho}\right)^2 N_0 b k^2 t^2\right] \tag{6-76}$$

式 (6-76) 为连续成核生长动力学公式。这一方程式考虑了晶核生长中心重叠的影响。由方程式看出，$i - t$ 曲线具有极大值，利用 $di/dt = 0$ 求极值，可得电流峰值 i_{max} 和出现峰的时间 t_{max}：

$$i_{max} = nFh \sqrt[3]{\frac{12\pi\rho N_0 b k^2}{M}} \cdot e^{-1/3} \tag{6-77}$$

$$t_{max} = \sqrt[3]{\frac{2\rho^2}{3\pi N_0 b k^2 M^2}} \tag{6-78}$$

而在 $t = 0$ 及 $t \to \infty$ 时，$i = 0$，如图 6-15 所示。为了得到判断二维连续成核生长机理的判据，将式 (6-78) 两边分别除以 t^2，然后取对数得：

$$\ln \frac{i}{t^2} = A - Bt^2 \tag{6-79}$$

式中，A，B 为与式 (6-79) 中的参数有关的常数。

Ag_2O 在 KOH 溶液中阴极还原为银时，服从连续成核生长机理，电流-时间曲线如图 6-15 所示。如果用 $\lg(i/t^2)$ 对 t^2 作图，得到一条直线，如图 6-16 所示，符合式 (6-79)。阴极还原成 Ag 时 $i - t$ 曲线与 t^2 关系也如图 6-16 所示。

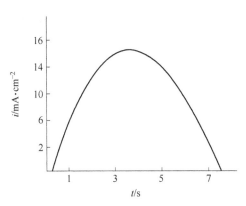

图 6-15 Ag$_2$O 在 KOH 溶液中还原时电流-时间曲线

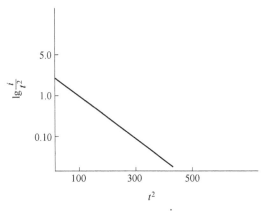

图 6-16 Ag$_2$O 还原时 $\lg\dfrac{i}{t^2}$ – t^2 曲线

6.6.5 瞬时成核生长动力学

由式（6-63）得知，当晶核生成反应速度常数 b 很大时，则得 $N = N_0$，这表明，$t > 0$ 时晶核数目恒定，不随时间变化，出现瞬时成核生长模式。该种条件下，不需要考虑晶核生长中心相互重叠的影响：

$$i = 2nF\pi h\frac{M}{\rho}N_0k^2t \tag{6-80}$$

式（6-80）为没有考虑生长中心重叠影响的电流-时间关系式。随着电解的进行，晶核生长中心发生相互重叠，此时需要考虑晶核生长中心相互重叠对电流-时间关系式的影响。对于圆盘状二维晶核，当不考虑重叠影响时，瞬时成核生长区总面积应为：

$$S_{1,ex} = N_0\pi r^2 \tag{6-81}$$

将式（6-61）代入上式得：

$$S_{1,ex} = \pi N_0\left(\frac{M}{\rho}\right)^2k^2t^2 \tag{6-82}$$

电极表面实际生长区面积为：

$$S = 1 - \exp\left[-\pi N_0\left(\frac{M}{\rho}\right)^2k^2t^2\right] \tag{6-83}$$

所以圆盘状晶核体积为：

$$V = hS = h\left[1 - \exp\left(-\pi N_0\frac{M^2}{\rho^2}k^2t^2\right)\right] \tag{6-84}$$

$$i = 2nF\pi\frac{M}{\rho}N_0k^2ht\exp\left[-\pi\left(\frac{M}{\rho}\right)^2N_0k^2t^2\right] \tag{6-85}$$

式（6-85）为瞬时成核生长动力学方程式，当 i – t 曲线出现极大值，通过求极值，分别得电流峰值 i_{max} 和出现峰的时间 t_{max} 为：

$$i_{max} = nFke^{-1/2}h\sqrt{2\pi N_0}$$

$$t_{max} = \frac{\rho}{kM\sqrt{2\pi N_0}}$$

当 $t = 0$ 和 $t \rightarrow \infty$ 时，$i = 0$，如图 6-17 所示。如果将式（6-85）两边除以 t，并取对数，可得判断二维瞬时成核生长机理的关系式：

$$\ln\frac{i}{t} = A' - B't^2 \tag{6-86}$$

式中，A'，B' 均为常数，由方程式有关参数决定。

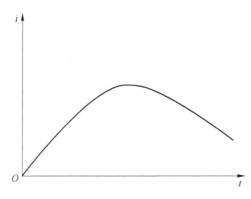

图 6-17   瞬时成核生长电流-时间曲线

6.6.6 非线性光学晶体 $CdHg(SCN)_4(H_6C_2OS)_2(CMTD)$ 螺旋位错生长机理

王坤鹏等人用原子力显微镜在 CMTD(001) 面上观察到了许多奇特的心形螺旋生长丘，这种交替发展的心形螺旋生长丘除了与 2_1 螺旋轴有关外，还与在螺旋台阶附近形成的 90°结构畴有关，实验结果充分反映了 CMTD 晶体螺旋生长的独特性。

在 CMTD 的 (001) 面上多次观察到一种心形螺旋生长丘，如图 6-18（a）所示。即伯格斯矢量 $\boldsymbol{b} = c/2 = 1.41nm$ 的螺位错在（001）面上形成台阶源后，并不按照类似于阿基米德螺线的形式发展，而是相隔一层出现一个缺口，包含缺口的这一层以心形线的形式向外推展。缺口层与非缺口层交替发展。在位错中心附近，由缺口形成的连线总是沿 a+b 方向。随着生长层的层向推移，缺口连线逐渐朝 a 轴方向弯曲如图 6-18（a）所示。在生长层推出约 200μm 之外，缺口层与非缺口层的相互作用结果如图 6-18（b）所示，这条类似划痕的直线已完全沿着 a 轴方向发展。缺口层处推移速度较慢，因而对其上层的发展起阻碍作用，迫使非缺口层也逐渐由圆形发展为心形。

第二天仍在此样品表面扫描，发现在划痕两侧台阶流上出现大量二维核，这些二维核的高度为 1.41nm，为单台阶高度，它们具有强烈的各向异性如图 6-18（c）所示。划痕左侧二维核沿 a+b 方向伸展，与台阶流方向平行；右侧二维核与台阶流方向垂直，即与左侧二维核成 90°分布。这说明划痕两侧表面具有不同的结构组态。

首先，在生长丘的顶部只发现一个位错露头点，即生长丘是由一个螺位错源发展而来的，可排除由反向双螺位错形成的瑞德环的可能性。如图 6-19（a）所示，CMTD 晶体的 ab 平面由 HgS_4 四面体和 $Cd(CN)_4(OS)_2$ 八面体相互联结成三维网络结构，沿 a+b 和 a-b 方向具有很强的周期键链（PBC）。HgS_4 四面体与 $Cd(CN)_4(OS)_2$ 八面体构成的 CMTD

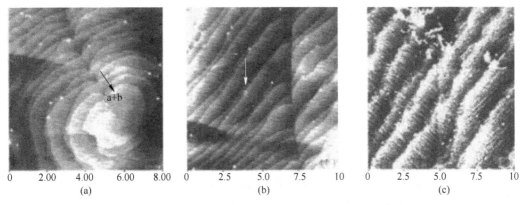

图 6-18　CMTD 原子力显微镜图片

（a）CMTD 晶体（001）面上的心形螺旋生长丘；（b）由心形缺口推展出去的 90°结构畴；

（c）第二天在相同晶体上观察到的直线结构畴两侧台阶流上的相互垂直的二维核

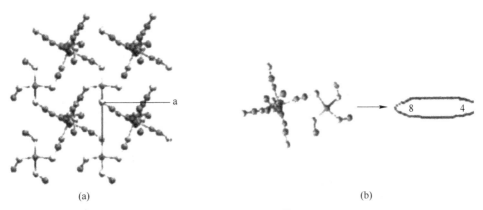

图 6-19　CMTD 晶体

4—HgS_4四面体；8—Cd（CN）_4（OS）_2八面体

（a）CMTD 晶体的（001）面的分子结构；（b）CMTD 分子示意图（生长基元）

分子简单表示为图 6-19（b）的形式。确定出 CMTC 晶体生长基元的结构形式为以 HgS_4 和 CdN_4 配位四面体为基本单元，经 C 原子连接形成的网络结构。当溶液过饱和度不是太大时，一个 CMTC 分子即为一个生长基元。而 CMTC 溶液中添加有机溶剂二甲基亚砜即为 CMTD 溶液，故我们认为二者溶液结构类似。又由于本实验的相对过饱和度约为 0.5%，故一个 CMTD 分子即为一个生长基元。（001）方向的相邻生长层以 2_1 螺旋轴相联系，相邻层的分子取向为 180°关系。为区分相邻分子层，将其分别定义为 A 、B 层，沿（001）方向 A 、B 层交替堆垒生长，它们的高度分别为 $c/2 = 1.41$nm。如果在（001）面上形成一个螺旋位错露头点如图 6-20（a）所示，即形成一个台阶源，则此表面上错位部分（台阶）的分子排列情况应继承相邻层的结构，即与 A 层结构相同；而生长基元在此表面上形成的生长层应为 B 层结构。不妨假设位错台阶部分的分子排列方式如图 6-20（b）所示。如果晶体生长为表面扩散控制，则从溶液中到达表面上的分子伸展方向与构成台阶面的分子伸展方向成 180°，分子从表面迁移到台阶上时，被迫旋转 90°并结合在台阶前沿的扭折位置，即在台阶附近形成 90°结构畴，分子只有吸收了足够高的能量才能旋转 90°，故台阶源处并不是分子的最佳结合位置。当第一层分子被迫偏转 90°并结合在台阶源的扭折位置后，表面上的分子取向与台阶前沿分子取向减小至 90°，所以当下一层分子扩散到台阶前沿时，就能以更小的角度偏转结合，甚至不需偏转就能与台阶结合，如图 6-20（d）所示，这将导致附着能的降低。以上所说的缺口就是由 90°结构畴形成的，生长基元在此处结合需要吸收较高的能量，因此推移速度相对缓慢，继而形成心形螺旋线的生长形态。当台阶围绕位错中心旋转一周时，台阶分子取向继承 B 层结构，然后重复以上过程，这样非缺口层的存在就是不合理的，因此对非缺口层的形成还需作进一步研究。

从以上分析可以看出，由于分子键合的方向性，导致台阶源处并非是生长基元的最佳结合位置。这与传统的晶体生长理论并不矛盾。传统理论在分析晶体表面的最佳结合位时，从普遍性的角度把分子看作各向同性的钢球，它提供了一种普遍性的研究方法，而每一种晶体的个性决定了不同晶体生长的独特性。

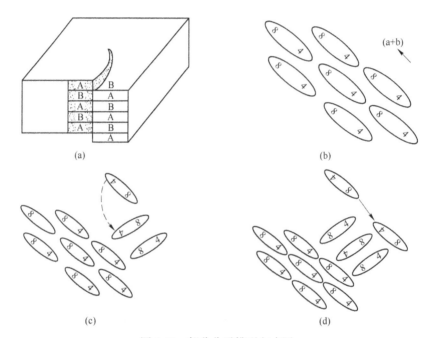

图 6-20　部分分子排列方式图
（a）由螺旋位错引起的台阶源；（b）～（d）90°结构畴的形成过程示意图

第二天观察到划痕两侧二维核方向相互垂直。划痕为 90°结构畴的可能性较大。畴界伸展方向为何从 a+b 方向逐渐转变为 a 轴方向，对于以上实验现象，伯格斯矢量 $b = c/2$ 的螺位错应该是"不全位错"，必然要有另一个"不全位错"通过堆垛层错与之相联系，缺口层就是由堆垛层错形成的。延伸出去的所谓划痕实际就是堆垛层错。

6.7　电化学吸附

用电位阶跃法研究电化学吸附，施加在电极的电位阶跃应使反应物在电极表面上的浓度为零。如果在电极上发生如下反应：

$$A_{吸} + ne \longrightarrow B \tag{6-87}$$

式中，$A_{吸}$ 为吸附在电极表面的反应物。

在恒电位作用下，通过电极的电流消耗有三个方面：

（1）双电层的充电，得充电电流 $i_{充}$。

（2）电极表面吸附物质的还原，得电化学反应电流 $i_{吸}$。

（3）还原反应的进行，溶液内部的反应物继续扩散到电极表面还原，得扩散电流 $i_{扩}$。

所以，通过电极的总电流为：

$$i_{总} = i_{吸} + i_{充} + i_{扩} \tag{6-88}$$

反应物向电极表面扩散电流：

$$i_{扩} = nFA_1 c_A^0 \sqrt{\frac{D_A}{\pi t}} \tag{6-89}$$

式中，A_1 为电极面积，cm^2。

将式（6-89）代入式（6-88）得：

$$i = nFA_1 c_A^0 \sqrt{\frac{D_A}{\pi t}} + i_{充} + i_{吸}$$

用 Q 表示电量，将上式对时间 t 积分得：

$$Q = \int_0^t \frac{nFA_1 c_A^0 D_A^{1/2}}{\pi^{1/2} t^{1/2}} dt + \int_0^t i_{充} \, dt + \int_0^t i_{吸} \, dt = 2nFA_1 c_A^0 \sqrt{\frac{D_A t}{\pi}} + Q_{充} + Q_{吸} \tag{6-90}$$

现在根据式（6-90）研究电化学吸附量的测定。首先，在没有反应物存在下进行电位阶跃实验，体系只存在支持电解质。此时，式（6-90）中右边第一项及第三项均为零，则得：

$$Q = Q_{充} \tag{6-91}$$

用 Q 对 $t^{1/2}$ 作图得到平行时间坐标的直线，如图 6-21 所示中的直线 1，纵坐标上的截距为双电层的充电电量 $Q_{充}$，再在有反应物存在的条件下做电位阶跃实验，此时，式 (6-90) 右边三项都不能忽略。如果用 Q 对 $t^{1/2}$ 作图得直线 2，如图 6-21 所示。其截距为：

截距 $= Q_{吸} + Q_{充}$ （6-92）

式中，$Q_{吸}$ 为吸附反应物还原时所需要的电量。

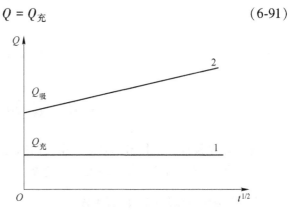

图 6-21 电量-时间关系

$$Q_{吸} = nFA_1 \Gamma \tag{6-93}$$

式中，Γ 为吸附量，mol/cm^2；F 为法拉第电量；n 为反应物还原所包含的电子数；A_1 为电极面积，cm^2；$nF\Gamma$ 的单位是 $\mu C/cm^2$；只要单独作两个实验，测出两个直线截距之差，就可求得反应物吸附量 Γ。

    电荷量 Q 的测定可使用测双电层微分电容时已使用过的方法——面积积分法，也可以使用库仑积分仪。

    金属表面上的氢氧吸脱附可以用电位扫描法来研究。

    如图 6-22 所示。氢的铂电极在溶液中先阳极极化后向阴极极化，曲线出现多个电流峰。左边的 1、2 个峰是吸附氢原子脱附，$H = H^+ + e$ 所引起的。吸附氢脱附完毕电极表面充电到达产生吸附氧的电位，电流又上升，右边较宽阔的 3 峰相应于反应 $H_2O = O + 2H^+ + 2e$。若电位再向正方扫描，则 O_2 析出，电流将急剧上升，但现在扫描电位还未达到此值便往回扫描，故无此现象。反向扫描后第 4 峰是吸附氧脱附，电位更负的 5、6 两个峰是吸附氢产生，出现两个峰表示两种吸附态。从这一曲线了解到在铂电极上氢氧吸脱附的整个电极过程，而且还可看出氢的吸脱附基本上是可逆的，因阳极峰与阴极峰位置差不多，但氧的吸脱附是不可逆的。计算峰面积可知电量，从而可计算电极的真实面积。金电极在 H_2SO_4 溶液中的伏安曲线与铂的曲线差别很大，在扫描电位范围内不出现氢的吸脱附峰，这是因为氢在金电极上析出的过电位较大以及金吸附氢的能力差所致。因此研究阴极过程采用金电极比铂电极更适宜，但因金难于封入玻璃中，故铂电极还是很常用的。

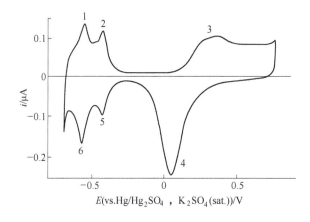

图 6-22　Pt 电极在硫酸中的电位扫描图

6.8　实　验　电　路

    随着电子及计算机技术的发展，电位阶跃法所使用的设备在不断地更新。从实用观点考虑，这里着重介绍自己能组装的有关电路。

6.8.1　由恒电位仪组成的测量电路

    测量电路由四部分组成，如图 6-23 所示。

    (1) 信号发生器（XFD-8）。它是多功能的，能发生单次电位阶跃和连续的方波，还能产生三角波等信号。根据电位阶跃法的特点，要求信号发生器产生的电位阶跃，上升时间快，最好达到微秒数量级。

    (2) 恒电位仪（HDV-7）。信号发生器产生的电位阶跃，输入给恒电位仪使电位信号保持恒定，保证电极电位在恒电位控制下发生电化学反应。应具有足够的精度和功率。

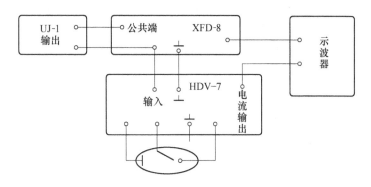

图 6-23　电位阶跃测量电路图 1

（3）记录仪。实验得到的电流-时间曲线，由记录仪自动记录。对于小幅度电位阶跃可采用记忆示波器及电子示波器（应是长余辉），不能采用 $X–Y$ 函数记录仪，其原因是显而易见的，因为双电层充电时间很短，只有 10^{-4} 秒数量级，故 $X–Y$ 函数记录仪响应跟不上。对于大幅度电位阶跃，可采用记忆示波器和光线示波器，当然也可用电子示波器。光线示波器是否能用，要根据具体电化学体系而定。例如，电极反成速度常数 $<10^{-5}$ m/s，采用光线示波器记录原则上是合理的，否则应采用记忆示波器或电子示波器，原因是电极反应速度常数为 10^{-5} m/s 时，不可逆电极反应的电流与时间关系式只能在 100ms 时间范围内线性化。电极反应速度常数再大，能线性化的时间范围小于 100ms，因而光线示波器的响应跟不上。当然，电极反应速度常数越小，使用光线示波器记录更为合理。

（4）UJ-1 电位差计（使用 UJ-36 型更方便）。它的作用是调节电位阶跃波零点及电位阶跃的起点。信号发生器给出的电位阶跃波是对称零轴的，如图 6-24 所示。例如，一个 200mV 的电位阶跃，一半为 +100mV，另一半为 -100mV，如果要得到 +200mV 的电位阶跃，就需要将 -100mV 位移到零电位处，这样可得到 +200mV 的电位阶跃。此时电位阶跃的起点在零电位。要完成这一任务，只要用 UJ-1 电位差计从信号发生器的中心接

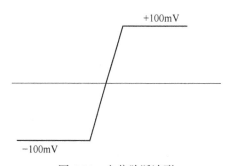

图 6-24　电位阶跃波形

线柱与地端接线柱输入 +100mV 电位就能达到目的。

电位阶跃实验时，一般采用电极的开路电位作电位阶跃实验的起点电位。实验时还需要调节电位阶跃的起点电位，要完成这一任务，也要用 UJ-1 电位差计来执行。调节方法跟调节电位阶跃零点一样。如要求电位阶跃的幅度为 +200mV，电极的开路电位为 +300mV。如果把开路电位作电位阶跃的起点电位，首先用信号发生器输出旋钮调节 -200mV 输出信号给恒电位仪（因为恒电位仪采用反相输入，故输入负的信号）；再用 UJ-1 电位差计从信号发生器的中心接线柱与地端接线柱输入 -100mV，最后再输入 -300mV。这样便得到电位阶跃的起点电位为 +300mV，终点电位为 +500mV 的电位阶跃波。

如果信号发生器采用 KS-1 型快扫描信号发生器，电路变得更为简单，如图 6-25 所

示。KS-1 型快扫描信号发生器特点是：正负幅值电压可以预调，且正幅值电压和负幅值电压可以各自独立调节。仪器没有基准直流电位输出，可以任意调节电位阶跃的起点电位。这样一来，图 6-23 中的 UJ-1 电位差计可以取消，这种电路使用起来非常方便。

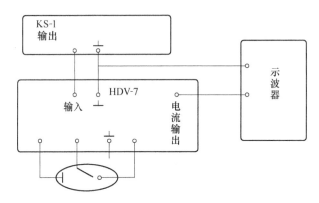

图 6-25　电位阶跃测量电路图 2

为了说明电位阶跃电路的工作过程，这里用运算放大器将原图表示在图 6-26 中。由图看出，实验时，首先将信号发生器输出的电位阶跃信号送到恒电位仪反相输入端，再用 UJ-1 电位差计将电位极开路电位 $\varphi_{\text{开}}$ 和 1/2 的电位阶跃值也输到恒电位仪的反相输入端。上述这些信号代数相加后，便得到在开路电位上进行电位阶跃的恒电位信号，经过恒电位仪进入电解池。在电极上得到的电流，通过取样电阻 R 产生的电压降用记忆示波器记录，得到电流-时间曲线。

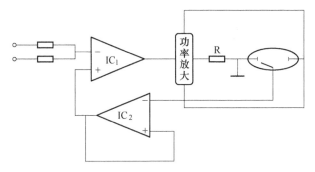

图 6-26　电位阶跃法电路原理图
IC$_1$—比较放大器；IC$_2$—电压跟随器；R—取样电阻

6.8.2　微机控制的电位阶跃测量系统

随着计算机的发展，微机已应用到电化学测量系统。这里介绍 Z80 单板机所控制的电化学测量系统，如图 6-27 所示。测试系统由 Z80 单板机、微型打印机、恒电位仪、模数、数模转换及示波器组成。控制过程如下：首先把控制程序由磁带存贮机送入单板机，控制开始后，单板机 CPU 根据程序指令通过数模转换把指定的过电位输入到恒电位仪，此阶跃信号由恒电位仪施加在电极上，与此同时，CPU 控制模数转换高速采取电位阶跃信号的响应电流。实验完成后，采取的数据从打印机输出。与常规的晶体管设备及机械式记录仪相比，微机控制的电位阶跃法从根本上消除了机械式记录仪不能响应高速信号的缺陷，为研究快速电极过程提供了方便。

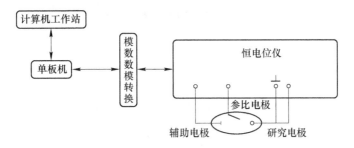

图 6-27　微机控制的电化学测量系统

6.8.3　对称方波电位法的实验电路

对称方波电位实验，完全采用电位阶跃法相同的电路。只要将信号发生器的选择旋钮由电位阶跃转到连续方波，信号发生器便输出方波电位给恒电位仪，整个装置便可进行对称方波实验。

根据对称方波电位法的要求，在平衡电位上施加幅度小于 10mV 的方波，所以实验应这样进行：以图 6-23 为例说明。首先用 UJ-1 电位差计从信号发生器的中心接线柱与地端接线柱输入电极的开路电位给信号发生器，再将信号发生器的方波输出幅值调到 10mV，这样，在电极上得到的信号是在开路电位上叠加振幅为 5mV 的方波电位。

方波电位频率的选择是得到可靠数据的关键。频率太高，双电层充电未完成，电化学极化未达到稳态；频率太低，会出现浓差极化的影响。频率是否合适，可通过示波器观察恒电位仪输出的波形。当电流波形的半周期结束时，趋于水平，可以认为是最合适的方波频率。只要方波的半周期满足如下关系，电化学极化便达到稳态。

$$T/2 \geqslant 5R /\!/ C_d \tag{6-94}$$

式中，T 为方波周期。因此，合适的方波频率为：

$$f \leqslant \frac{1}{10R /\!/ C_d} \tag{6-95}$$

复习思考题

6-1　什么是控制电位暂态法，有哪两种形式？

6-2　电化学极化阶跃法如何测定 R_1，R_r 和 C_d？

6-3　电化学极化下的对称方波法如何测定电化学反应的电阻 R_r？

6-4　扩散控制下的电位阶跃法如何计算扩散层的厚度和有效厚度？

6-5　混合控制下的电位阶跃法不可逆反应如何测定电化学动力学参数？

6-6　电位阶跃法如何测定吸附量？

7 三角波电位扫描与极谱法

7.1 三角波的概念及分类

在平面电极上施加随时间做线性变化的等腰三角形两腰的电位，得到电流-电位极化曲线，随时间做线性变化的电位叫扫描电位，这种方法称做三角波电位扫描法。

实验所采用的三角波电位幅度可以是大幅度的，也可以是小幅度的。三角波电位幅度不同，实验所揭露电极过程的规律不同。三角波电位幅度小于 10mV 时，电化学反应不剧烈甚至可以忽略，得到的电流-电位曲线主要揭露电极双电层充电及电荷传递反应的有关规律，属于电化学极化。采用大幅度三角波电位扫描时，当 i_0 较大时，电极化系统的电化学反应速度快，电流-电位曲线表现反应物的扩散规律，电极过程属于浓差极化；当 i_0 比较小时，电极化系统的电化学反应速度慢，电流-电位曲线表现电荷传递反应及反应物的扩散规律，电极过程属于混合控制。因此，用三角波电位扫描法研究电极过程规律时，对不同的实验目的应正确选择三角波电位幅度，这样才能保证实验正确进行。

大幅度三角波电位扫描法在文献中称做循环伏安法。如果只进行单方向电位扫描而不反扫，称做线性电位扫描法。

7.2 小幅度三角波电位扫描法

平衡电位时，在电极上施加一小幅度（ $\eta < 10$mV）的随时间线性变化的等腰三角形电位，如图 7-1（a）所示，用记忆示波器记录得到电流-时间（或电位）曲线，这就是小

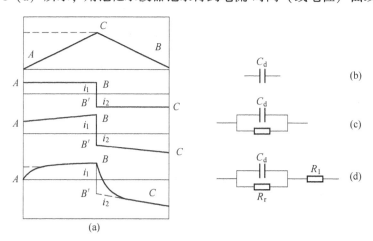

图 7-1　小幅度三角波电位与电流波形

幅度三角波电位扫描法。根据所得曲线可测双电层微分电容及电化学反应电阻。由于施加在电极上的电位小于 10mV，因而电极的极化发生在线性极化区，此时电化学相对较慢，属于电化学极化。

在电极上施加一随时间线性变化的电位时，通过电极的电流由式（7-1）表示。

$$i = C_d \frac{\mathrm{d}\eta}{\mathrm{d}t} + i_0 \left[\exp\left(\frac{\alpha nF}{RT}\eta \right) - \exp\left(\frac{-\beta nF}{RT}\eta \right) \right] \tag{7-1}$$

由于 $\eta < 10\mathrm{mV}$，故式（7-1）可线性化为：

$$i = C_d \frac{\mathrm{d}\varphi}{\mathrm{d}t} + \frac{nFi_0}{RT}\eta \tag{7-2}$$

式中，C_d 为双电层微分电容；i_0 为交换电流密度；η 为过电位；$\mathrm{d}\varphi/\mathrm{d}t$ 为电位扫描速度。

方程式表明，通过电极的电流由两部分组成：一部分为双电层充电电流 i_c；另一部分为电化学反应电流 i_r。下面根据这一方程式研究 3 种极限情况下的电流-时间曲线。

7.2.1　电位扫描范围内不发生的电化学反应

为了使问题简化，假设溶液电阻忽略不计，在电位扫描范围内，不发生电化学反应。因而，可以认为电化学反应电阻 $R_r \to \infty$。在这种情况下，电极等效电路为一双层微分电容。如图 7-1（b）所示。

在电极上施加小幅度等腰三角形电位后，电流-时间曲线由式（7-1）描述。当 $R_r \to \infty$ 时，电化学反应电流 $i_r \to 0$，所以得：

$$i = C_d \frac{\mathrm{d}\varphi}{\mathrm{d}t} \tag{7-3}$$

可见，通过电极的电流等于双电层充电电流。当电位由 A 向 B 扫描时，通过电极的双电层充电电流为：

$$i_{A \to B} = C_d \left(\frac{\mathrm{d}\varphi}{\mathrm{d}t} \right)$$

把这一结论表示在图 7-1（b）上，由于 $\frac{\mathrm{d}\varphi}{\mathrm{d}t} = $ 常数，故得到平行时间坐标的 AB 线；当电位由 B 向 C 扫描时，由于电位扫描反向，故双电层充电电流为负值，得：

$$i_{B \to C} = -C_d \frac{\mathrm{d}\varphi}{\mathrm{d}t}$$

将上式表示在图 7-1（b）中得 BC 线。

根据电位扫描反向瞬刻的电流-时间曲线，可以求双电层微分电容，电位反应瞬刻时，电流增量 Δi 为：

$$\Delta i = i_B - i_{B'} = C_d \left(\frac{\mathrm{d}\varphi}{\mathrm{d}t} + \frac{\mathrm{d}\varphi}{\mathrm{d}t} \right) = 2C_d \frac{\mathrm{d}\varphi}{\mathrm{d}t} \tag{7-4}$$

所以得：

$$C_d = \frac{\Delta i}{2 \frac{\mathrm{d}\varphi}{\mathrm{d}t}} \tag{7-5}$$

式中，$\dfrac{\mathrm{d}\varphi}{\mathrm{d}t}$ 及 Δi 都已知，故由式（7-5）可求双电层微分电容 C_d。应注意到 $\mathrm{d}\varphi/\mathrm{d}t$ 为常数，$\Delta i = i_1 - i_2$。

7.2.2 电位扫描范围内发生的电化学反应

现在讨论有电化学反应发生的情况。为了简化问题，仍然假设溶液电导率较大，使其电阻 R_r 可以忽略，在这种情况下，电极等效电路为 C_d 与 R_r 的并联电路，如图 7-1（c）所示。

由于电位扫描幅度小，双电层微分电容可看作是常数，因而，式（7-2）是 i 与 η 的线性方程式。如果考虑到电位是时间的线性函数，可以将电位坐标看作是时间坐标。根据式（7-2），用 i 对 t 作图得 AB 线，如图 7-1（c）所示。当电位向正方向扫描时，B 点的相应电流为：

$$i_1 = C_\mathrm{d}\frac{\mathrm{d}\varphi}{\mathrm{d}t} + \frac{nFi_0}{RT}\eta \tag{7-6}$$

电位扫描达到 B 点时，要反向。反向的瞬刻，相应 B 点的充电电流为负值，此时总电流为：

$$i_2 = - C_\mathrm{d}\frac{\mathrm{d}\varphi}{\mathrm{d}t} + \frac{nFi_0}{RT}\eta \tag{7-7}$$

与式（7-6）比较可见，电位扫描反向瞬刻，电化学反应电流不变。因为此时电位未变，仍为 φ_2。当电位扫描由 B 点向 C 点反扫时，电流-时间曲线由直线 $B'C$ 表示。根据所得电流-时间直线，可以求双电层微分电容 C_d 及电化学反应电阻 R_r。

7.2.1.1 C_d 的测定

跟前面一样，根据电位扫描反向瞬刻电流的增量 Δi 可求得 C_d。由式（7-6）及式（7-7）推导得：

$$C_\mathrm{d} = \frac{\Delta i}{2\dfrac{\mathrm{d}\varphi}{\mathrm{d}t}} \tag{7-8}$$

式中，$\Delta i = i_\mathrm{B} - i'_\mathrm{B} = i_1 - i_2$。可见，式（7-8）与式（7-6）为同一方程式。

7.2.1.2 R 的测量

图 7-1（c）中 AB 直线由式（7-1）描述，如果将时间坐标看作电位坐标，则直线斜率为：

$$AB\ \text{直线斜率} = \frac{i_\mathrm{B} - i_\mathrm{A}}{\Delta\varphi} = \frac{nFi_0}{RT}$$

因为：

$$R_\mathrm{r} = \frac{RT}{nFi_0}$$

所以：

$$R_r = \frac{\Delta\varphi}{i_B - i_A} \qquad (7\text{-}9)$$

式中，$\Delta\varphi = \varphi_2 - \varphi_1$。由上式求得电化学反应电阻。

7.2.3　一般情况下的电化学反应体系

溶液的电阻及电化学反应都存在时，电极的等效电路由图 7-1（d）表示。这种电极体系是实验中常常遇到的情况。

在这种情况下，电位扫描时出现的电流图形如图 7-1（d）所示。其图形与图 7-1（c）类似。不过在电位扫描的开始阶段和电位扫描方向改变后的初阶段时间内，电流变化是逐渐过渡的，这是由于在 R_r 上产生电位降的缘故。利用直线外延的方法，在电位扫描方向改变的瞬刻，测量出 Δi 值，按式（7-8）可算出电极的双电层微分电容。电化学反应电阻 R_r 由下面公式计算：

$$R_r = \frac{\Delta\varphi}{i_B - i_A} - R_1 \qquad (7\text{-}10)$$

如果恒电位仪有溶液电阻补偿电路，将溶液电阻 R_1 补偿后可得图 7-1（c）的波形。这时用式（7-9）计算 R_r 不必扣除 R_1，此刻也有利于 Δi 值的测量。

从上述讨论可知，利用小幅度三角波电位法测 C_d 时不受 R_r 存在的影响。图 7-2 所示为三角波电位扫描法测定 Zn 在 240g/L NH_4Cl+28g/L H_3BO_3+2g/L 硫脲的溶液中的扫描曲线。扫描速度为 0.1V/ms，由图可知，当 Zn 电极电位为 −0.82V 时，Δi 为 17.6mA/cm^2，代入式（7-8）得：

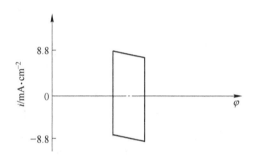

图 7-2　Zn 的三角波电位扫描曲线

$$C_d = \frac{\Delta i}{2\dfrac{d\varphi}{dt}} = \frac{17.6}{2} \times 10^{-2} \times \frac{1 \times 10^{-3}}{0.1} = 88 \times 10^{-5}(\text{F/cm}^2) = 88(\mu\text{F/cm}^2)$$

7.3　大幅度三角波电位扫描法——循环伏安法

将平面电极插入到如下电化学体系中，有如下反应：

$$O + ne \Longleftrightarrow R \qquad (7\text{-}11)$$

式中，O 为氧化态物质；R 为还原态物质。

在电极上施加一随时间做线性变化的大幅度三角波电位，如图 7-3（a）所示，这一电位称做电位扫描。电位扫描以恒定的速度从 φ_i 扫到 φ_λ，然后再从 φ_λ 返回到 φ_i。在电位扫描作用下，通过电极的电流随电位而变。用示波器或 X-Y 函数记录仪自动记录得到的电流-电位曲线，这个图称做循环伏安曲线。当电位扫描向正方向扫描时，反应物 O 发生还原反应，即 O+ne→R，得到的电流与电位曲线称做阴极极化曲线；当电位扫描返扫时，由于还原产物 R 来不及向溶液内部扩散（或向电极内部），仍然保留在电极表面上，因而，产物 R 重新氧化为氧化态，即 R$-ne\rightarrow$O，得到的电流-电位曲线称做阳极极化曲线。两根极化曲线组成了循环伏安图。文献中称上述方法为循环伏安法。

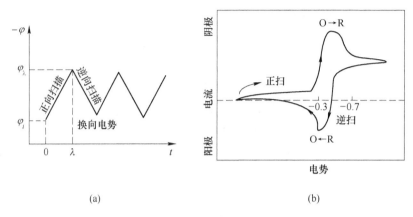

(a)   (b)

图 7-3   循环伏安法
（a）循环电位扫描；（b）循环伏安图

由得到的电流-电位曲线看到，随着电位向阴极方向移动，电流逐渐增加，通过极大值后，电流又下降，形成了一个峰电流 i_p。可以这样来解释，在电位 φ' 以前，是非法拉第电流，当电位达到 φ' 时，反应物开始放电，随着电位的负移，反应物放电电流随着增加，当反应物在电极表面浓度达到零时，便得到极大电流值。极大值出现后呢，如电位继续向负方向移动，由于浓度梯度变小，电流相应也变小，这样便得到峰电流 i_p。当电位扫描反扫时，也得到阳极峰电流。其原因与阴极峰电流形成原因相同。

循环伏安法的电位扫描速度快，一般从 $0.04\sim1000\text{V/s}$，所以能在很短的时间内观察到宽广电位范围内电极过程变化，测得的循环伏安曲线完全不同于稳态的极化曲线。对循环伏安曲线进行数学解析处理，可以推导得峰电流、峰电位、扫描速度、反应粒子浓度及动力学参数等之间的一系列特征关系，从而为研究冶金电极反应规律提供相当丰富的电化学信息。

实验时，如电位扫描进行多次循环，这样便得到多程往复循环伏安图。通过观察多程循环伏安图，可以发现别的实验中检测不到的电活性反应中间产物。

对于一些新的电化学体系，常常采用循环伏安法进行定量测定前的定性探索。根据得到的循环伏安曲线形状、波形位置及波的数目，为深入研究电极反应机理提供重要信息。所以循环伏安法在当前已成为冶金电化学研究中广泛应用的重要实验技术。

7.4   可逆电极反应

7.4.1   电极表面浓度表示式

在平面电极上发生如下可逆电极反应：

$$O+ne \rightleftharpoons R$$

式中，O 为反应物，R 为可溶的产物。

为了得到他们的电极表面浓度的表示式，需要解 Fick 第二定律：

$$\frac{\partial c_0(x,\ t)}{\partial t} = D_0 \frac{\partial^2 c_0(x,\ t)}{\partial^2 x} \tag{7-12}$$

$$\frac{\partial c_R(x,\ t)}{\partial t} = D_R \frac{\partial^2 c_R(x,\ t)}{\partial^2 x} \tag{7-13}$$

初始条件：

$$c_0(x,\ 0) = c_0^0$$
$$c_R(x,\ 0) = 0$$

半无限边界条件：

$$c_0(\infty,\ t) = c_0^0$$
$$c_R(\infty,\ t) = 0$$

电极表面边界条件：

$$D_0 \left[\frac{\partial c_0(x,\ t)}{\partial x} \right]_{x=0} + D_R \left[\frac{\partial c_R(x,\ t)}{\partial x} \right]_{x=0} = 0$$

$$\frac{i}{nFA} = D_0 \left[\frac{\partial c_0(x,\ t)}{\partial x} \right]_{x=0} \tag{7-14}$$

式中，A 为电极面积。

在上述条件下，用 Laplace 变换法，解式（7-12）和式（7-13）（详细过程见第 10 章）得：

$$c_0(0,\ t) = c_0^0 - \int_0^t \frac{i(\tau)\mathrm{d}\tau}{nFA\left[\pi D_0(t-\tau)\right]^{1/2}} \tag{7-15}$$

$$c_R(0,\ t) = \int_0^t \frac{i(\tau)\mathrm{d}\tau}{nFA\left[\pi D_R(t-\tau)\right]^{1/2}} \tag{7-16}$$

式（7-15）和式（7-16）分别为反应物和产物在电极表面上浓度表示式。

式中，τ 为辅助变量；A 为电极面积。

7.4.2 无因次积分方程式

对于可逆电极反应，电极电位可用能斯特公式表示。如果在能斯特公式中又引入半波电位，则能斯特公式可写成下列形式：

$$c_0(0,\ t) = \left(\frac{D_R}{D_0}\right)^{1/2} c_R(0,\ t) \exp\left[\frac{nF}{RT}(\varphi - \varphi_{1/2})\right] \tag{7-17}$$

将式（7-15）及式（7-16）代入上式得：

$$\int_0^t \frac{i(\tau)\mathrm{d}\tau}{nFAc_0^0\left[\pi D_0(t-\tau)\right]^{1/2}} = \frac{1}{1 + \exp\left[\dfrac{nF}{RT}(\varphi - \varphi_{1/2})\right]} \tag{7-18}$$

前面已经指出，施加在平面电极上的是一随时间做线性变化的等腰三角形电位扫描，所以，φ 用下列方程式表示：

$$\varphi = \begin{cases} \varphi_i - vt, & 0 \leqslant t \leqslant t_\lambda \\ \varphi_i - 2vt_\lambda + vt, & t \geqslant t_\lambda \end{cases} \tag{7-19}$$

式中，φ_i 为电位扫描的起点电位；v 为电位扫描速度，V/s；t_λ 为电位扫描反扫时间。

将式（7-19）代入式（7-18）得：

$$\int_0^t \frac{i(\tau)\mathrm{d}\tau}{nFAc_0^0[\pi D_0(t-\tau)]^{1/2}} = \frac{1}{1+\exp[j(at)]} \tag{7-20}$$

其中

$$j(at) = \frac{nF}{RT}(\varphi_i - \varphi_{1/2}) - at \quad 0 \leqslant t \leqslant t_i$$

$$a = \frac{nF}{RT}v \tag{7-21}$$

对于各种实验技术式（7-20）均能解出。为了通过解式（7-20）求得电流与电位的关系，需要将式（7-20）转换为无因次积分方程式。这样由数值解所得结论将具有普遍规律。所以，将式（7-20）进行变量转换。由式（7-21）得：

$$at = \frac{nF}{RT}vt = \frac{nF}{RT}(\varphi_i - \varphi) \tag{7-22}$$

显然，at 是一个无因次的量。

为了得到无因次积分方程式，只要将式（7-20）中的变量换为 at。下面进行变量转换：

令 $Z=a\tau$，于是 $\tau=Z/a$，$\mathrm{d}\tau=\mathrm{d}z/a$；在 $\tau=0$ 时，$Z=at$。将上述各值代入式（7-20）得：

$$\int_0^{at} \frac{i(Z/a)\mathrm{d}Z}{nFAc_0^0[\pi D_0 a(at-Z)]^{1/2}} = \frac{1}{1+\exp[j(at)]} \tag{7-23}$$

令

$$X(Z) = \frac{i(Z/a)}{nFAc_0^0(\pi D_0 a)^{1/2}} \tag{7-24}$$

将式（7-24）代入式（7-23）得：

$$\int_0^{at} \frac{X(Z)\mathrm{d}Z}{(at-Z)^{1/2}} = \frac{1}{1+\exp[j(at)]} \tag{7-25}$$

由上式看出，式（7-25）是以 at 为自变量的积分方程式，故称为无因次积分方程式。

7.4.3　可逆电极过程的特征

式（7-25）用数值解可得到以 $\varphi-\varphi_{1/2}$ 为自变量，$\pi^{1/2}X(at)$ 为因变量的数值表，见表7-1。应该指出，$\pi^{1/2}X(at)$ 是无因次量，称做电流函数。所以，这个数值表以纯数与电位的函数关系表达了可逆电极反应的规律。如果将这些数值绘成曲线如图7-4所示，由数值表可导出可逆电极反应的特征。

表 7-1　可逆电荷传递反应电流函数

$(\varphi - \varphi_{1/2})n$ /mV	$\sqrt{\pi}X(at)$	$(\varphi - \varphi_{1/2})n$ /mV	$\sqrt{\pi}X(at)$
120	0.009	−5	0.4
100	0.020	−10	0.418
80	0.042	−15	0.432
60	0.084	−20	0.441

$(\varphi - \varphi_{1/2})n$ /mV	$\sqrt{\pi}X(at)$	$(\varphi - \varphi_{1/2})n$ /mV	$\sqrt{\pi}X(at)$
50	0.117	−25	0.445
45	0.138	−28.5	0.4463
40	0.160	−30	0.446
35	0.185	−35	0.443
30	0.211	−40	0.438
25	0.24	−50	0.421
20	0.269	−60	0.399
15	0.298	−80	0.353
10	0.328	−100	0.312
5	0.355	−120	0.28
0	0.38	−150	0.245

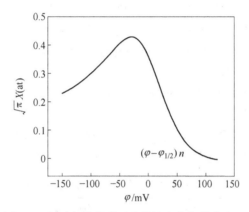

图 7-4 可逆电荷传递反应线性电位扫描伏安图

由表 7-1 看出，峰电流 i_p 出现在 $(\varphi_p - \varphi_{1/2})n = -28.5\text{mV}$ 的位置（25℃），所以峰电位为：

$$\varphi_p = \varphi_{1/2} - 28.5/n\,(\text{mV}) \tag{7-26}$$

式中，$\varphi_{1/2}$ 为极谱的半波电位。

上式表明，峰电位比半波电位负 $28.5/n\,(\text{mV})$。这是特征之一。因为峰电位比较宽，可延长到几个毫伏，不易测准，而半峰电位 $\varphi_{p/2}$ 较易测定，所以实验中采用半峰电位与半波电位的关系比较方便。由表 7-1 看出，半峰电流 $i_{p/2}$ 出现在 $(\varphi_{p/2} - \varphi_{1/2})n = 28.0\text{mV}$ 的位置（25℃），所以，半峰电位 $\varphi_{p/2}$ 为：

$$\varphi_{p/2} = \varphi_{1/2} + \frac{28.0}{n}\,(\text{mV}) \tag{7-27}$$

式中，$\varphi_{1/2}$ 值可以由可逆电极反应的电流-电位曲线计算得到。它在波上升的 85.17% 位置，处于 φ_p 与 $\varphi_{p/2}$ 之间。

上式表明，半峰电位比半波电位正 $28.0/n\,(\text{mV})$。这是特征之二。

对于可逆电荷转移反应，由式（7-26）与式（7-27）可导出另一特征：

$$\varphi_p = \varphi_{p/2} - 56.5/n(\text{mV}) \quad (25℃) \quad (7-28)$$

上式表明，峰电位比半峰电位负 $56.5n/\text{mV}$。这是特征之三。

式（7-26）表明，当峰电位比半波电位负 $28.5/n$（mV）时，便出现峰电流 i_p，如果将相应的 i_p 的 $\sqrt{\pi}X(at)$ 值（见表7-1）、$Z=at$ 值，及式（7-21）代入式（7-24）得：

$$i_p = 2.69 \times 10^5 n^{3/2} A D_0^{1/2} c_0^0 v^{1/2} \quad (7-29)$$

式中，A 为电极面积，cm^2；D_0 为扩散系数，cm^2/s；c_0^0 为本体离子浓度，mol/cm^3；v 为电位扫描速度，V/s；i_p 为峰电流，A。

式（7-29）称做 Randles-Sevclk 方程式。如果 $v=$ 常数，i_p 与 c_0^0 成正比，这是特征之四。

如果将式（7-29）做如下变换得：

$$\frac{i_p}{v^{1/2}} = 2.69 \times 10^5 n^{3/2} A D_0 c_0^0 \quad (7-30)$$

上式表明，$i_p/v^{1/2}$ 与扫描速度无关。这是特征之五。

当电位扫描换向时，还原态物质重新氧化，得到阳极极化曲线分支。实验发现，阳极极化曲线（反扫曲线）的形状与换向电位有关。只要换向电位 φ_λ 离阴极峰电位不小于 $100/n(\text{mV})$，则阳极极化曲线是具有阴极极化曲线基本相同的形状，只是电流坐标取相反方向。在这样的循环伏安曲线上，有两个表示可逆电极反应特征的重要参量：

（1）阳极峰与阴极峰电位差为 $59/n(\text{mV})(25℃)$，与电位扫描速度无关。见表7-2。这是可逆电极反应特征之六。

（2）阳极峰电流 i_{pa} 与阴极峰电流 i_{pc} 相等，与电位扫描速度、换向电位 φ_λ（φ_λ 已过阴极峰电位 $35/n(\text{mV})$ 的电位范围）、扩散系数无关。这是可逆电极反应特征之七。

表7-2　阴阳极峰电位差值与换向电位 φ_λ 的关系

$n(\varphi_{pc} - \varphi_\lambda)$ /mV	$n(\varphi_{pa} - \varphi_{pc})$ /mV	$(\varphi_{pc} - \varphi_\lambda)$ /mV	$n(\varphi_{pa} - \varphi_{pc})$ /mV
71.5	60.5	271.5	57.8
121.5	59.2	—	57.0
171.5	58.3	—	—

7.4.4　反向电位扫描峰电流测定

从循环伏安图中测定反向（阳极）峰电流 i_{pa} 不如正向（阴极）峰电流 i_{pc} 那么方便。这是因为正向扫描是从法拉第电流为零的 φ_i 开始，而反向电位扫描是在通过阴极峰电位 φ_p 后的 φ_λ 处开始的。φ_λ 处的阴极电流尚未衰变到零，即溶液中的反应粒子 O 还未耗尽，因此，在电位反扫过程的初期电位范围内，O 的还原仍在继续进行，且因电极表面已达到 O 的完全浓差极化，还原电流与电位无关，按 $i \propto t^{-1/2}$ 的规律衰变。因此，反向（阳极）的峰电流 i_{pa} 不能像 i_{pc} 那样从零电流基线求算，而应以正向电位扫描的阴极波的衰变电流作为基线，如图7-5所示（图中的虚线 1'、2'、3' 分别与相应位置的阴极波衰变部分对称）。

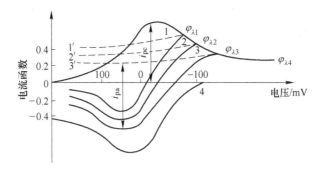

图 7-5 不同 φ_λ 的循环伏安曲线

1—$\varphi_{\lambda 1}$ – 90/n(mV)；2—$\varphi_{\lambda 2}$ – 130/n(mV)；3—$\varphi_{\lambda 2}$ – 200/n(mV)；4—电位维持在 φ_λ，直到电流为零

反向电位扫描的峰电流 i_{pa}（阳极）还可以用下式通过计算求得：

$$\frac{i_{pa}}{i_{pc}} = \frac{(i_{pa})_0}{i_{pc}} + \frac{0.485(i_{sp})_0}{i_{pc}} + 0.086 \tag{7-31}$$

式中，$(i_{pa})_0$ 为未经校正的相对于零电流基线的阳极峰电流；$(i_{sp})_0$ 为在 φ_λ 处的阴极电流。

7.5 不可逆电极反应

7.5.1 无因次积分方程式

在平面电极上发生如下不可逆电荷传递反应：

$$O + ne \longrightarrow R$$

用类似讨论可逆电荷传递反应的方法，可导出不可逆电荷传递反应的无因次积分方程式为：

$$\frac{X(bt)}{\varphi} e^{aj(bt)} = 1 - \int_0^{bt} \frac{X(z)\,dz}{(bt-z)^{1/2}} \tag{7-32}$$

由于电位扫描反扫时无阳极电流，故式中 $j(bt)$ 由下式表示：

$$j(bt) = \frac{nF}{RT}(\varphi_1 - vt - \varphi^0) \tag{7-33}$$

$$\varphi = \frac{K_s}{(\pi D_0 b)^{1/2}} \tag{7-34}$$

$$X(bt) = \frac{i(t)}{nFAc_0^0(\pi D_0 b)^{1/2}} \tag{7-35}$$

$$b = \frac{anF}{RT}v \tag{7-36}$$

式中，v 为电位扫描速度；φ_1 为电位扫描起点电位；K_s 为标准反应速度常数，cm/s；其他为习用符号。

式（7-32）可以用数值法求解，得到以 $(\varphi - \varphi^0)an + (RT/F)\ln(\pi D_0 b)^{1/2}/K_s$ 为自变

量，$\sqrt{\pi}(at)$ 为因变量的函数表，见表 7-3。这个数值表示了不可逆电荷传递反应的规律。

下面根据这个表所提供的特征数据，导出电极过程的特征。

表 7-3   不可逆电荷传递反应的电流密度 $\sqrt{\pi}X(bt)(25℃)$

电位/mV	$\sqrt{\pi}X(bt)$	电位/mV	$\sqrt{\pi}X(bt)$
160	0.003	15	0.437
140	0.008	10	0.462
120	0.016	5	0.480
110	0.024	0	0.402
100	0.035	−5	0.406
90	0.050	−5.34	0.4958
80	0.073	−10	0.403
70	0.104	−15	0.485
60	0.145	−20	0.472
50	0.199	−25	0.457
40	0.264	−30	0.441
35	0.300	−35	0.423
30	0.337	−40	0.406
25	0.372	−50	0.374
20	0.400	−70	0.323

7.5.2   不可逆电荷传递反应的特征

由表 7-3 看出，峰电流 i_p 的电位标度为−5.34mV，所以得：

$$(\varphi_p - \varphi^0)an + (RT/F)\ln(\pi D_0 b)^{1/2}/K_s = -5.34$$

温度为 25℃时，将有关常数代入上式，并注意将 mV 换成 V，解出 φ_p 得：

$$\varphi_p = \varphi^0 - \frac{RT}{anF}\left[0.783 + \ln(D_0 b)^{1/2} - \ln K_s\right] \tag{7-37}$$

式（7-37）为峰电位表示式。将式（7-36）代入（7-37）得：

$$\varphi_p = \varphi^0 - \frac{RT}{anF}\left[0.783 + \ln\left(\frac{anFD_0}{RT}\right)^{1/2} - \ln K_S\right] - \frac{RT}{anF}\ln v^{1/2} \tag{7-38}$$

上式表明，电位扫描速度每增加 10 倍，峰电位向阴极方向移动 $30/an$（mV）（25℃）。这是不可逆电极反应特征之一。

由式（7-35）可导出不可逆电极反应峰电流表示式。当 $i = i_p$ 时，$\sqrt{\pi}X(bt) = 0.4958$（见表 7-2），将这些值代入式（7-35）式得：

$$i_p = 0.4958nFAc_0^0 D_0^{1/2} b^{1/2} \tag{7-39}$$

由式（7-36）解出 $(D_0 b)^{1/2}$，并代入式（7-39）得：

$$i_p = 0.227nFAc_0^0K_s\exp\left[-\frac{anF}{RT}(\varphi_p - \varphi^0)\right] \tag{7-40}$$

上式为不可逆电极反应峰电流表示式。如果将上式取对数，得到以 $\ln i_p$ 为因变量，$\varphi_p-\varphi^0$ 为自变量的线性方程式：

$$\ln i_p = \ln(0.227nFAc_0^0K_s) - \frac{anF}{RT}(\varphi_p - \varphi^0) \tag{7-41}$$

上式中，由直线的斜率可求得 an；由截距得 K_s。这是特征之二。

温度为 25℃ 时，将式（7-36）及有关常数代入式（7-39）得峰电流另一表示式：

$$i_p = 2.99 \times 10^5 n^{3/2}(aD_0)^{1/2}c_0^0v^{1/2} \tag{7-42}$$

式（7-42）表明，反应物浓度 c_0^0 保持恒定时，峰电流 i_p 与 $v^{1/2}$ 成正比；而电位扫描速度保持常数时，i_p 与 c_0^0 成正比。这是特征之三。

7.6 金属阳极钝化时线性电位扫描的伏安规律

金属阳极钝化给冶金电解生产造成能耗增加，因而研究工作者常常给予很大的关注，近 30 年来，对金属阳极钝化机理进行了许多研究，线性电位扫描法及循环伏安法在这方面研究工作中得到广泛的应用。这里只介绍一个简单的钝化机理。

1931 年，Muller 在控制电位暂态研究的基础上指出：许多金属钝化是由于在金属表面上形成了不溶的膜，反应如下：

$$M + X^- \longrightarrow MX + ne$$

在膜生成过程中，首先在某些点上成核，然后沿着表面横向扩展生长。当表面只剩下很小部分未覆盖面积时，便停止生长。这样，在膜上形成了微孔。根据这种模型可以预料可溶的金属表面积随着时间的增加而减少，最后，微孔中的溶液电阻控制了电极反应速度。因此，当进行线性电位扫描时，起初电流上升，然后由于溶液的欧姆极化，电流下降。

假设电极表面积为 A，时间为 t 时，生成膜的覆盖度为 θ，微孔中溶液电阻为：

$$R_0 = \frac{\delta}{KA(1 - \theta)} \tag{7-43}$$

式中，K 为溶液的比电导；δ 为膜的厚度。

又假设膜外面的溶液电阻为 R_1，在电极上施加的电位为 φ，通过电极的电流应为：

$$i = \frac{\varphi}{R_0 + R_1} \tag{7-44}$$

将式（7-43）代入式（7-44）得：

$$i = \frac{\varphi KA(1 - \theta)}{\delta + R_1KA(1 - \theta)} \tag{7-45}$$

钝化膜是由于电化学反应生成的，因而，通过电极的电流与膜的生成速度有关。根据法拉第定律得：

$$i = \frac{nF\rho\theta A}{M} \cdot \frac{d\theta}{dt} = K_0\frac{d\theta}{dt} \tag{7-46}$$

式中，M 为膜的相对分子质量；ρ 为膜的密度。

对于线性电位扫描实验，电位应由下式表示：

$$\varphi = \varphi_1 + vt \tag{7-47}$$

式中，φ_1 为扫描起点电位；v 为电位扫描速度。

将式（7-47）代入式（7-45），再令式（7-45）与式（7-46）相等得：

$$\frac{\mathrm{d}\theta}{\mathrm{d}t} = \frac{KA(1-\theta)(\varphi_1+vt)}{K_0[\delta + R_1 KA(1-\theta)]} \tag{7-48}$$

当电流为最大时，应有：

$$\frac{\mathrm{d}^2\theta}{\mathrm{d}t^2} = 0 \tag{7-49}$$

将式（7-48）对 t 求导，并代入式（7-49）得：

$$\frac{\mathrm{d}\theta_\mathrm{m}}{\mathrm{d}t} = \frac{\delta(1-\theta_\mathrm{m})v + R_1 KA(1-\theta_\mathrm{m})^2 v}{\delta(\varphi_1 + vt_\mathrm{m})} \tag{7-50}$$

式中，注脚 m 表示最大。

为了消除 $\varphi_1 + vt_\mathrm{m}$，由式（7-45）解出 φ，代入到式（7-50），所得结果再代入到式（7-48），最后得：

$$i_\mathrm{m} = A(1-\theta_\mathrm{m})\left(\frac{nF\rho K}{M}\right)^{1/2} v^{1/2} \tag{7-51}$$

式（7-51）为最大电流表示式。

将式（7-51）代入到式（7-45），得到最大电流相应的电位为：

$$\varphi_\mathrm{m} = \left(\frac{nF\rho K}{M}\right)^{1/2}\left[\frac{\delta}{K} + R_1 A(1-\theta_\mathrm{m})\right] v^{1/2} \tag{7-52}$$

式（7-51）及式（7-52）是阳极发生钝化的特征方程式。它们表达了阳极钝化的规律。上式表明，如果 θ_m 与电位扫描速度无关，则峰电流 i_m 与峰电位 φ_m 与 $v^{1/2}$ 呈线性关系。

根据式（7-45）及式（7-47），从理论上计算得电流-电位曲线。计算时，将 v、R_1、A、δ 及 K 等参数取各种值，计算结果如图 7-6 所示。

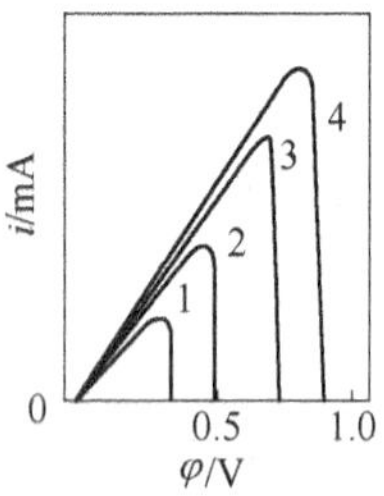

Calandra 等研究者发现，铜电极在盐酸溶液中阳极沉积 CuCl 服从上述机理：

$$Cl^- + Cu \longrightarrow CuCl + e$$

Ambrose 等研究者发现铅阳极在盐酸溶液中生成 $PbCl_2$ 也服从这一机理。我们在 NaOH 溶液中，对铜电极进行阳极电位线性扫描也得到上述规律。

图 7-6   欧姆极化控制时钝化电流与电位曲线

1—— $v=0.005V/s$，$R_1=22\Omega$，$\delta=7.1\times10^{-6}m$；

2—— $v=0.015V/s$，$R_1=21.5\Omega$，$\delta=9.56\times10^{-6}m$；

3—— $v=0.05V/s$，$R_1=18.5\Omega$，$\delta=9.56\times10^{-8}m$；

4—— $v=0.08V/s$，$R_1=17.5\Omega$，$\delta=1.0\times10^{-5}m$；

$A=9.74\times10^{-8}m^2$，$K=2.5S\cdot m$

7.7　反应物或产物在电化学吸附时线性电位扫描的伏安规律

如果在电极上发生如下反应：

$$A^- \Longrightarrow A_{吸} + e$$

上式表示，反应物 A^- 发生阳极氧化后生成的产物 $A_{吸}$ 吸附在电极表面上。假设吸附遵守 Langmuir 吸附条件，则电化学反应产生的法拉第电流由下式表示：

$$\frac{i}{nFA} = k_a^0 c_{A^-}(1 - \theta)\exp\left[\frac{\alpha nF(\varphi_1 + vt)}{RT}\right] - k_c^0 \theta \exp\left[-\frac{\beta nF(\varphi_1 + vt)}{rt}\right] \tag{7-53}$$

式中，c_{A^-} 为反应物 A^- 的电极表面浓度；θ 为 $A_{吸}$ 在电极表面上的覆盖度；k_a^0 为正向反应（阳极反应）$\varphi = 0$ 时电极反应速度常数；k_c^0 为逆向反应（阴极反应）$\varphi = 0$ 时电极反应速度常数；φ_1 为电位扫描的起点电位；v 为电位扫描速度。

下面研究吸附反应为完全不可逆时的规律。因此，式（7-53）右边第二项可以忽略，得到如下方程式：

$$i = nFk_a^0 c_{A^-}(1 - \theta)\exp\left[\frac{\alpha nF}{RT}(\varphi_1 + vt)\right] \tag{7-54}$$

将式（7-54）对时间 t 求微分得：

$$\frac{\mathrm{d}i}{\mathrm{d}t} = nFk_a^0 c_{A^-}\exp\left[\frac{\alpha nF}{RT}(\varphi_i + vt)\right] \cdot \left[\frac{\alpha nF}{RT}(1 - \theta)v - \frac{\mathrm{d}\theta}{\mathrm{d}t}\right] \tag{7-55}$$

当极化曲线上的电流为最大时，式（7-55）应等于零，得：

$$\frac{\mathrm{d}\theta}{\mathrm{d}t} = \frac{\alpha nF}{RT}(1 - \theta)v \tag{7-56}$$

假设单位面积形成单分子吸附层需要的电荷量为 r，则通过电极的净法拉第电流为：

$$i = r\frac{\mathrm{d}\theta}{\mathrm{d}t} \tag{7-57}$$

将式（7-56）代入式（7-57）得峰电流为：

$$i_m = \frac{\alpha nF}{RT}(1 - \theta)rv \tag{7-58}$$

将式（7-58）代入式（7-54），得峰电位表示式：

$$\varphi_m = \frac{RT}{\alpha nF}\ln\left(\frac{ar}{k_a^0 c_{A^-}RT}\right) + \frac{RT}{\alpha nF}\ln v \tag{7-59}$$

式（7-58）及式（7-59）表达了电化学吸附的规律。它们都是线性方程式，用 i_m 对 v 作图，得到通过坐标原点的直线；用 φ_m 对 $\ln v$ 作图得到具有截距得直线，由其斜率可求得 αn。

7.8　三角波电位扫描法的应用

7.8.1　判断电极反应的可逆性

图 7-7 所示为典型的循环伏安曲线，其 E_{pa}、E_{pc}、i_{pa}、i_{pc} 均可以表示出来。不同类型的伏安图如图 7-8 所示。

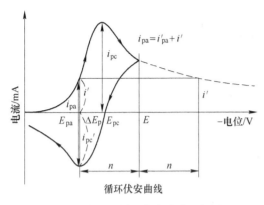

图 7-7　典型的循环伏安曲线及标示

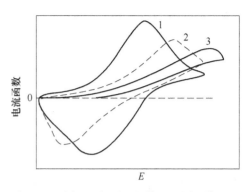

图 7-8　不同可逆性的电极体系的循环伏安图
1—可逆体系；2—部分可逆体系（准可逆体系）；
3—完全不可逆体系

在可逆反应中：

（1）$|I_{pc}|=|I_{pa}|$，$|i_{pa}/i_{pc}|=1$，并与电位扫描速度、转换电位等无关。

（2）$|\Delta\varphi_p|=|\varphi_{pc}-\varphi_{pa}|=\dfrac{2.3RT}{nF}\approx\dfrac{59}{n}$（mV）（25℃），且与扫速无关。

在部分可逆反应中：

（1）$|i_{pa}/i_{pc}|\neq1$；

（2）$|\Delta\varphi_p|=|\varphi_{pc}-\varphi_{pa}|>\dfrac{59}{n}$（mV）（25℃），且随扫速增大而增大。

在完全不可逆反应中：无逆向反应，无反向扫描电流峰。

7.8.2　鉴定中间产物

图 7-9 所示为不同形状的伏安曲线图。对于连串的反应体系：

$$O+ne \Longleftrightarrow R$$

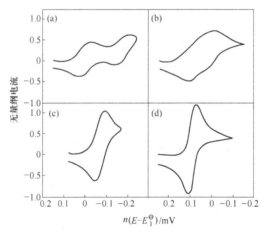

图 7-9　不同形状的伏安曲线图

$$O + n_1 e \Longrightarrow R_1 \quad \varphi_1$$
$$R_1 + n_2 e \Longrightarrow R \quad \varphi_2$$

(1) φ_2 比 φ_1 负得多，如图 7-9（a）所示；

(2) $|\Delta\varphi| = |\varphi_2 - \varphi_1| < 100\text{mV}$ 时，如图 7-9（b）所示；

(3) $\varphi_2 = \varphi_1$，如图 7-9（c）所示；

(4) $\varphi_2 > \varphi_1$ 时，如图 7-9（d）所示。

7.8.3 定量分析

$I_p \propto c_0^0 \cdot v^{1/2}$，$I_p$ 正比于 $c_0^0 v^{1/2}$，无论是可逆反应还是不可逆反应均成立。

$\dfrac{I_p}{c_0^0 v^{1/2}} = k \rightarrow$ 电流函数。可以计算 I_p 值，进一步判断反应速度。

7.8.4 研究过程的反应机理

图 7-10 所示为判断反应过程的示意图。用循环伏安法研究电极过程机理只需要对 $i_p/\sqrt{v}\text{-}v$ 和 $i_{pa}/i_{pc}\text{-}v$ 作图。

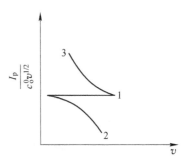

图 7-10 判断反应过程的示意图

1—可逆或不可逆 $\dfrac{I_p}{c_0^0 v^{1/2}} = k$；

2—具有前置的化学过程 $x \rightarrow O + ne \rightarrow R$；

3—具有后置的化学过程 $O + ne \rightarrow R \rightarrow x$

$$O + ne \Longrightarrow R$$

简单的电荷传递反应，无论可逆不可逆对 $i_p/\sqrt{v}\text{-}v$ 作图成水平直线。有表面转化反应存在时，对 $i_p/\sqrt{v}\text{-}v$ 作图成曲线，$i_p/\sqrt{v}$ 与 v 有关。

有前置反应存在时：$O \Longrightarrow O^*$

$$O^* + ne \Longrightarrow R$$

由于前置反应的存在正向扫描电流 i_{pc} 比反向扫描峰电流 i_{pa} 小，$i_{pa}/i_{pc} > 1$ 以 $i_{pa}/i_{pc}\text{-}v$ 作图得图 7-11 的图形。

有后置反应存在时：

$$O + ne \Longrightarrow R$$
$$R \Longrightarrow X$$

当扫描速度足够快，正向阴极扫描生成的 R 来不及转化为 X，R 又在反扫中被氧化，这时 R 好像不是中间产物而是一个稳定的最终产物。循环伏安图有可逆特征 $i_{pc} = i_{pa}$，如图 7-12 中 a 所示。

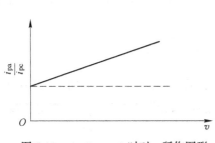

图 7-11 $i_{pa}/i_{pc} > 1$ 时对 v 所作图形

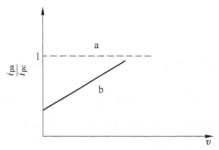

图 7-12 有后置反应时 i_{pa}/i_{pc} 与 v 的关系图

当扫描速度足够慢以至于生成的 R 全部转化为 X，这时正向扫描峰电流 i_{pc} 比反向扫描峰电流 i_{pa} 大，$i_{pa}/i_{pc} < 1$，如图 7-12 中 b 所示。

7.8.5　判断电极反应的可逆性

如图 7-13 和图 7-14 所示，虽然它们的峰值电流 i_p 都与扫速的平方根成正比，但它们的曲线形状不同。对于不可逆反应，在波形的根部与扫速无关（见图 7-13）而且与稳态极化曲线相同。可逆性 i_p 与扫描速度无关；不可逆反应的 i_p 随扫描速度而改变（见图 7-14）。

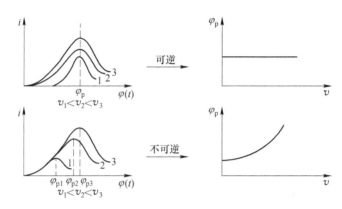

图 7-13　判断电极可逆性的示意图

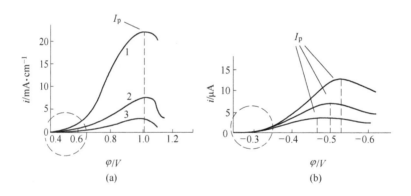

图 7-14　由峰电流与电压的关系判断可逆过程

（a）光滑电极在含有乙烯的 1mol/L H_2SO_4 溶液中的动电位扫描阳极极化曲线；（b）不可逆反应的动电位扫描曲线

7.8.6　判断电极反应的反应物来源

无论对于可逆电极还是不可逆电极，$i_p \propto c_0^0 v^{\frac{1}{2}}$，若 i_p 与 $v^{1/2}$ 的关系如图 7-15a 所示，则电极反应的反应物存在于电极表面；若 i_p 与 $v^{1/2}$ 的关系如图 7-15b 所示，则电极反应的反应物来自溶液。

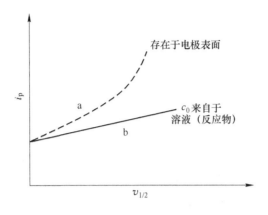

图 7-15 i_p 与 $v^{1/2}$ 的关系

7.8.7 研究吸附现象

循环伏安曲线上吸附现象是电化学过程，吸附物质发生电化学反应，如图 7-16 所示。

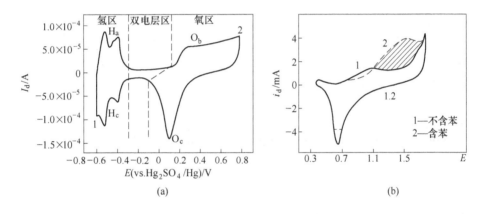

图 7-16 吸附过程的循环伏安图

（a）多晶 Pt 电极在硫酸中的循环伏安曲线；（b）硫酸溶液中 Pt 电极的循环伏安曲线

7.8.8 循环伏安法在电池材料中的应用

7.8.8.1 LiNi$_{1/3}$Co$_{1/3}$Mn$_{1/3}$O$_2$ 多元系循环伏安曲线

图 7-17 所示为 LiNi$_{1/3}$Co$_{1/3}$Mn$_{1/3}$O$_2$ 的循环伏安曲线，从图中可以看出阳极曲线在 3.86V 左右出现了一个很明显的氧化峰，阴极曲线在 3.72V 左右出现了一个明显的还原峰，说明 LiNi$_{1/3}$Co$_{1/3}$Mn$_{1/3}$O$_2$ 的充电平台为 3.86V，放电平台为 3.72V，这与充放电结果一致。从图中还可以看出 LiNi$_{1/3}$Co$_{1/3}$Mn$_{1/3}$O$_2$ 的氧化峰和还原峰面积基本相等，说明该材料的可逆性能较好。

7.8.8.2　在铅酸电池中的应用

分别以硅溶胶和气相 SiO_2 为原料配制 SiO_2 含量为 6%、硫酸含量为 39% 的胶体电解质，研究在胶体电解质及硫酸溶液中铅电极的循环伏安曲线。

气相 SiO_2 胶体电解质循环伏安曲线（见图 7-18（b））的氧化还原峰较硅溶胶胶体电解质（见图 7-18（a））要高，故其电容量也要大，做成胶体蓄电池其容量要好。虽然以硫酸作为电解质的循环伏安曲线（见图 7-18（c））氧化还原峰最高，电容量最

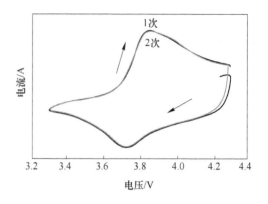

图 7-17　$LiNi_{1/3}Co_{1/3}Mn_{1/3}O_2$ 的循环伏安曲线

大，但硫酸电解质是液态。从图 7-18 还可以看出，胶体电解质的氧化峰比硫酸电解质要低，这说明铅电极在胶体电解质中的耐腐蚀性能要好。

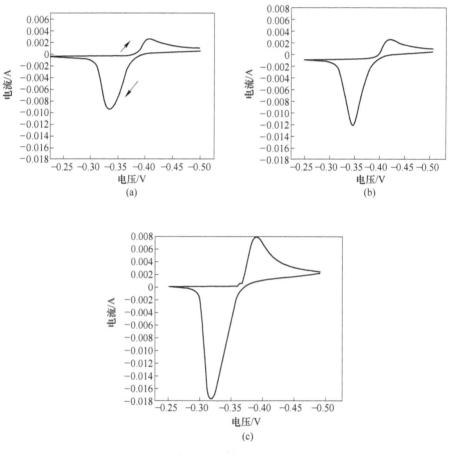

图 7-18　不同电解质中纯铅电极的循环伏安曲线

（a）硅溶胶胶体电解质；（b）气相 SiO_2 胶体电解质；（c）硫酸电解质

7.8.9　在腐蚀研究中的应用

在腐蚀研究中可以采用小幅度三角波电位扫描法测定微分电容，当电极表面出现微孔腐蚀时界面面积增大，电容增大。通过电容的测定来判断腐蚀作用的强弱，对于选择缓释剂有重要意义。

用小幅度三角波电位扫描法测定微分电容的方法：在电极上施加小幅度三角波电位后得到电流-时间相应响应曲线。

$$C_d = \frac{T\Delta i}{4\Delta\varphi} \tag{7-60}$$

7.9　三角波电位扫描法实验电路

7.9.1　测量电路方块图

电位阶跃法采用的测量电路图如图 7-18 所示，只要稍加改造，便可用于三角波电位扫描实验。首先将响应记录系统改用 X-Y 函数记录仪，信号发生器波形选择旋钮由阶跃波旋到三角波，这样得到三角波输出信号。最后再将恒电位仪（HDV-7）电流输出接到 X-Y 函数记录仪的 X 轴输入，电位输出接 Y 轴输入。这样，整个装置可进行三角波电位扫描实验，如图 7-19 所示。使用这种电路做循环伏安实验时，需要调扫描起点电位及终点电位，调节方法与电位阶跃法相同。电位扫描速度可以由信号发生器的时间旋钮调节。

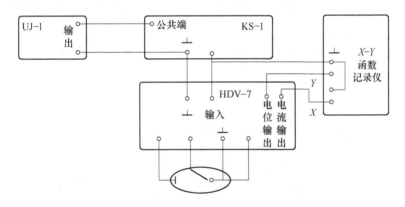

图 7-19　三角波电位扫描法实验电路图 1

应该指出一点，这种电路的缺点是改变电位扫描振幅时，扫描速度随着发生变化。所以，这不是很理想的电路。

电位阶跃实验电路图如图 7-20 所示，经过改造，同样也可以用于三角波电位扫描实验。首先，电流与电位关系曲线用 X-Y 函数记录仪记录，因此，将恒电位仪（HDV-7）的参比输出接函数仪的 Y 轴；恒电位仪的电流输出接函数仪的 X 轴，最后将信号发生器波形选择旋钮转到三角波，这样便得到三角波输出信号。经过这种改造后，整个装置可用于做三角波电位扫描实验。

在这一电路中，由于 KS-1 信号发生器，设置了基准直流电位调节装置，实验时，可

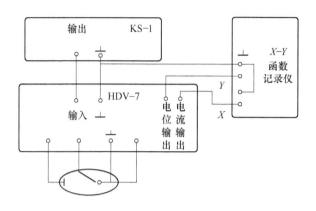

图 7-20　三角波电位扫描法实验电路图 2

以任意调节扫描的起点电位。还设置了三角波正峰值与负峰值调节旋钮，可以独立调节扫描终点电位的大小，在调节过程不改变电位扫描速度。因此，这种电路使用起来特别方便。

最后指出一点，如果 KS-1 信号发生器改用 DCD-$\frac{1}{2}$ 低频超低频函数发生器，实验电路将变得更完善，更符合循环伏安法的要求。

为了说明电路工作过程，用运算放大器划出实验装置原理图，如图 7-21 所示。由图看出，KS-1 信号发生器将已调节好的三角波信号（包括电位扫描起点电位、终点电位均已调好）送入恒电位仪 A_1 同向输入端，通过研究电极的电流在取样电阻 R_0 上产生的电压降送到 X-Y 函数仪的 X 轴；已消除溶液欧姆降影响的电极电位由 A_4 输出给 X-Y 函数记录仪的 Y 轴。这样，只要电位扫描一启动，在记录仪上得到电流与电位关系曲线。

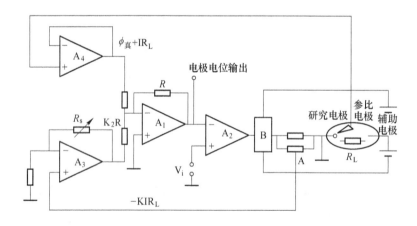

图 7-21　三角波电位扫描运算放大器原理图
R_s—取样电阻；R_1—溶液电阻；I_1—通过电极的电流；K_1—欧姆补偿系数

7.9.2　溶液电阻的补偿

电化学测量时，尽管采用鲁金毛细管，当单电流很大时，溶液电阻电压降对测量结果的影响仍然不能忽略。这时，可利用恒电位仪本身的补偿电路，将溶液电阻对测量结果的影响消除。这里介绍用 HDV-7 恒电位仪消除溶液电阻对测量结果影响的方法。

实验前，按图 7-20 或图 7-21 接好电路。然后将恒电位仪的参比输出接到直流示波器 Y 轴，工作选择置补偿，根据溶液电阻大小及实际极化电流大小选择电流量程和补偿电阻。这些准备工作完毕后，将电源开关置极化，此时，恒电位仪自身产生 50 周方波恒电流。当未补偿或补偿不够时，在示波器上得到如图 7-22 （a）所示图形；溶液电阻被完全补偿时，得到如图 7-22 （b）所示的图形；过补偿时，得到如图 7-22 （c）所示的图形。

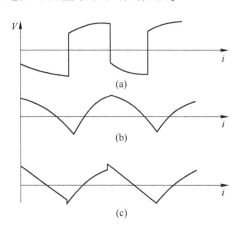

图 7-22 参比输出补偿波形

当溶液电阻为最佳补偿时，溶液电阻由下式计算：

$$R_1 = R_b K_1 K_2 \qquad (7-61)$$

式中，R_b 为补偿电阻；K_1 为补偿衰减；K_2 为补偿增益；R_1 为溶液电阻。

溶液电阻测完后，电源开关置自然，补偿增益退到 1，而补偿衰减和补偿电阻旋钮不动，接着就可进行循环伏安实验。实验时，用 KS-1 信号发生器的基准电位旋钮调节好电位扫描起始点位，电源开关置极化，再逐渐增大补偿增益到最佳值，最后将三角波电位扫描送入恒电位仪，在 X-Y 函数记录仪得到溶液电阻已被补偿的电流-电位关系曲线。

7.10 极 谱 分 析

7.10.1 极谱分析的原理与过程

伏安分析法：以测定电解过程中的电流-电压曲线为基础的电化学分析方法。

极谱分析法：采用滴汞电极的伏安分析法。

7.10.1.1 极谱分析过程

极谱分析：在特殊条件下进行的电解分析。在溶液静止的情况下进行的非完全的电解过程。

如果一支电极通过无限小的电流，便引起电极电位发生很大变化，这样的电极称之为极化电极。如滴汞电极，反之电极电位不随电流变化的电极称为理想的去极化电极，如甘汞电极或大面积汞层，如图 7-23 所示。

极谱分析过程包括：

（1）取试液（含铅离子 $10^{-2} \sim 10^{-5}$ mol/L，极谱分析的测定范围如此）于极谱分析的电解池中，加入大量的 KCl 作为支持电解质（约 1mol/L），再滴入少量动物胶。

（2）向试液中通入氮气或氢气数分钟，以除去试液中的氧气。

（3）以滴汞电极为阴极、饱和甘汞电极为阳极，在电解液保持静止的状态下进行电

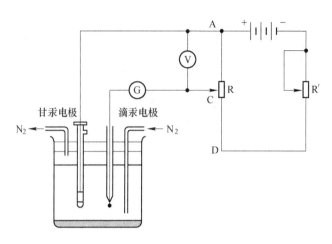

图 7-23 直流极谱法装置

解；电解时，外加电压从小到大逐渐增大，并同时记下不同电压时相应的电解电流值。

（4）以所测得的电流（用 I 表示）为纵坐标，电压（用 V 表示）为横坐标作图，得到 $I\text{-}V$ 曲线，此曲线称为极谱波或极谱图。最后利用此图就可求出溶液中的铅的浓度。

图 7-24 所示为 Pb^{2+} 的极谱图。电压由 0.2V 逐渐增加到 0.7V 左右，绘制电流-电压曲线。途中①~②段，仅有微小的电流流过，这时的电流称为"残余电流"或背景电流。当外加电压到达 Pb^{2+} 的析出电位时，Pb^{2+} 开始在滴汞电极上迅速反应。由于溶液静止，电极附近的铅离子在电极表面迅速反应，此时，产生浓度梯度（厚度约 0.05mm 的扩散层），电极反应受浓度扩散控制。在④处，达到扩散平衡。

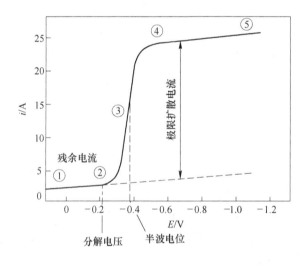

图 7-24 Pb^{2+} 的极谱分析图

7.10.1.2 极限扩散电流 i_d

平衡时，电解电流仅受扩散运动控制，形成极限扩散电流 i_d（极谱电量分析的基础）。

图 7-24 中③处电流随电压变化的比值最大，此点对应的电位称为半波电位（极谱定性的依据）。

7.10.1.3 极谱曲线的形成条件

（1）待测物质的浓度要小，快速形成浓度梯度。

（2）溶液保持静止，使扩散层厚度稳定，待测物质仅依靠扩散到达电极表面。

（3）电解液中含有较大量的惰性电解质，使待测离子在电场作用力下的迁移运动降至最小。

（4）使用两支不同性能的电极。极化电极的电位随外加电压变化而变，保证在电极表面形成浓差极化。

滴汞电极的特点（见图 7-25）：

（1）电极毛细管口处的汞滴很小，易形成浓差极化。

（2）汞滴不断滴落，使电极表面不断更新，重复性好。受汞滴周期性滴落的影响，汞滴面积的变化使电流呈快速锯齿性变化。

（3）氢在汞上的超电位较大。

（4）金属与汞生成汞齐，降低其析出电位，使碱金属与碱土金属也可分析。

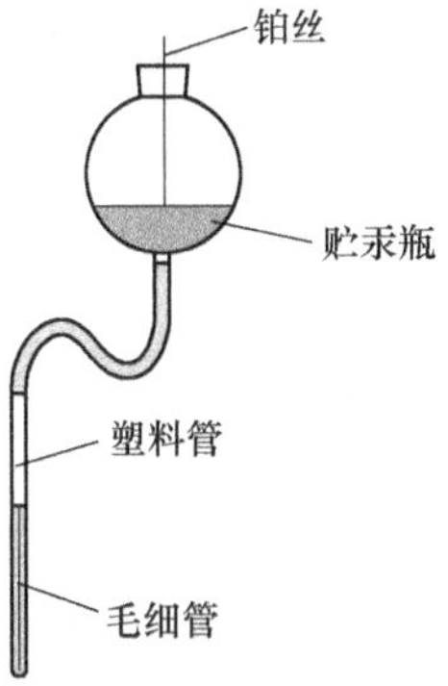

图 7-25 滴汞电极示意图

（5）汞容易提纯。扩散电流产生过程中，电位变化很小，电解电流变化较大，此时电极呈现去极化现象，这是由于被测物质的电极反应所致。被测物质具有去极化性质，去极剂 Hg 有毒。汞滴面积的变化导致不断产生充电电流（电容电流）。典型的滴汞电极的电流-电压曲线如图 7-26 所示，由 i_d 大小可判定存在离子的种类。

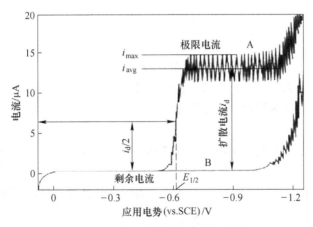

图 7-26 滴汞电极的电流-电压曲线

7.10.2 扩散电流理论

7.10.2.1 扩散电流方程

平面的扩散方程遵守菲克扩散定律：单位时间内通过单位平面的扩散物质的量与浓度

梯度成正比。

$$f = \frac{\mathrm{d}N}{A\mathrm{d}t} = D\frac{\partial c}{\partial X} \tag{7-62}$$

根据法拉第电解定律：

$$(i_{\mathrm{d}})_t = nFAf_{X=0,\,t} = nFAD\left(\frac{\partial c}{\partial X}\right)_{X=0,\,t} \tag{7-63}$$

式中，A 为电极面积；D 为扩散系数；$(i_{\mathrm{d}})_t$ 为电解时间开始后 t 时，扩散电流的大小。

在扩散场中，浓度的分步是时间 t 和距电极表面距离 X 的函数：

$$c = \varphi(t,\,X)$$

$$\left(\frac{\partial c}{\partial X}\right)_{X=0,\,t} = \frac{c}{\sqrt{\pi Dt}} \tag{7-64}$$

将式（7-64）代入式（7-63），得：

$$(i_{\mathrm{d}})_t = nFAD\frac{c}{\sqrt{\pi Dt}} \tag{7-65}$$

由于汞滴呈周期性增长，使其有效扩散层厚度减小。

$$(i_{\mathrm{d}})_t = nFAD\frac{c}{\sqrt{\pi Dt \times 3/7}} \tag{7-66}$$

考虑滴汞电极的汞滴面积是时间的函数，t 时汞滴面积为：

$$A_t = 8.49 \times 10^{-3} m^{2/3} t^{2/3} \quad (\mathrm{cm}^2) \tag{7-67}$$

将式（7-67）代入式（7-66），得：

$$(i_{\mathrm{d}})_t = 706nD^{1/2}m^{2/3}t^{1/6}c \tag{7-68}$$

扩散电流的平均值：

$$(i_{\mathrm{d}})_{\text{平均}} = \frac{1}{\tau}\int_0^\tau (i_{\mathrm{d}})_t \mathrm{d}t \tag{7-69}$$

扩散电流方程：

$$(i_{\mathrm{d}})_{\text{平均}} = 706nD^{1/2}m^{2/3}t^{1/6}c$$

式中，$(i_{\mathrm{d}})_{\text{平均}}$ 为每滴汞上的平均电流，μA；n 为电极反应中转移的电子数；D 为扩散系数；t 为滴汞周期，s；c 为待测物原始浓度，mmol/L；m 为汞流速度，mg/s。

讨论：

（1）n、D 取决于被测物质的特性。将 $706nD^{1/2}$ 定义为扩散电流常数，用 I 表示。I 越大，测定越灵敏。

（2）m、t 取决于毛细管特性，$m^{2/3}t^{1/6}$ 定义为毛细管特性常数，用 K 表示。则：

$$(i_{\mathrm{d}})_{\text{平均}} = IKc$$

7.10.2.2   影响扩散电流的因素

（1）溶液搅动的影响。扩散电流常数为：

$$I = 607nD^{1/2} = i_{\mathrm{d}}/(Kc)$$

n 和 D 取决于待测物质的性质，应与滴汞周期无关，但与实际情况不符。原因是滴汞滴落使溶液产生搅动，加入动物胶（0.005%），可以使滴汞周期降低至 1.5s，如图 7-27 所示。

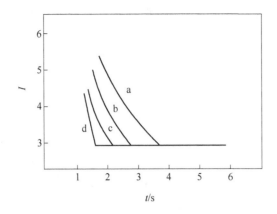

图 7-27 动物胶和滴汞周期与扩散电流常数的关系

动物胶的浓度：

a—0；b—0.002%；c—0.004%；d—0.006%

（2）被测物浓度的影响。被测物浓度较大时，汞滴上析出的金属多，改变汞滴表面性质，对扩散电流产生影响。故极谱法适用于测量低浓度试样。

（3）温度的影响。温度系数为+0.013/℃，温度控制在 0.5℃ 范围内，温度引起的误差小于 1%。

7.10.2.3 极谱波方程式

极谱波方程式用于描述极谱波上电流与电位之间关系。

简单金属离子的极谱波方程式（金属离子的极谱反应是可逆的，受扩散控制，产物金属与汞生成汞齐）：

$$M^{n+}+ne+Hg \rule[0.5ex]{2em}{0.4pt} M(Hg) \qquad （汞齐）$$

$$E = E^0 - \frac{RT}{nF}\ln \frac{\gamma_a c_a^0}{a_{Hg}\gamma_M c_M^0} \tag{7-70}$$

式中，c_a^0 为滴汞电极表面上形成的汞齐浓度；c_M^0 为可还原离子在滴汞电极表面的浓度；γ_a，γ_M 为活度系数。

由于汞齐浓度很稀，a_{Hg} 不变，则：

$$E = E^0 - \frac{RT}{nF}\ln \frac{\gamma_a c_a^0}{\gamma_M c_M^0} \tag{7-71}$$

由扩散电流公式：

$$i_d = K_M c_M \tag{7-72}$$

在未达到完全浓差极化前，c_M^0 不等于零；则：

$$i = K_M(c_M - c_M^0) \tag{7-73}$$

式 (7-73)-式 (7-72) 得：$\quad i_d - i = K_M c_M^0$

$$c_M^0 = \frac{i_d - i}{K_M} \tag{7-74}$$

根据法拉第电解定律：还原产物的浓度（汞齐）与通过电解池的电流成正比，析出的金属从表面向汞滴中心扩散，则：

$$i = K_a(c_a^0 - 0) = K_a c_a^0;$$
$$c_a^0 = i/K_a \tag{7-75}$$

将式（7-75）和式（7-74）代入式（7-71）得：

$$E = E^0 - \frac{RT}{nF}\ln\frac{\gamma_a c_a^0}{\gamma_M c_M^0} \tag{7-76}$$

$$E = E^0 - \frac{RT}{nF}\ln\frac{\gamma_a K_M}{\gamma_M K_a} - \frac{RT}{nF}\ln\frac{i}{i_d - i} \tag{7-77}$$

在极谱波的中点，即：$i = i_d/2$ 时，代入上式，得：

$$E = E^0 - \frac{RT}{nF}\ln\frac{\gamma_a K_M}{\gamma_M K_a} = 常数 \tag{7-78}$$

$$E = E_{1/2} - \frac{RT}{nF}\ln\frac{i}{i_d - i} \tag{7-79}$$

25℃时，$E = E_{1/2} - \frac{0.059}{n}\ln\frac{i}{i_d - i}$，即极谱波方程式。

由上式可以计算极谱曲线上每一点的电流与电位值。当 $I = i_d/2$ 时，$E = E_{1/2}$ 称为半波电位，极谱定性的依据。

7.10.3　干扰电流与抑制

7.10.3.1　残余电流

（1）残余电流包括：

微量杂质等所产生的微弱电流。产生的原因：溶剂及试剂中的微量杂质及微量氧等。消除方法：可通过试剂提纯、预电解、除氧等。

（2）充电电流（也称电容电流）。影响极谱分析灵敏度的主要因素。产生的原因：分析过程中由于汞滴不停滴下，汞滴表面积在不断变化，因此充电电流总是存在，较难消除。充电电流约为 $10^{-7}A$ 的数量级，相当于 $10^{-5} \sim 10^{-6} mol/L$ 的被测物质产生的扩散电流。

7.10.3.2　迁移电流

迁移电流产生的原因：由于带电荷的被测离子在静电场力的作用下运动到电极表面所形成的电流。消除方法：加强电解质。加强电解质后，被测离子所受到的电场力减小。

7.10.3.3　极谱极大

在极谱分析过程中产生的一种特殊现象，即在极谱波刚出现时，扩散电流随着滴汞电极电位的降低而迅速增加到一极大值，然后下降稳定在正常的极限扩散电流值上。这种突出的电流峰被称之为"极谱极大"。产生的原因是溪流运动，可采用加骨胶的方法消除。

A　极谱定性方法

由极谱波方程式（7-79）可知，当 $i = i_d$ 时的电位即为半波电位，即极谱波中点：

$$E_{1/2} = E^0 - \frac{RT}{nF}\ln\frac{\gamma_a K_M}{\gamma_M K_a} = 常数$$

根据半波电位判断离子的种类。同一离子在不同溶液中的半波电位不同，金属络离子比简单金属离子的半波电位要负，稳定常数越大，半波电位越负；两离子的半波电位接近或重叠时，选用不同底液，可有效分离，如 Cd^{2+} 和 Tl^+ 在 NH_3 和 NH_4Cl 溶液中可分离，因为 Cd^{2+} 生成络离子。

B 极谱定量分析方法

依据公式 $i_d = Kc$ 可进行定量计算。极限扩散电流由极谱图上量出，用波高直接进行计算。波高的测量示意图如图 7-28 所示。

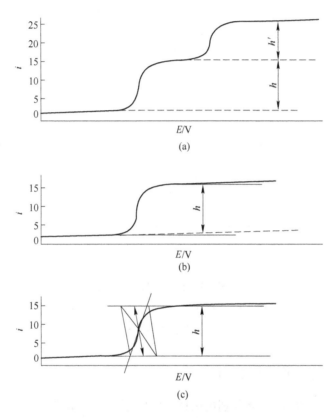

图 7-28 波高测量示意图

(a) 平行线法；(b) 切线法；(c) 矩形法

定量分析方法包括：比较法、标准曲线法、标准加入法。

(1) 比较法适用于完全相同条件。c_s、h_s 标准溶液的浓度和波高：

$$c_x = h_x c_s / h_s$$

(2) 标准曲线法：用已知一系列浓度的溶液绘制极谱曲线，作成标准曲线，再加入未知溶液。

(3) 标准加入法：绘制极谱曲线，根据未知溶液的极谱峰高求得未知溶液的浓度。

$$H_x = K_{cs}; \quad H = K(V_x c_x + V_s c_s)/(V_x + V_s)$$

$$c_x = V_s c_s h_x / \left[(V_s + V_x) H - V_x h_x \right]$$

7.10.4 极谱滴定法（伏安滴定法）

7.10.4.1 原理

极谱滴定法是调节外加电压，使被滴定物质或滴定剂产生极限扩散电流，以滴定体积对极限扩散电流作图，找出滴定终点。图 7-29 所示为硫酸盐滴定 Pb^{2+} 的极谱滴定曲线。

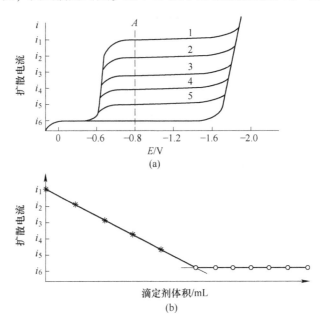

图 7-29   硫酸盐滴定 Pb^{2+} 的极谱滴定曲线

（a）加入不同量 SO_4^{2-} 后 Pb^{2+} 的极谱图；（b） SO_4^{2-} 后滴定 Pb^{2+} 的极谱滴定曲线

1—0.1mol/L Pb^{2+}；2—0.3mol/L Pb^{2+}；3—0.6mol/L Pb^{2+}；4—0.8mol/L Pb^{2+}；5—1mol/L Pb^{2+}

7.10.4.2 极谱滴定曲线与电位选择

滴定终点前后扩散电流变化分别由试样和滴定剂提供，故选择不同的电压扫描范围，可获得不同形状的滴定曲线，如图 7-30 所示。

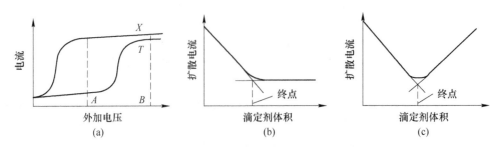

图 7-30   被测物与滴定剂的极谱图与极谱滴定曲线

（a）极谱图；（b）在 A 点电压时的极谱滴定曲线；（c）在 B 点电压时的极谱滴定曲线

图 7-30（b）中，选择电压在 A 点，滴定终点后，过量的滴定剂不产生扩散电流，故滴定曲线变平，而图 7-30（c）中则在滴定终点后，随滴定剂的加入，扩散电流增加。

7.10.4.3　极谱滴定曲线的类型

极谱滴定曲线类型如图 7-31 所示，电位变化范围为 $A\sim B$。

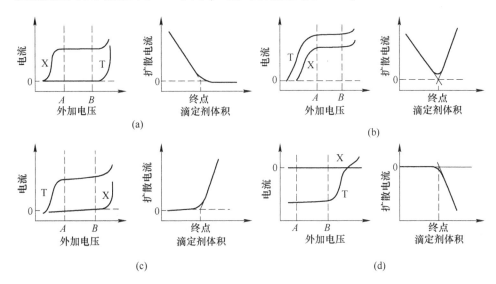

图 7-31　极谱图与相应的电流滴定曲线
（a）（b）被滴定物质 X 和滴定剂 T 的极谱图；（c）（d）相应的电流滴定曲线
A、B 为所加极化电压的范围

测定物质 X 发生电极反应，滴定剂 T 不发生电极反应，如图 7-31（a）所示。测定物质 X 与滴定剂 T 都发生电极反应，如图 7-31（b）所示。滴定剂 T 发生电极反应，测定物质 X 不发生电极反应，如图 7-31（c）所示。测定物质 X 不发生电极反应，滴定剂 T 发生氧化反应，如图 7-31（d）所示。

7.10.5　经典直流极谱法的应用

无机分析方面：特别适合于金属、合金、矿物及化学试剂中微量杂质的测定，如金属锌中的微量 Cu、Pb、Cd、Pb、Cd；钢铁中的微量 Cu、Ni、Co、Mn、Cr；铝镁合金中的微量 Cu、Pb、Cd、Zn、Mn；矿石中的微量 Cu、Pb、Cd、Zn、W、Mo、V、Se、Te 等的测定。

有机分析方面：醛类、酮类、糖类、醌类、硝基、亚硝基类、偶氮类。

在药物和生物化学方面：维生素、抗生素、生物碱。

经典直流极谱的缺点包括：

（1）速度慢。一般的分析过程需要 $5\sim15min$，这是由于滴汞周期需要保持在 $2\sim5s$，电压扫描速度一般为 $5\sim15min/V$。获得一条极谱曲线一般需要几十滴到一百多滴汞。

（2）方法灵敏度较低。检测下限一般在 $10^{-4}\sim10^{-5}mol/L$ 范围内。这主要是受干扰电流的影响所致。

复习思考题

7-1 什么是三角波扫描法，如何分类？

7-2 小幅度电位扫描法如何测定电化学反应电阻 R_r？

7-3 可逆电极过程有哪七大特征？

7-4 不可逆电极有哪三大特征？

7-5 三角波电位扫描法有哪些应用？

7-6 如何进行极谱分析？

8 旋 转 电 极

8.1 引　言

电极相对溶液运动，溶液中反应后的离子才能尽快离开电极，溶液中没有参加电极反应的离子才能尽快接近电极进行反应。电极与溶液相对运动的电化学技术很多，基本包括溶液中旋转的电极体系（旋转电极）和强制溶液流过静止不动的电极体系（搅拌对流）。这些电极体系都涉及反应物和产物的对流传质。凡是和对流传质有关的电化学方法都叫做流体动力学方法。为了研究电极表面电流密度的分布情况，减少或消除扩散层等因素的影响，电化学研究人员开发出了一种高速旋转的电极，实验中常采用的流体动力学方法有旋转圆盘电极法和旋转圆盘-圆环电极法。

流体动力学法的优点是达到稳态快，测量精度高，在稳态时测量电流中不含双电层充电电流。电极表面上物质传递速度要比扩散快得多，就物质传递对电子传递动力学的影响来说，其所占的分量要小，电极表面上能获得均匀的电流密度，电流-电位极化曲线服从严格的理论处理。

8.2　旋转圆盘电极

8.2.1　旋转圆盘电极的结构

图 8-1 所示为旋转圆盘电极。该电极结构简单，是把电极材料做成圆盘嵌入到绝缘棒中（一般为聚四氟乙烯），整个电极绕通过其中心并垂直于盘面的轴转动。实际使用的电极面积是圆盘底部表面。图 8-1（c）为旋转圆盘电极设备，其主要由驱动、传动电极头几部分组成。旋转圆盘电极由装在上部的电机驱动，电机与主轴之间用磁性联轴器实现无接触传动。主轴下端安装电极头，为了能适用多种电极而采用螺纹连接，由轴上的弹簧顶针与电极保持接触。电极头以聚四氟乙烯为基体，底部配有不同材料的电极，可根据需要给予加工。在主轴下轴承下部，装有通气孔，可通不同气体，起保护电极主体不被溶液气体腐蚀的作用。

旋转圆盘电极的一般操作过程包括：（1）配置电解液。（2）清洗电解池和电极，装好电解池，密封后，通纯 N_2 20min，除去溶解氧。（3）接好测量线路，打开电化学工作站，设参数，测定研究电极在静止时的电位。（4）调节最初转速为 1000r/min，测定电极旋转时的平衡电位，并调节恒电位仪的内给定，使总给定的电位变化在 600mV 以内。（5）当总给定电位处于最大（或最小）时，使电极极化，设置参数，测定半个周期的极化曲线。（6）改变电极的旋转速度，每次增加 500r，重复步骤（3），可以得到一组（5~9条）极化曲线。

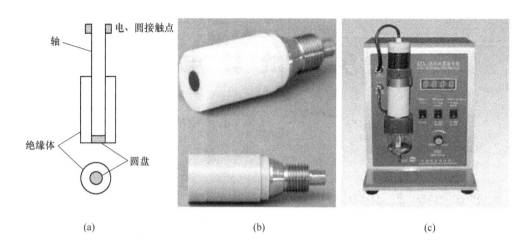

图 8-1 旋转圆盘电极

（a）示意图；（b）玻碳商业化旋转圆盘电极；（c）旋转圆盘电极设备

在使用过程中应注意：（1）仪器应避免强烈的冲击和震动，特别是旋转电极的转动轴不得碰撞和扳动，以防弯曲变形而降低同心度，在搬动过程及装拆电极时尤应注意。（2）在装电极头时应注意检查内部是否有杂物或污垢，若有应及时清除，在旋装电极头时，用一手的两指控住主轴并稍向上用力，另一手旋动电极头并相加轴向推力或拉力以帮助电极头旋上或旋下，以防正电极头内的螺纹拉毛影响同心度。（3）卸下的电极头应旋在电极头保护基上，并注意不要跌、碰，以免变形而影响使用。（4）液内通气时的气体流量应适当控制，以防过大的气流将电解液冲向轴承，当电解液会产生腐蚀性气体时，适当增加液面通气的流量而阻止腐蚀性气体上逸以保护轴承。（5）所有的交流电源应用可靠的接地线。（6）在电机开关置于"关"的位置，方可启、闭电源开关。

整个电极装置的设计要求圆盘旋转时，电极附近的液体流动满足层流条件。因此，从流体动力学考虑应做到：（1）圆盘电极与垂直于它的旋转轴同心，且有很好的轴对称。（2）圆盘电极周围的绝缘层相对有一定的厚度，这样边缘不会变弯，可以忽略流体动力学上的边缘效应。（3）电极表面的粗糙度应远小于扩散层厚度。（4）电极浸入溶液不宜太深。以 2~3mm 为宜。（5）电极转速应适当，太慢（小于 1r/s）时自然对流起主要作用，太快时会出现湍流。

旋转圆盘电极的优点如下：简化了试验装置，操作方便，浓差极化较小并且稳定，可以准确表征已知量与被测量之间的关系，可以测量比较迅速的电化学反应。测量旋转圆盘电极的极化曲线，能测定扩散系数、反应得失电子数、反应物浓度、电镀添加剂的整平作用和电极反应动力学参数等。

8.2.2　旋转圆盘电极理论

1942 年苏联学者 D. Γ. 列维奇提出了旋转圆盘电极理论，并在后来的实验中得到满意的验证。旋转圆盘电极是电极理论与流体动力学结合的产物，它也被称为流体动力学电极。其工作原理的基本要点是：物质传递和电流密度受控于电化学活性物质，而电化学活性物质的运动是按流体动力学规律进行的。因而，用流体动力学规律可以辅助解释旋转圆盘电极的规律。

对于平面电极的一维液相传质基本方程式为：

$$J_{总} = J_{扩散} + J_{对流} + J_{电迁} = -D\frac{dc}{dx} + v_x c \pm E_x U^0 c \tag{8-1}$$

式中，$J_{扩散}$ 为物质在 x 轴方向扩散流量，$mol/(cm^2 \cdot s)$；$J_{对流}$ 为物质在 x 轴方向对流传质流量；v_x 为液体在 x 方向的流速，cm/s；c 为离子浓度，mol/cm^3；E_x 为 x 方向的电场强度，V/cm；U^0 为离子的淌度，cm/s；D 为扩散系数。

随时间变化量可表示为：

$$\frac{\partial c_i}{\partial t} = D_i \Delta c_i - V\mathrm{grad}c_i - U_i \mathrm{div}(c_i E) \tag{8-2}$$

式中，grad 为梯度函数，$\mathrm{grad}t = \nabla t = \frac{\partial t}{\partial x}i + \frac{\partial t}{\partial y}j + \frac{\partial t}{\partial z}k$；div 为散度，可用于表征空间各点矢量场发散的强弱程度，$\mathrm{div}F = \frac{\partial Fx}{\partial x} + \frac{\partial Fy}{\partial y} + \frac{\partial Fz}{\partial z}$。

这是对流的一般表示形式。对不可压缩液体，速度 V 用 Navier-Stokes 连续方程表示：

$$\frac{dV}{dt} = -\mathrm{grad}\frac{P}{\rho} + \nu \Delta V + \frac{f}{\rho}$$
$$\mathrm{div}V = 0 \tag{8-3}$$

式中，P 为压力；ρ 为密度；ν 为动力黏度系数；f 为外力。

由上式求出关于速度 V 的严密解，即可求出电极附近的浓度分布。如果在溶液中加入过量的中性电解质，使电场影响处于微不足道的地位，同时把体系确定为匀速转动的无限大圆盘，以及附以其他必要的边界条件，问题就会得到简化。采取这些措施，不但可以解出对流扩散方程式，而且可以得到很精确的解。这种情形在流体动力学中是不多见的，旋转圆盘电极就是解这类问题的少数特例之一。流体向旋转圆盘电极表面流动是电极获得反应物质来源的主要形式。

流体向旋转圆盘电极（RDE）表面流动是电极获得反应物质来源的主要形式。采用合理的柱坐标来描述圆盘电极旋转引起的液体流动情况，流体在径向、方位角和法向的速度分量分别用 V_r、V_φ、V_z 表示，如图 8-2 所示。

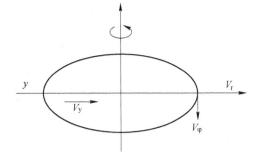

图 8-2 溶液的三个速度分量

在 1921 年，Karman 曾指出，这三个速度分量分别由下式决定：

$$V_r = r\mathrm{w}F(r) \tag{8-4}$$
$$V_\varphi = r\mathrm{w}G(r) \tag{8-5}$$
$$V_z = (\mathrm{w}v)^{1/2}H(r) \tag{8-6}$$

式中，w 为圆盘转速；r 为至圆盘表面的无因次距离，$r = (\mathrm{w}/v)^{1/2}z$。

函数 $F(r)$、$G(r)$ 和 $H(r)$ 分别表示流体离心运动、旋转运动和法向运动。为使问题简化，假设：（1）流体处于稳态流动，即 $dV/dt = 0$；（2）流体流动是轴对称的，即与 φ 无关；（3）由于液体是非压缩性的，所以压力 P 只与 Z 无关；（4）强制对流充分大，自然对流可忽略不计，即 $f=0$；（5）认为圆盘无限大，可以忽略边缘效应的影响。

根据上述假设，写出如下连续方程：

$$V_r \frac{\partial V_r}{\partial r} + V_z \frac{\partial V_r}{\partial z} - \frac{V_\varphi^2}{r} = \nu\left(\frac{\partial^2 V_r}{\partial r^2} + \frac{\partial V_r}{r\partial r} + \frac{\partial^2 V_r}{\partial z^2} - \frac{V_r}{r^2}\right) \tag{8-7}$$

$$V_r \frac{\partial V_\varphi}{\partial r} + V_z \frac{\partial V_\varphi}{\partial z} + \frac{V_r V_\varphi}{r} = \nu\left(\frac{\partial^2 V_\varphi}{\partial r^2} + \frac{\partial V_\varphi}{r\partial r} + \frac{\partial^2 V_\varphi}{\partial z^2} - \frac{V_\varphi}{r^2}\right)$$

$$V_r \frac{\partial V_z}{\partial r} + V_z \frac{\partial V_z}{\partial z} + \frac{\partial P}{\rho\partial z} = \nu\left(\frac{\partial^2 V_z}{\partial z^2} + \frac{\partial^2 V_z}{\partial r^2} + \frac{\partial V_z}{r\partial r}\right)$$

$$\frac{\partial V_r}{\partial r} + \frac{V_r}{r} + \frac{\partial V_z}{\partial z} = 0$$

解连续方程的边界条件是：当 $z=0$ 时，$V_\varphi = \omega r$，$V_r = 0$，$V_z = 0$；$z \to \infty$ 时，$V_z =$ 常数，$V_r = 0$，$V_\varphi = 0$。利用边界条件，则可转换为关于 F、G 和 H 的线性微分方程，推导的结果是：

$$F = a_0 r - \frac{1}{2}r^2 - \frac{1}{3}b_0 r^3 - \frac{1}{12}b_0^2 r^4 - \cdots \tag{8-8}$$

$$G = 1 + b_0 r + \frac{1}{3}a_0 r^3 + \frac{1}{12}(a_0 b_0 - 1)r^4 + \cdots \tag{8-9}$$

$$H = -a_0 r^2 + \frac{1}{3}r^3 + \frac{1}{6}b_0 r^4 + \cdots \tag{8-10}$$

根据 Sparrow、Gregg、Rogers 和 Lanee 的计算，$a_0 = 0.51233$，$b_0 = -0.615922$。函数 F、G、H 与 r 的关系如图 8-3 所示，流体流动图像如图 8-4 所示。

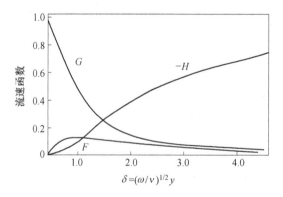

图 8-3　旋转圆盘电极速度分布

由图 8-3 和图 8-4 可以看出，在距圆盘表面较大距离时，流体以恒速沿法线方向向圆盘表面运动。从某一距离起，流体开始旋转运动，角速度则随距圆盘表面距离减小而增加，在圆盘表面，流体完全以角速度运动。当 $r = 3.6$ 时，G 值仅及圆盘表面相应数值的 5%，

而 H 却达到极大值的 80% 左右，Levich 把该值定为 RDE 的流体动力学边界层厚度。它的物理意义是从该值起，流体被圆盘携带开始做旋转运动。根据式（8-11）可计算边界层厚度：

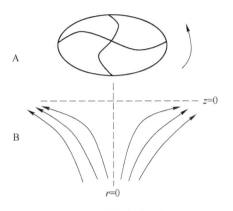

$$\delta_0 = 3.6(\nu/\omega)^{1/2} \tag{8-11}$$

由式（8-11）可见，边界层厚度只与流体性质（ν）和实验条件（ω）有关，而与圆盘半径无关。

图 8-4 流体流动图像

A—在圆盘表面；B—在圆盘下面

在柱坐标体系，流体动力学的对流扩散一般表示式可改写并简化为：

$$\frac{\partial c}{\partial t} = D\left(\frac{\partial^2 c}{\partial r^2} + \frac{1}{r}\frac{\partial c}{\partial r} + \frac{1}{r^2}\frac{\partial^2 c}{\partial \varphi^2} + \frac{\partial^2 c}{\partial z^2}\right) - \left(V_r\frac{\partial c}{\partial r} + \frac{V_\varphi}{r}\frac{\partial c}{\partial \varphi} + V_z\frac{\partial c}{\partial z}\right) \tag{8-12}$$

由于旋转圆盘电极轴对称性质，每个半径处的浓度相等，式（8-12）可以进一步简化成：

$$\frac{\partial c}{\partial t} = D\left(\frac{\partial^2 c}{\partial r^2} + \frac{1}{r}\frac{\partial c}{\partial r} + \frac{\partial^2 c}{\partial z^2}\right) - \left(V_r\frac{\partial c}{\partial r} + V_z\frac{\partial c}{\partial z}\right) \tag{8-13}$$

由式（8-13）可见，浓度变化是由对流（等式右边前三项）和扩散（等式右边后两项）合成影响的，D 为常数。在稳态条件下，$\frac{\partial c}{\partial t}$ 时，对流与扩散达到平衡，所以：

$$D\left(\frac{\partial^2 c}{\partial r^2} + \frac{1}{r}\frac{\partial c}{\partial r} + \frac{\partial^2 c}{\partial z^2}\right) = V_r\frac{\partial c}{\partial r} + V_z\frac{\partial c}{\partial z} \tag{8-14}$$

显然，当 $r \to \infty$ 时，$c = c_0$；当 $r \to 0$ 时，$\frac{\partial c}{\partial r} = 0$；$c_0$ 为溶液体积浓度，据此式（8-13）可化简为：

$$D\frac{\partial^2 c}{\partial z^2} = V_z\frac{\partial c}{\partial z} \tag{8-15}$$

解微分方程式（8-15）的边界条件是：当 $r \to \infty$ 时，$c = c_0$；当 $z \to 0$ 时，$c = 0$。据此得式（8-15）的解为：

$$\delta = 1.61 D^{1/13} \nu^{1/5} \omega^{-1/2} \tag{8-16}$$

δ 被称为 RDE 的扩散层厚度。它对电化学测试具有实际的意义，因为浓度变化主要发生在这一区域内，换句话说，由此至圆盘表面产生浓度梯度，直接影响到测试结果。从数值上看，δ 比 δ_0 小一个数量级（对一般水溶液）。根据 Fick 第一定律和稳态极限电流公式可得极限电流密度为：

$$I_d = B\omega^{1/2} \tag{8-17}$$

$$B = 0.62nFD_\infty \tag{8-18}$$

由上可知，对 RDE 体系，扩散层厚度及物质流量与圆盘半径无关，即在圆盘表面每一点都具有相同值。RDE 这一特性无论对解决电化学问题还是非电化学问题（如热传导、流体动力学问题）都具有十分重要的意义，它是获得重现性结果的理论依据。这一优点在工业上也有实用价值，如电镀，若能把镀件制成旋转式，镀层质量会有明显提高。还可以看出，对给定体系，由于 B 是常数，所以只要改变实验条件，实验结果就会随之而变，这一点在电化学实验中也非常重要。必须指出，上述结论都是在层流条件下推导出来的。

8.2.3　电极反应控制步骤的判定

根据电流强度和 $\omega^{1/2}$ 判断控制步骤：（1）直线过原点：扩散控制；（2）直线不过原点：混合控制；（3）电流与转速无关：电化学步骤控制。具体如图 8-5 所示。

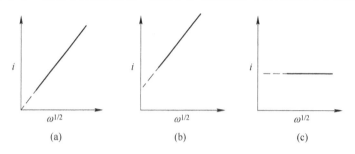

图 8-5　电流强度 i 和 $\omega^{1/2}$ 的关系

（a）扩散控制；（b）混合控制；（c）电化学步骤控制

8.2.4　扩散控制的旋转圆盘电极的电流-电位方程式

假设在圆盘电极发生如下可逆电极反应：

$$O + ne \rightleftharpoons R$$

反应前 O 和 R 均存在，且都可溶。在所设情况下，随着通过电流方向不同，电极反应可以使 O 还原为 R，也可以使 R 氧化为 O。

考虑到界面上 O 与 R 的流量相等，即：

$$D_O\left(\frac{\partial c_O}{\partial x}\right)_{x=0} = -D_R\left(\frac{\partial c_R}{\partial x}\right)_{x=0} \tag{8-19}$$

式中，"-"表示同相中 O 与 R 的扩散方向相反。那么，就可以用下面两种方法表示阴极反应引起的扩散电流，将式（8-17）乘以 nF 得：

$$i = 0.62nFD_O^{2/3}\omega^{1/2}\nu^{-1/6}(c_O^0 - c_O^s) \tag{8-20}$$

$$i = 0.62nFD_R^{2/3}\omega^{1/2}\nu^{-1/6}(c_R^s - c_R^0) \tag{8-21}$$

因此，相应于 $c_O^s = 0$ 时的阴极极限电流密度 $i_{d,0}$ 与 $c_R^s = 0$ 时的阳极极限电流密度 $i_{d,a}$ 分别为：

$$i_{d,0} = 0.62nFD_O^{2/3}\omega^{1/2}\nu^{-1/6}c_O^0 \tag{8-22}$$

$$i_{d,a} = -0.62nFD_R^{2/3}\omega^{1/2}\nu^{-1/6}c_R^0 \tag{8-23}$$

由上三式联解得：

$$c_O^s = \frac{(i_{d,0} - i)\delta_0}{nFD_O} \tag{8-24}$$

由上式联解得：

$$c_R^s = \frac{(i - i_{d,a})\delta_R}{nFD_R} \tag{8-25}$$

因为电极反应可逆，故电极电位可用能斯特方程式表示：

$$\varphi = \varphi_平^0 + \frac{RT}{nF}\ln\frac{c_0^s}{c_R^s}$$

将式（8-24）及式（8-25）代入上式得：

$$\varphi = \varphi_平^0 + \frac{RT}{nF}\ln\frac{\delta_0 D_R}{\delta_R D_0} + \frac{RT}{nF}\ln\frac{i_{d,0} - i}{i - i_{d,a}} \tag{8-26}$$

当 $i = \frac{1}{2}(i_{d,0} + i_{d,a})$ 时，得：

$$\varphi - \varphi_{1/2} = \varphi_平^0 + \frac{RT}{nF}\ln\frac{\delta_0 D_R}{\delta_R D_0} \tag{8-27}$$

因此，式（8-27）可写成：

$$\varphi = \varphi_{1/2} + \frac{RT}{nF}\ln\frac{i_{d,0} - i}{i - i_{d,a}} \tag{8-28}$$

式（8-28）为扩散控制时旋转圆盘电极的电流-电位方程式。如图 8-6 所示，在半对数坐标中 $\left(\varphi - \ln\dfrac{i_{d,0} - i}{i - i_{d,a}}\right)$ 呈直线关系。

若 $c_R^0 = 0$（电解前 R 不存在溶液中），$i_{d,0} = 0$，则式（8-28）变为：

$$\varphi = \varphi_{1/2} + \frac{RT}{nF}\ln\frac{i_{d,0} - i}{i} \tag{8-29}$$

式（8-29）为反应开始前 R 不存在时的电流-电位方程式，φ 与 $\ln\dfrac{i_{d,0} - i}{i}$ 呈直线关系。显然，与静止电极具有完全相同的形式。式（8-28）及式（8-29）为扩散控制的重要特征，是判断电极反应可逆提供理论依据。

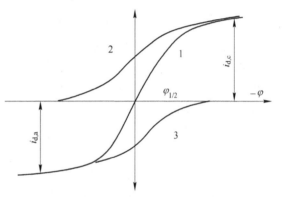

图 8-6 阴极与阳极联合极化曲线

1—联合极化曲线；2—阴极还原；3—阳极氧化

8.2.5 混合控制下旋转圆盘电极的动力学

8.2.5.1 恒电位下的电流表示式

若电极过程中电化学步骤的交换电流密度较小，则必须同时考虑扩散和电荷传递两步骤的动力学。按电化学过电位的大小，可分两种情况讨论：

（1）电化学过电位较小（$\eta \leqslant 10\text{mV}$）。设电极反应式为一级反应：

$$O + ne \Longrightarrow R$$

根据扩散动力学，正向反应速度等于逆向反应速度，有：

$$\frac{i}{nF} = D_0 \frac{c_0^0 - c_0^s}{\delta_0} = D_R \frac{c_R^s - c_R^0}{\delta_R} \tag{8-30}$$

将扩散层厚度公式 $\delta = 1.61 D_0^{1/3} \omega^{-1/2} \nu^{1/3}$ 代入上式得：

$$i = (c_0^0 - c_0^s) L_0 \omega^{1/2} = (c_R^s - c_R^0) L_R \omega^{1/2} \tag{8-31}$$

设 $L = 0.62 nF D^{2/3} \nu^{-1/6}$；由电化学动力学得：

$$\frac{i}{nF} = k_c c_0^s - k_a c_R^s \tag{8-32}$$

由式（8-31）求得 c_0^s 及 c_R^s，并代入式（8-32），可以得到：

$$\frac{i}{nF} = k_e \left(c_0^0 - \frac{i}{B_0 \omega^{1/2}} \right) - k_a \left(c_R^0 + \frac{i}{B_R \omega^{1/2}} \right) \tag{8-33}$$

重排整理后得：

$$\frac{1}{i} = \frac{1}{nF(k_e c_0^0 - k_a c_R^0)} + \frac{\dfrac{k_e}{B_0} - \dfrac{k_a}{B_R}}{(k_e c_0^0 - k_a c_R^0) \omega^{1/2}}$$

$$= \frac{1}{nF(k_e c_0^0 - k_a c_R^0)} + \frac{1.61 \nu^{1/6} (D_0^{-2/3} k_e + D_R^{-2/3} k_a)}{nF(k_e c_0^0 - k_a c_R^0) \omega^{1/2}} \tag{8-34}$$

式中，右边第一项中的 $nF(k_e c_0^0 - k_a c_R^0)$ 相当于纯粹电化学步骤控制时电流。

式（8-34）是普遍形式的电流表示式，它同时包括了电化学极化和浓差极化，适应各种极化程度的电位范围。因为这里研究的是较小极化过电位，正逆反应速度差值全部用于电能的消耗，所以有：

$$nF k_e c_0^0 - nF k_a c_R^0 = \frac{nF i_0}{RT} \eta \tag{8-35}$$

将式（8-35）代入式（8-36）得：

$$\frac{1}{i} = \frac{RT}{nF i_0 \eta} + \frac{1.61 \nu^{1/6} (D_0^{-2/3} k_e + D_R^{-2/3} k_a)}{nF(k_e c_0^0 - k_a c_R^0) \omega^{1/2}} \tag{8-36}$$

式（8-36）表达了过电位很小时混合控制的规律，电极电位一定时，$1/i$ 与 $\omega^{1/2}$ 呈直线关系，由截距可求交换电流密度 i_0。

（2）电化学过电位较大（完全不可逆）。当电极反应完全不可逆时，电极反应的逆反应可以忽略，$k_a = 0$，由式（8-36）得：

$$\frac{1}{i} = \frac{1}{nF k_e c_0^0} + \frac{1}{0.62 nF D_0^{2/3} \nu^{-1/3} c_0^0 \omega^{1/2}} \tag{8-37}$$

因为

$$nF k_e c_0^0 = i_0 \exp\left(\frac{anF}{RT} \eta \right) \tag{8-38}$$

将式（8-38）代入式（8-37）得：

$$\frac{1}{i} = \frac{1}{i_0 \exp\left(\dfrac{anF}{RT} \eta \right)} + \frac{1}{0.62 nF D_0^{2/3} \nu^{-1/3} c_0^0 \omega^{1/2}} \tag{8-39}$$

式（8-39）表达了不可逆电极反应的规律。由式（8-39）看出，右边第一项为纯电化学极化电流密度的倒数，第二项为纯浓差极化极限电流密度的倒数，可见，方程式表示混合控制。如果电极电位一定时，$1/i$ 与 $\omega^{-1/2}$ 呈直线关系，由斜率可以求电极反应电子数 n（v、D_0 及 c_0^0 已知）或扩散系数 D_0（n、c_0^0 及 ν 已知），由截距求得纯粹电化学极化电流密度 $i_{电}$：

$$i_{电} = i_0 \exp\left(\frac{anF}{RT}\eta\right) \tag{8-40}$$

由式（8-40）可求得交换电流密度 i_0。式（8-39）使用的极化电位范围为 $\eta \geqslant 12c/n$（mV）。由式（8-39）看出，控制步骤随转速发生变化。图 8-7 所示为旋转圆盘电极上电极反应速度（用电流密度表示）与共转速平方根的关系。在转速较小时，i 正比于 $\omega^{1/2}$，表示反应完全受扩散控制，随着转速的增大，直线开始弯曲，表明反应速度受到电化学步骤的影响，即具有混合控制的性质。当转速继续增大时，曲线逐趋平缓，i 渐近于恒定的 $i_{电}$ 值，即反应速度与转速无关，这表示反应已转变为纯粹受电化学步骤控制。根据这种分析，可以利用恒定电位下旋转圆盘电极

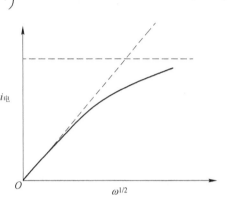

图 8-7　恒电位下电流与转速的关系

上的电流与转速的关系，判明电极反应在不同转速条件下控制步骤的性质。

8.2.5.2　电流与电位的关系

对于旋转圆盘电极为混合控制时，电流与电位关系由下式表示：

$$i = i_0 \left\{ \frac{c_O^s}{c_O^0} \exp\left(\frac{anF}{RT}\eta\right) - \frac{c_R^s}{c_R^0} \exp\left[\frac{(1-a)nF}{RT}\eta\right] \right\} \tag{8-41}$$

根据习惯，对阴极还原反应 $\eta = \varphi_{平} - \varphi$。式（8-41）同时包括电化学极化和浓差极化，对从平衡电位→弱极化→强极化→极限电流各种程度的极化均适用。

8.3　旋转圆盘电极的应用

8.3.1　电化学反应级数的测定

电化学反应级数的测定可以采用循环伏安检测，曲线上氧化还原峰电位差越小，峰电流绝对值越接近，可逆性越好。设发生下列不可逆电极反应：

$$gO + ne \longrightarrow R$$

式中，g 为反应物 O 的电化学反应级数。

因为是不可逆电极反应，故电极反应速度为：

$$i = \frac{nFk_e}{g}(c_O^0)^g \tag{8-42}$$

参考式（8-38），扩散电流密度为：

$$i = 0.62 \frac{n}{g} F D_0^{2/3} \nu^{-1/6} \omega^{1/2} (c_0^0 - c_0^s) \tag{8-43}$$

由式（8-43）得：

$$c_0^s = \frac{(i_d - i)g}{0.62 n F D_0^{2/3} \nu^{-1/6} \omega^{1/2}} \tag{8-44}$$

当电极过程达到稳态时，可以将式（8-44）代入式（8-42）得：

$$i = \frac{nFk_e}{g} \left[\frac{(i_d - i)g}{0.62 n F D_0^{2/3} \nu^{-1/6} \omega^{1/2}} \right]^g \tag{8-45}$$

取对数得：

$$\lg i = \lg n F k_e - g \lg B + g \lg \frac{i_d - i}{\omega^{1/2}} \tag{8-46}$$

其中

$$B = \frac{0.62 n F D_0^{2/3} \nu^{-1/6} g^{1/g}}{g}$$

式（8-46）表明，对给定电化学体系，在恒定电极电位下（过电位较大，反应逆过程可以忽略的电位范围），以 $\lg i$ 对 $\lg \dfrac{i_d - i}{\omega^{1/2}}$ 作图，得到一直线，其斜率为反应物的电化学反应级数 g。运用此方法求电化学反应级数不需要知道反应物的浓度，也不需要改变反应组分的浓度，使用起来非常方便，尤其是对反应物为气体的情形显得特别方便而有价值。

8.3.2　扩散系数的测定

根据式（8-47）：

$$i_d = 0.62 n F D_0^{2/3} \nu^{-1/6} c_0^0 \omega^{1/2} \tag{8-47}$$

如果用极限电流密度 i_d 对 $\omega^{1/2}$ 作图，得到通过坐标原点的直线，其斜率为 $0.62 n F \nu^{-1/6} D_0^{2/3} c_0^0$，由此斜率可求得扩散系数 D_0。

应该指出，实验求扩散系数时，为了防止电迁移的影响，在溶液中需要加入大量支持电解质。

图 8-8 所示为旋转圆盘电极测定 $Fe(CN)_6^{3-}$ 离子扩散系数的实验数据，所用电解质及

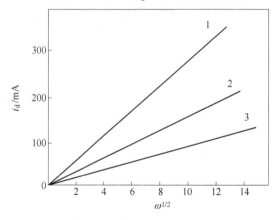

图 8-8　$Fe(CN)_6^{3-}$ 在圆盘电极上的极限电流与 $\omega^{1/2}$ 的关系

浓度具体数据见表 8-1。电极为铂电极，圆盘直径为 0.31cm。支持电解质浓度为 1mol/L NaOH 溶液。图中列出三种浓度所测得的数据。由图 8-6 中直线斜率求得三种浓度下的 $Fe(CN)_6^{3-}$ 的扩散系数分别为：$6.77 \times 10^{-6} cm^2/s$、$6.84 \times 10^{-6} cm^2/s$ 及 $6.65 \times 10^{-6} cm^2/s$。

表 8-1　图 8-8 所用电解质及浓度

序号	$NaOH/mol \cdot L^{-1}$	$K_3Fe(CN)_4/mol \cdot L^{-1}$	$K_4Fe(CN)_4/mol \cdot L^{-1}$
1	1.014	0.01	0.0104
2	1.031	0.005	0.0053
3	1.031	0.0025	0.0027

在静止圆盘电极上，以 0.2mol/L 高氯酸钠为支持电解质，扫描电位在 0~800mV，扫描速度分别为 100mV/s、200mV/s、300mV/s 和 400mV/s 时，研究了 5×10^{-4} mol/L 乙酰基二茂铁的循环伏安行为，结果如图 8-9 所示。

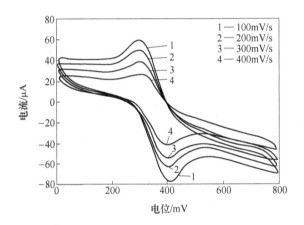

图 8-9　不同扫描速度下的乙酰基二茂铁的循环伏安曲线图

由图 8-9 可知，乙酰基二茂铁分别在 0.40V 和 0.32V 附近出现一对氧化还原峰。随着扫描速度的增加，峰电流与扫描速度呈直线关系，见表 8-2。

表 8-2　乙酰基二茂铁循环伏安所得的数据

$v/V \cdot s^{-1}$	E_{pc}/V	E_{pa}/V	$\Delta E_p/V$	$I_{pa}/\mu A$	$I_{pc}/\mu A$
0.050	0.3385	0.3947	0.0562	30.05	0.2203
0.100	0.3373	0.3942	0.0569	38.16	0.3006
0.200	0.3333	0.3993	0.0560	50.67	0.4543
0.300	0.3444	0.4012	0.0568	65.91	0.5653
0.400	0.3469	0.4034	0.0565	75.57	0.6998

注：E_{pa} 为氧化峰电位；E_{pc} 为还原峰电位；I_{pa} 为氧化峰电流；I_{pc} 为还原峰电流。

由表 8-2 可知：氧化峰电位（E_{pa}）和还原峰电位（E_{pc}）差值 $\Delta E_p \approx 56.5mV$，氧化峰电流（$I_{pa}$）和还原峰电流（$I_{pc}$）的比值 $I_{pa}/I_{pc} \approx 1$。由此可见，在静止电极上，乙酰基二茂铁的氧化还原反应是一个受扩散控制的可逆过程。

　　分别选取 0.5mol/L $HClO_4$ 和 0.5mol/L NaOH 调节 0.2mol/L $NaClO_4$ 溶液体系的 pH 值。研究了 pH 值对乙酰基二茂铁电化学反应的氧化峰和峰电流的影响，结果如图 8-10 所示。

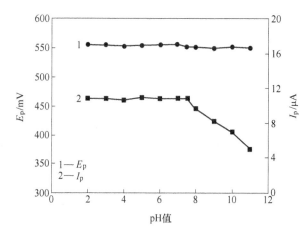

图 8-10　介质 pH 值对乙酰基二茂铁氧化峰电流及电位的影响

　　由图 8-10 可以看出：pH 值为 2~7 时，氧化峰电流不随着 pH 值的变化而变化，当 pH 值≥7 时，氧化峰电流随着 pH 值的增加而下降，这是由于反应物在碱性条件下结构不稳定，溶液颜色由黄色变为草绿色；峰电位随着 pH 值的增加也基本保持不变，这说明乙酰基二茂铁在旋转圆盘电极上的氧化还原过程没有质子的参与，只是单电子的转移过程。其电极反应式为：

$$AFc - e \longrightarrow AFc^+ \tag{8-48}$$

$$AFc^+ + e \longrightarrow AFc \tag{8-49}$$

　　由 Nernst 方程得到：

$$E_{pa} - E_{pc} = \Delta E_p = 2.303RT(nF) = 0.0565 \tag{8-50}$$

式中，R 为气体常数；T 为反应的绝对温度；n 为反应电子数；F 为法拉第常数。

　　求出：

$$n = 2.2RT/(0.0565F) = 1.04 \approx 1$$

　　再对表 8-2 中的峰电流（A）和扫描速率平方根（$\omega^{1/2}$）进行线性拟合，可得：

$$I_{pc} = 1.1289 \times 10^{-4}\omega^{1/2} + 0.0314, \ r = 0.9951 \tag{8-51}$$

$$I_{pa} = 1.1629 \times 10^{-4}\omega^{1/2} - 0.056, \quad r = 0.9962 \tag{8-52}$$

　　可见峰电流与扫描速率的平方根之间具有良好的线性关系，这也说明在静止圆盘电极上的电极反应是属于扩散控制的电极过程，反应是可逆的。截距电流则是反应过程中溶液中杂质产生的电流所致。由 Randles-Sevcik 方程得：

$$I_p = 269n^{3/2}AD^{1/2}\omega^{1/2}c \tag{8-53}$$

式中，I_p 为峰电流，A；n 为反应电子数；A 为电极面积，cm^2；D 为扩散系数，cm^2/s；ω 为扫描速度，V/s；c 为电活性物本体浓度，mol/L；反应物的扩散系数 D 可求。

　　由于氧化峰电流、还原峰电流与扫描速率平方根方程的斜率分别为 1.1039 和 1.1629，又已知旋转圆盘面积 $A = 0.1256cm^2$，乙酰基二茂铁本体浓度 $c = 5 \times 10^{-4}$ mol/L，

反应电子数 $n=1$，根据式（8-53），可求得乙酰基二茂铁（AFc）的扩散系数 $D_a = 4.74 \times 10^{-5} \text{cm}^2/\text{s}$，乙酰基二茂铁阳离子（AFc$^+$）的扩散系数 $D_c = 4.47 \times 10^{-5} \text{cm}^2/\text{s}$，与文献报道的其他简单二茂铁衍生物的值相接近。

在旋转圆盘电极上，以 0.2mol/L 高氯酸钠为支持电解质，在 0~800mV 的电位窗口上，转速分别为 500r/min、1000r/min、1500r/min、2000r/min、2500r/min，研究 5×10^{-4} mol/L 乙酰基二茂铁在电位扫描速率为 100mV/s 时峰电流与峰电位的关系。图 8-11 所示为乙酰基二茂铁在不同转速下的电流-电位曲线。

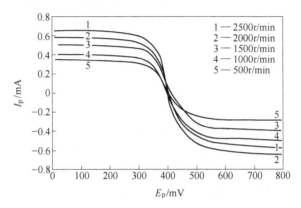

图 8-11　乙酰基二茂铁在不同转速下的电流-电位曲线

由图 8-11 可知，极限电流随着旋转次数的增加而增大，比用循环伏安法测得的自然对流状态下的固体电极的电流大。根据 Levich 研究极限 i_1 电流表达式：

$$i_1 = 0.62nFAD^{2/3}\omega^{1/2}\mu^{-1/6}c_0 \tag{8-54}$$

式中，c_0 为氧化型反应物的本体物质的量浓度，mol/L；ω 为角速度，s^{-1}；μ 为转动黏度，cm^2/s；i_1 为极限饱和电流，mA；A 为电极的表面积，cm^2；D 为极限系数，cm^2/s；$\omega = 2\pi N$；n 为转数。

式（8-54）是在可逆反应时才成立，但当圆盘电极转动之后，反应可能不一定是可逆的。因此又重新定义了 Koutecky-Levich 方程：

$$\frac{1}{i_1} = \frac{1}{i_k} + \frac{1}{0.62nFAD^{2/3}\omega^{1/2}\mu^{-1/6}c_0} \tag{8-55}$$

式中，i_k 代表无任何传质作用时的电流，A，表达式为：

$$i_k = FAK_f c_0 \tag{8-56}$$

图 8-12 所示为旋转圆盘电极的 Levich 图。

由图 8-12 可知：通过氧化反应的极限电流的倒数对旋转次数平方根的倒数作图，还原峰的直线方程为：

$$I_{pc}^{-1} = 90.91\omega^{-1/2} + 20.018, \quad r = 0.9985 \tag{8-57}$$

氧化峰方程为：$\qquad I_{pa}^{-1} = 88.617\omega^{-1/2} + 19.867, \quad r = 0.9984$

已知 $n=1$，$\mu = 0.01\text{cm}^2/\text{s}$，$A = 0.1256\text{cm}^2$，$c = 5 \times 10^{-4} \text{mol/L}$。代入式（8-55）得，$D_c = 5.01 \times 10^{-5} \text{cm}^2/\text{s}$，$D_a = 5.20 \times 10^{-5} \text{cm}^2/\text{s}$，这与利用电位扫描法求得扩散系数相差不大。

根据式（8-56），求得还原过程的速率常数 $k_{fc} = 7.17 \times 10^{-3} \text{cm}^2/\text{s}$，氧化过程的速率常

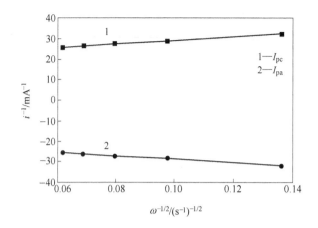

图 8-12　旋转圆盘电极的 Levich 图

数 $k_{fa} = 8.31 \times 10^{-3}\,cm^2/s$。当转速一定时，反应物向固体电极表面的传质状态保持恒定，所以比起一般的溶液搅拌来说，旋转圆盘电极测定的定量结果更加准确。

　　分析以上两种方法可以看出氧化产物的扩散系数大于还原产物的扩散系数，这可能是因为产物乙酰基二茂铁阳离子（AFc^+）在溶液中结合了水分子而离子半径变大，扩散阻力增大，所以扩散系数变小。

　　由于旋转电极使扩散层厚度下降，导致旋转圆盘电极上的物质传递速度比静止圆盘电极上的快，对电子转移的阻力影响较小，使旋转圆盘电极反应成为准可逆反应，所以在旋转圆盘电极求得 AFc 的扩散系数大于静止圆盘电极上求得的扩散系数。

8.4　旋转圆盘电极中的应用范围

　　旋转圆盘电极所导出的方程式不适用于很小或很大的 ω 值。当 ω 小时，流体动力学边界层（$\delta_{pr} \approx 3(\nu/\omega)^{1/2}$）就很大，当其接近圆盘半径 r 大小时，近似性就被破坏了，于是 ω 的下限由 $r > 3(\nu/\omega)^{1/2}$ 条件求得，即 $\omega > 10\nu/r^2$，对于 $\nu = 0.01\,cm^2/s$ 和 $r = 0.1\,cm$ 时，ω 应比 $10s^{-1}$ 大，在低的 ω 值时记录旋转电极上 i-φ 曲线会产生另一问题，即在推导中涉及假定的电极表面上稳态浓度（即 $\partial c/\partial t = 0$）。因此，电极电位的扫描速度对 ω 来说必须很小，才可以达到浓度稳定。如果对给定的 ω 扫描速度大得多，则 i-φ 曲线就不像 S 形，而就像静止电极线性扫描伏安法那样有峰。

　　ω 的上限是由湍流的出现所限定，在旋转电极上它是在雷诺数 Re 大约超过 2×10^5 时发生。在这样的体系中，圆盘边缘的速度为 ωr，特征距离是 r 本身，于是雷诺数表示式为：

$$Re = \frac{\omega r^2}{\nu} \qquad (8\text{-}58)$$

　　非湍流条件是 $\omega < 2 \times 10^5 \nu/r^2$。对于假定的 r 和 ν 值，ω 应当小于 $2 \times 10^5\,s^{-1}$。当圆盘电极表面没有很好抛光，旋转圆盘电极的轴有点弯曲或偏心时，或当电解池壁与电极表面很近时，可以在较低的 ω 下出现湍流。此外，在很高转速下，电极周围有很剧烈的溶液

飞溅及旋涡形成。实际中，最大转速常常选为 10000r/min 或 $\omega \approx 1000s^{-1}$。因此，大多数旋转电极研究中，$\omega$ 和 f 的范围是 $10s^{-1} < \omega < 1000s^{-1}$ 或 $100r/min < f < 10000r/min$。

8.5 旋转圆盘电极的制作

旋转电极的理论是基于电极附近液流是层流情况下推导得到的，电极的设计必须确保液流是层流，就要减少外径尺寸，但要减少边缘效应，就得增加电极外径。旋转电极包括绝缘层在内的外径应该远大于流体动力学边界层厚度 δ_{pr}，常采用大约 20mm 直径。旋转电极的外形对液流也有较大影响。图 8-13 所示为各种外形的电极在旋转时电极附近的液流情况。A 电极是制作最方便简单的电极，在使用时只需浸入溶液很浅。B 电极的下端为钟罩形，它在转动时上下两部分的液流互不混杂，是较理想的状况。实验表明在 50~240r/min 时用它测得的数据偏离理论值小于 1%。C 电极的下端为锥形，它在转动时，上下液流有些混杂，不能得到十分良好的层流运动。它的实验偏差为 2%~3%，但这已能满足一般的实验要求。D 电极和 E 电极在转动时，液流急剧混杂，甚至出现湍流和涡流，这两种形式的电极是不可取的。

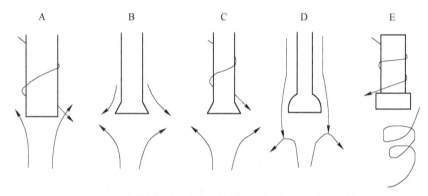

图 8-13 各种旋转电极形状及旋转时电极附近稳态液流情况

为防止发生腐蚀反应，常用的研究电极材料为惰性金属，如铂、金、银或者采用所需实验的金属材料。电极材料常做成 2mm 厚，并把它焊接在其他金属（常用黄铜）轴上，以减少接界电位。电极外面的绝缘层通常选用聚四氟乙烯、聚三氟氯乙烯或聚乙烯塑料，聚四氟乙烯被称作"塑料之王"，抗酸碱腐蚀，耐高温达到 320℃，是理想的绝缘层。制作时为了保证金属电极和塑料间的密封，首先将聚四氟乙烯棒中间开一个孔，孔的内径略小于电极的外径。再把它加热到 200~220℃，然后把电极插入聚四氟乙烯管内。这样得到密封性能较好地旋转圆盘电极。必须做到绝对的密封效果，否则电极实际反应面积和几何面积不相符，以造成试验数据的混乱。

8.6 旋转圆盘-圆环电极

8.6.1 圆盘-圆环电极的结构及特点

电化学反应通常由很多的基元反应组成，电子的转移是逐步进行的，每一步都有不同的反应历程，有中间产物的生成，而中间产物往往瞬间即逝，需要在极短的时间内探测它们的存在。旋转圆盘-圆环电极就是捕捉电化学反应中间产物的一种有效设备。圆盘电极旋转时，液流轴向运动使反应物首先在圆盘上发生电化学反应，生成的中间产物再被径向的液流通过离心力甩到环电极上，这样由环电极可检测出中间产物。中间产物常常不稳定，应尽量缩短反应产生的中间产物粒子由盘到环的传递时间，故圆盘与圆环之间的绝缘层应做得很薄（例如 $0.1\sim0.2\text{mm}$），这样在盘电极上电化学反应所产生的不稳定中间产物可以立刻被甩到环上进行反应，降低分解的可能性。

圆盘-圆环电极的结构如图 8-14 所示。它是在旋转圆盘电极的同一平面上装有同心的圆环电极，盘与环电极之间用绝缘材料隔离，盘电极通常用被研究的材料制成（或惰性材料铂等），环电极一般用铂或金制成。

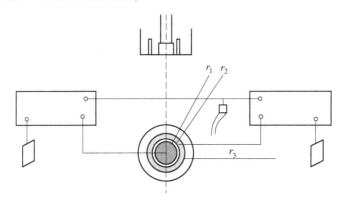

图 8-14   圆盘-圆环电极结构及电路

r_1—圆盘半径；r_2—圆环的内径；r_3—圆环的外径

圆盘电极按研究需要采用恒电流或恒电位极化，圆环电极通常采用恒电位极化。为了保证达到环上的全部中间产物都及时参加电化学反应，而又不使底液中的组分发生分解，环上所控制的电位应使盘上生成的中间产物刚好以极限电流密度参加反应，根据环上所控制的恒电位值可以判断何种粒子在环上进行反应。由环电流的大小可以计算盘电极上电化学反应生成的可溶性粒子的浓度。

8.6.2 捕集系数

如果在实际测量过程中，圆盘电极上发生如下反应：

$$A = ne \xrightarrow{i_D} B \quad (i_D \text{ 为盘电池}) \tag{8-59}$$

圆环上发生的反应为：

$$B \pm ne \xrightarrow{i_R} A \quad (i_R \text{ 为环电流}) \tag{8-60}$$

或是：

$$B \pm n'e \xrightarrow{i_R} C \tag{8-61}$$

尽管环上所控制的电位为反应中间产物 B 粒子的极限电流区电位，而电极旋转又使液流向径向运动。但由于绝缘层的存在以及垂直于电极方向的对流扩散作用，总有部分 B

粒子不在环电极上反而进入溶液本体中去，故 i_R 总是小于 i_D（两个反应电子数相等条件下）。i_R 与 i_D 之比称为圆盘-圆环电极的捕集系数，用 N 表示：

$$N = \frac{i_R}{i_D} \quad （对式（8-59）反应而言）\tag{8-62}$$

或

$$N = \frac{i_R n}{i_D n'} \quad （对式（8-60）反应而言）\tag{8-63}$$

B. Г. JICBN 及 W. J. Albery 等研究者根据流体动力学的基本原理，从数学上导出了圆盘-圆环电极的对流扩散方程式，通过严格的数学计算得到了满意的解。如果电极过程达到稳态，又不发生湍流的条件下，同时考虑到径向对流速度要比扩散速度大，因此 $\partial^2 c / \partial r^2 + 1/r = \partial c / \partial r$ 表示径向扩散物质传递的项，从方程式中可以忽略，如果又注意到电极表面又具有轴对称性，则对于中间产物 B 的稳态对流扩散方程式为：

$$\nu_r \left(\frac{\partial c_B}{\partial r} \right) + \nu_y \left(\frac{\partial c_B}{\partial y} \right) = D_B \left(\frac{\partial^2 c}{\partial y^2} \right)\tag{8-64}$$

式中，c_B 为中间产物 D 的浓度。

在给定条件下，对式（8-64）应有下列边界条件：

（1）在溶液本体中，$\qquad y \to \infty$，$c_B = 0$ $\qquad\qquad\qquad$ (8-65)

（2）盘电极区 $0 < r < r_1$，$y = 0$ 时，径向浓度梯度为零：

$$\left(\frac{\partial c_B}{\partial r} \right)_{y=0} = 0\tag{8-66}$$

因此盘电流为：

$$i_D = -nF\pi r_1^2 D_B \left(\frac{\partial c_B}{\partial y} \right)_{y=0}\tag{8-67}$$

（3）在绝缘区（$r_1 \leqslant r < r_2$），不发生电化学反应，故无电流通过，于是：

$y=0$ 时，$\qquad\qquad\qquad \left(\frac{\partial c_B}{\partial y} \right)_{y=0} = 0$ $\qquad\qquad\qquad$ (8-68)

（4）在环电极区（$r_2 \leqslant r < r_3$），B 粒子以极限反应速度进行反应，故有：

$y=0$ 时，$\qquad\qquad\qquad\qquad c_B = 0$ $\qquad\qquad\qquad\qquad$ (8-69)

假设实验开始前，溶液中不存在中间产物 B，则环电流为：

$$i_R = nFD_B 2\pi \int_{r_2}^{r_3} \left(\frac{\partial c_B}{\partial y} \right)_{y=0} r\,dr\tag{8-70}$$

运用上述边界条件，求解方程式中间产物 B 的稳态对流扩散方程式：

$$\nu_r \left(\frac{\partial c_B}{\partial r} \right) + \nu_y \left(\frac{\partial c_B}{\partial y} \right) = D_B \left(\frac{\partial^2 c}{\partial y^2} \right)\tag{8-71}$$

得到圆盘-圆环电极的捕集系数 N 为：

$$N = 1 - F(\alpha/\beta) + \beta^{2/3}[1 - F(\alpha)] - (1 + \alpha + \beta)^{2/3}\{1 - F[(\alpha/\beta)(1 + \alpha + \beta)]\}$$

$$\tag{8-72}$$

其中 $\qquad\qquad\qquad \alpha = (r_2/r_1)^3 - 1; \quad \beta = (r_3/r_1)^3 - (r_2/r_1)^3$

F 值定义如下：

$$F(\theta) = \left(\frac{\sqrt{3}}{4\pi}\right)\ln\left[\frac{(1+\theta^{1/3})^3}{1+\theta}\right] + \frac{3}{2\pi}\arctan\left(\frac{2\theta^{1/3}-1}{3^{1/3}}\right) + \frac{1}{4} \qquad (8\text{-}73)$$

当 $\theta = 0$ 时，$F(\theta) = 0$；当 $\theta \to \infty$ 时，$F(\theta) = 1$。θ 从 0 到 1 的 $F(\theta)$ 值均已计算出来，可查文献直接得到。

根据不同半径比值由式（8-73）计算 F 值，再由式（8-72）计算得到捕集系数 N，相应计算结果见表 8-3。

表 8-3 常用的盘环半径比的捕集系数

r_3/r_2	r_2/r_1								
	1.02	1.03	1.04	1.05	1.06	1.07	1.08	1.09	1.10
1.02	0.1013	0.6769	0.0947	0.0922	0.0902	0.0884	0.0869	0.0855	0.0843
1.03	0.1293	0.1250	0.1215	0.1186	0.1162	0.1140	0.1121	0.1104	0.1089
1.04	0.1529	0.1483	0.1444	0.1412	0.1385	0.1360	0.1339	0.1320	0.1302
1.05	0.1537	0.1687	0.1647	0.1612	0.1520	0.1560	0.1533	0.1512	0.1493
1.06	0.1023	0.1872	0.1829	0.1930	0.1761	0.1733	0.1708	0.1686	0.1665
1.07	0.2092	0.2039	0.1996	0.1958	0.1925	0.1896	0.1869	0.1846	0.1824
1.08	0.2247	0.2194	0.2149	0.2110	0.2076	0.2046	0.2019	0.1994	0.1972
1.09	0.2592	0.2328	0.2292	0.2252	0.2217	0.2186	0.2158	0.2133	0.2110
1.10	0.2526	0.2472	0.2426	0.2385	0.2350	0.2318	0.2289	0.2263	0.2240
1.12	0.2772	0.2717	0.2670	0.2629	0.2593	0.2560	0.2530	0.2503	0.2479
1.14	0.2992	0.2938	0.2890	0.2849	0.2812	0.2778	0.2748	0.2720	0.2605
1.16	0.3192	0.3138	0.3090	0.3018	0.3011	0.2977	0.2947	0.2929	0.2393
1.18	0.3375	0.3321	0.3274	0.3232	0.3134	0.3161	0.2130	0.3191	0.3075
1.20	0.3544	0.3490	0.3443	0.3402	0.3354	0.3330	0.3290	0.3271	0.3245
1.22	0.3701	0.3648	0.3601	0.3560	0.3523	0.3489	0.3458	0.3420	0.3403
1.24	0.3848	0.3795	0.3749	0.3708	0.3671	0.3637	0.3069	0.3577	0.3551
1.26	0.3985	0.3933	0.3887	0.3847	0.2810	0.3776	0.3745	0.3717	0.3691
1.28	0.4115	0.4083	0.1013	0.3077	0.3941	0.3907	0.3577	0.3849	0.3822
1.30	0.4237	0.4186	0.4141	0.4101	0.4065	0.4032	0.4001	0.3973	0.3947
1.32	0.4353	0.4332	0.4258	0.4218	0.4183	0.4150	0.4119	0.4092	0.4066
1.34	0.4463	0.4413	0.4369	0.4330	0.4294	0.2262	0.4222	0.4204	0.4178
1.36	0.4567	0.4618	0.4475	0.4436	0.4401	0.4369	0.4339	0.4311	0.4286
1.38	0.4567	0.4619	0.1576	0.4639	0.4503	0.4471	0.4441	0.4414	0.4389
1.40	0.4762	0.4715	0.4673	0.4635	0.4600	0.4565	0.4539	0.4512	0.4487

实际使用时，理论上求捕集系数 N 不一定要按式（8-72）进行复杂的计算。文献上

已经将各种类型的 r_2/r_1 及 r_3/r_2 比值相应的 N 计算出来，见表8-3。这样对大多数电极只要根据电极的各种半径直接查表便得捕集系数 N。

式（8-72）表明，捕集系数只取决于圆盘-圆环电极的几何参数（r_1、r_2 及 r_3），而与电极的转速无关。应该指出，式（8-72）只适用于盘电极反应的中间产物是稳定的情况。如果反应中间产物不稳定，它可能参与化学反应进一步参加电极反应，其捕集系数不仅与电极的几何参数有关，而且与电极的转速也有关。

捕集系数可以用实验测定。在捕集实验中，典型的盘电流 i_D 和环电流 i_R 与盘电位 φ_D 的函数图（在恒定环电位 φ_R 下）如图8-15所示。由 i_R 与 i_D 实验值可得到捕集系数 N 为：

$$N = \frac{i_R}{i_D}$$

根据实验测得的捕集系数 N 可以判断中间产物是否稳定。如果实验得到的捕集系数 N 与 i_D 和 ω 无关，可以认为中间产物是稳定的。如中间产物 B 以足够高的速度分解，那么它在由盘到环的路程中会损失一些，则实验测得的捕集系数要小于理论计算值，且是 ω、i_D 或 c_0^0 的函数。

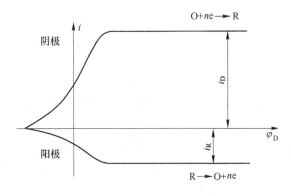

图 8-15　圆盘-圆环电极伏安图

8.7　旋转圆盘-圆环电极的电路联结

旋转圆盘-圆环电极实验通常采用双恒电位仪来做，它可以独立地调节盘电位 φ_D 和环电位 φ_R，如图8-16所示。但是，大多数旋转圆盘-圆环电极的测定是在稳态条件下进行，

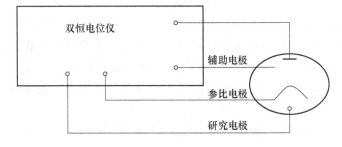

图 8-16　双恒电位仪控制电路

所以能够用两个恒电位仪分别单独控制盘电极和环电极的电位。使用时，控制环电极的恒电位仪要浮地，浮地方式是指装置的整个地线系统和大地之间无导体连接，它是以悬浮的"地"作为系统的参考电平。浮地方式的主要优点是：若浮地系统对地的电阻很大，对地分布电容很小，则由外部共模干扰引起的干扰电流就很小，如图 8-17 所示。

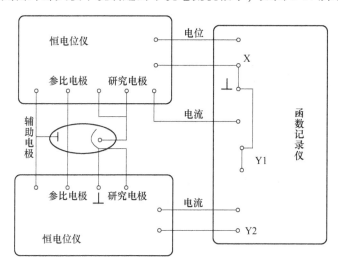

图 8-17　普通恒电位仪控制电路

8.8　电极反应中间产物的检测

研究复杂的电极反应机理，常常要求检测中间产物。这一研究首先由 Frumkin 解决了。他采用的方法是旋转圆盘-圆环电极。但是，如何判断主要电极反应的中间产物与平行反应的副产物却是另一项研究，在本节讨论。

8.8.1　捕集系数与环电流的关系

如果在圆盘电极上发生如下电极反应：

$$O + me \xrightarrow{k_1} R \tag{8-74}$$

$$O + (m - n)e \xrightarrow{k_1} O' \tag{8-75}$$

$$O' + ne \xrightarrow{k_3} R \tag{8-76}$$

式中，O 为反应物；R 为最终产物；O' 为中间产物；k 为电极反应速度常数。

上述反应式表明，在圆盘电极上同时进行两个平行还原反应历程，最终产物均为 R。第一个历程（式（8-74））不同于第二个历程（式（8-75）及式（8-76））。第二个历程中间产物可以由环电极检测。所以，假设中间产物 O' 在圆环电极上发生如下反应：

$$O' - (m - n)e > O \tag{8-77}$$

根据伊凡诺夫（Ivanov）和列微奇（Lcvich）严密的数学推导，环电极的极限电流密度与捕集系数 N 可用下式表示：

$$i_R = \frac{J_0 N}{1 + k_3 \delta / D_0} \tag{8-78}$$

式中，i_R 为圆环电极上的电流密度，是由于中间产物在环电极上发生反应而产生的电流；J_0 为电极生成中间产物产生的电流；N 为捕集系数；δ 为扩散层厚度，是中间产物由电极表面向溶液内部扩散时相应的扩散层厚度；D_0 为中间产物的扩散系数。k_3 由下式定义：

$$i_s = nFk_3 c_0^s \tag{8-79}$$

式中，c_0^s 为中间产物在圆盘电极表面上的浓度。因而 k_3 应理解为中间产物在圆盘电极上进一步反应的速度常数。i_s 为相应电极反应在圆盘电极上产生的电流。

8.8.2 特征方程式的推导

为了研究问题的方便，将式（8-74）、式（8-75）及式（8-76）改写成下列形式：

$$O \xrightarrow{\ i_1\ } R \tag{8-80}$$

$$O \xrightarrow{\ i_2\ } \underset{i_4}{\overset{O^\cdot}{\downarrow}} \xrightarrow{\ i_3\ } R \tag{8-81}$$

式中，i_1、i_2、i_3 为相应电极反应在盘电极上产生的电流；i_4 为中间产物从圆盘电极向溶液内部扩散所产生的电流。

应该理解到 i_2 与方程式（8-78）中 J_0 是相等的。

$$J_0 = i_2 \tag{8-82}$$

如果在圆盘电极上同时发生式（8-81）及式（8-82），则圆盘电极电流密度为：

$$i_D = i_1 + i_2 + i_3 \tag{8-83}$$

电极反应达到稳态时，圆盘电极上中间产物浓度应为常数。因而可以认为，中间产物的生成速度应该等于中间产物在圆盘电极上进一步反应的速度与中间产物由圆盘表面向溶液本体扩散速度之和。如果速度用电流密度表示，应得下式：

$$i_2 = i_3 + i_4 \tag{8-84}$$

或

$$i_2 = nFk_3 c_0^s + nFD_0 c_0^s / \delta \tag{8-85}$$

由式（8-85）可以导得中间产物扩散电流密度与中间产物生成电流密度之比为：

$$\frac{nFD_0 c_0^s / \delta}{i_2} = \frac{1}{1 + k_s \delta / D_0} \tag{8-86}$$

将 $nFD_0 c_0^s / \delta = i_4$ 代入上式得：

$$i_2 = i_4 (1 + k_s \delta / D_0) \tag{8-87}$$

将式（8-78）与式（8-87）合并，并考虑到 $i_2 = J_0$ 得：

$$i_R = N i_4 \tag{8-88}$$

式（8-88）表明，圆环电极上的电流与中间产物由圆盘电极表面向溶液本体扩散的电流成正比。

将式（8-84）及式（8-88）代入式（8-83）得：

$$i_D = i_1 + 2i_2 - (i_R / N) \tag{8-89}$$

为了导出特征方程式，定义下式：

$$x = i_1/i_2 \tag{8-90}$$

式中，x 与电极反应式（8-75）及式（8-76）速度常数有关。因此，它是圆盘电极电位的函数，与电极的旋转速度无关。

将式（8-90）代入式（8-89），并解出 i_2 得：

$$i_2 = \frac{i_D + i_R/N}{x + 2} \tag{8-91}$$

由式（8-91）、式（8-79）及式（8-82）得：

$$\frac{i_D}{i_R} = \frac{x + 1}{N} + \frac{(x + 2)k_s\delta}{ND_0} \tag{8-92}$$

式中 δ 由下式给出：

$$\delta = 1.61D_0^{1/3}\nu^{1/6}\omega^{-1/2} \tag{8-93}$$

将式（8-93）代入式（8-92）得：

$$\frac{i_D}{i_R} = \frac{x + 1}{N} + \frac{(x + 2)k'}{N\omega^{1/2}} \tag{8-94}$$

其中

$$k' = 1.61D_0^{-2/3}\nu^{1/6}k_s \tag{8-95}$$

式（8-95）为特征方程式，x，k' 为未知量，i_D、i_R、ω 为实验已知量。如果以 i_D/i_R 对 $\omega^{-1/2}$ 作图，得到直线，其截距为 $(x + 1)/N$，斜率为 $[(x + 2)k']/N$。由这一特征方程式，可以判断在平行反应中，中间产物是否形成。下面详细讨论这一问题。

8.8.3　特征方程式的讨论

根据式（8-75）、式（8-76）及式（8-77），可能有下列几种情况出现：

（1）如只发生反应式（8-75），在该种情况下，无中间产物存在，因此，没有环电流；

（2）若只发生反应式（8-76），且中间产物又不进一步反应，则 $k_1 = 0$、$k_s \approx 0$。在该种情况下，式（8-94）变为：

$$\frac{i_D}{i_R} = \frac{1}{N} \tag{8-96}$$

式（8-96）表示环电流与转速无关。如果用 i_D/i_R 对 $\omega^{-1/2}$ 作图，得到平行 $\omega^{-1/2}$ 坐标轴的直线，如图 8-18（a）所示。

（3）若只发生反应式（8-76）及式（8-77），而反应式（8-75）不发生。此时 $x = 0$，则由式（8-94）得：

$$\frac{i_D}{i_R} = \frac{1}{N} + \frac{2k'}{N\omega^{1/2}} \tag{8-97}$$

式（8-97）表明，i_D/i_R 与 $\omega^{-1/2}$ 呈线性关系。用 i_D/i_R 对 $\omega^{-1/2}$ 作图，得直线，截距为 $1/N$，斜率等于 $2k'/N$。由于反应式（8-77）与圆盘电极电位有关，所以，直线的斜率是电位的函数，这样可以得到一簇截距为 $1/N$ 的直线。由截距求得捕集系数 N，如图 8-18（b）所示，这种情况在文献中经常遇到。

（4）如果反应式（8-75）及式（8-76）同时发生，但反应式（8-77）不发生。这意味着能产生中间产物。但中间产物不进一步在圆盘电极上反应。在该种情况下，由式（8-94）得：

$$\frac{i_D}{i_R} = \frac{x+1}{N} \tag{8-98}$$

式（8-98）表明，盘电极电位一定时，i_D/i_R 与 $\omega^{-1/2}$ 无关，用 i_D/i_R 对 $\omega^{-1/2}$ 作图，得到平行 $\omega^{-1/2}$ 轴的直线。因为 x 与圆盘电极电位有关，故可以得到一簇平行 $\omega^{-1/2}$ 轴的直线，如图 8-18（c）所示。

（5）如果反应式（8-75）、式（8-76）及式（8-77）都发生，在该种情况下，式（8-94）不能简化。这时直线的截距等于 $(x+1)/N$，斜率为 $(x+2)k'/N$。由于 x 和 k' 与圆盘电极电位有关，因此可得一簇不同截距和不同斜率的直线，如图 8-18（d）所示。

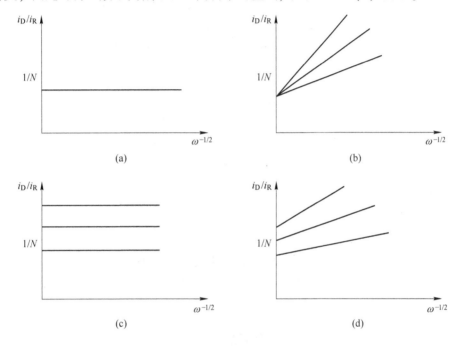

图 8-18 i_D/i_R 与 $\omega^{-1/2}$ 的关系

上述讨论表明，式（8-94）为判断中间产物的存在提供了依据。根据这一方程式可以计算单个电极反应速度常数和研究有中间产物存在时的电化学反应机理。文献中曾经利用上述原理研究了在酸性和碱性溶液中的氧还原机理，查明其还原历程。研究表明，氧在许多电极上还原不是直接还原为 H_2O 或 OH^-，而是分步进行的。在酸性溶液中，历程为：

$$O_2 + 2H^+ + 2e \rightleftharpoons H_2O_2 \qquad \varphi^0 = +0.682V$$

$$H_2O_2 + 2H^+ + 2e \rightleftharpoons 2H_2O \qquad \varphi^0 = +1.77V$$

在碱性溶液中，历程为：

$$O_2 + H_2O + 2e \rightleftharpoons HO_2^- + OH^- \qquad \varphi^0 = -0.076V$$

$$HO_2^- + H_2O + 2e \rightleftharpoons 3OH^- \qquad \varphi^0 = +0.38V$$

G. H. Kelsall 和 P. W. Page 用黄铜矿 $CuFeS_2$ 作工作电极（WE），Pt 作捕集电极（CE）

构成的旋转双电极研究了黄铜矿的电溶解。检测到溶解的铁、铜和硫。其循环伏安图
（见图8-19）说明下述反应的存在：

$$S + 2H^+ + 2e \Longrightarrow H_2S$$

$$5CuFeS_2 + 12H^+ + 4e \Longrightarrow Cu_5FeS_4 + 4Fe^{2+} + 6H_2S$$

$$CuFeS_2 + (4 - 2z)H^+ + (2x + 2y - 2z)e \Longrightarrow$$

$$Cu_xFe_yS_z + (1 - x)Cu^{2+} + (1 - y)Fe^{2+} + (2 - z)H_2S$$

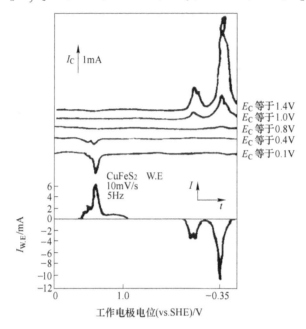

图 8-19　圆盘-圆环电极的循环伏安图

（W. E 电位扫描范围：$-0.35 \sim 1.0V$，C. E 电位 E_C 为 $0.1 \sim 1.4V$）

复习思考题

8-1 电极附近的液层在什么情况下满足层流条件？

8-2 电极表面附近溶液运动的规律是什么？

8-3 扩散控制时和混合控制时的旋转圆盘电极的特征。

8-4 旋转圆盘电极有哪些应用？

8-5 如何检测电极反应的中间产物？

9 冶金电极反应机理的检测

9.1 电极反应机理的概念

电极反应是电能与化学能之间的转化过程，通过电极与电解液的相互作用，从而发生的一切电子转移及化学反应过程，其中电子转移的机理是电极反应的关键。电解或电镀在有色金属中得到广泛的应用。Cu、Pb、Zn、Ni、Co、Al、Mg 及 Ti 等金属均可用电解法或电镀法制取或提纯。电解或电镀生产，总希望产品质量好、产量大、单位产品用电量少。电解或电镀反应机理的知识可以为选择合理的生产条件提供理论依据。

冶金电极反应机理是指总的电极反应所包括的连续的并按一定顺序进行的步骤。这种按一定顺序排列的连续步骤叫做冶金电极反应历程。由于概率低和能耗高，多电子反应通常不是一步完成，而是逐步进行的。这些分步骤中，有吸附过程、电子传递反应、表面转化反应、物质脱附过程。在每个电子传递反应中，一般只有一个电子参加。这些电子传递反应和表面转化反应都按本身的内在规律排列成一定的顺序，构成电极反应历程。研究冶金电极反应机理还要确定电极反应的速度控制步骤。电极反应的速度是由控制步骤决定的，控制步骤是电极反应机理的重要内涵。只有查明电极反应历程，又查明速度控制步骤，才能全面确定电极反应机理，并按照相应的反应机理的知识指导电解生产过程。

为了理解这一问题，现举氯碱法的例子说明如何由电极反应机理认识合理的电解工艺条件。

氯碱法是由电解食盐水溶液制取 NaOH、Cl_2 和 H_2 的工业生产方法，是重要的基础化学工业之一。由于其基本反应为电化学过程，因此氯碱工业的产率、能耗、产品质量均与电化学有关，二者密切的关系表现为：一方面氯碱工业的建立与发展受益于电化学科学与电化学工程的发展；另一方面氯碱工业的成就又促进了电化学的进步。

食盐水电解的理论基础：

阳极反应：　　　　$2Cl^- - 2e \Longrightarrow Cl_2 \uparrow$（氧化反应）　　$\varphi^{\ominus}_{25℃} = 1.3583V$

析氧反应：碱性溶液　$4OH^- \longrightarrow 2H_2O + O_2 + 4e$　　$\varphi^{\ominus}_{25℃} = 0.401V$

　　　　　　酸性溶液　$2H_2O \longrightarrow O_2 + 4H^+ + 4e$　　$\varphi^{\ominus}_{25℃} = 1.229V$

pH 值增加，析氧的平衡电极电位变负，反应将更易发生。

热力学：如比较析氧和析氯的标准电极电位，析氧比析氯更容易发生。

动力学：析氯反应的极化率较低，当阳极极化增加时，用于析氯的电流密度迅速增加，而消耗于析氧的电流密度就相对减少。在工业中为了提高阳极析氯的电流效率，要增大"氧氯差"。

增大氯氧差应尽力减少析氯反应的过电位，增大析氧反应的过电位。常采取以下措施：（1）提高电极材料的电催化选择性。如：电流密度为 $1000\sim5000A/m^2$ 时，DSA 阳极（dimensionally stable anode，涂层钛阳极）析氧电位比析氯电位高 $250\sim300mV$，石墨阳极高 $100mV$。（2）提高电解液中 Cl^- 的浓度，降低电解液中的 OH^- 浓度。如：采用饱和盐水、酸性盐水，以降低析氯电位，提高析氧电位。（3）提高电流密度。利用两个电极反应可逆性的差异，扩大反应速率的差距。

阴极反应：隔膜法和离子膜法（铁阴极或活性阴极）。

$$2H_2O + 2e \longrightarrow 2OH^- + H_2 \qquad \varphi_{25℃}^{\ominus} = -0.828V$$

水银法（液汞阴极）：Na^+ 放电，生成钠-汞齐：

$$Na^+ + e + xHg \longrightarrow NaHg_x \qquad \varphi_{25℃}^{\ominus} = -1.868V$$

解汞槽 $\qquad NaHg_x + H_2O \longrightarrow Na^+ + OH^- + 1/2H_2 + xHg$

食盐水溶液电解质制取氯气和烧碱的技术关键是电化学反应器中两极产物的分隔。否则将发生各种副反应和次级反应，使产率大减、产品质量下降，并可能发生爆炸。在工业生产中，要避免这几种产物混合，常使反应在特殊的电解槽中进行。我国的氯碱工业主要采用三种生产工艺：隔膜电解法、离子膜电解法、水银电解法。

9.1.1 隔膜电解法

隔膜电解法是利用多孔渗透性的材料作为电解槽内的隔层，以分隔阳极产物和阴极产物的电解方法。氯碱工业利用隔膜电解槽电解食盐水溶液生产烧碱、氯气和氢气。隔膜电解槽由装有阳极的槽底、吸附隔膜的阴极箱和槽盖三部分组成。隔膜是一种由石棉纤维制成的多孔渗透性隔层，将电解槽分隔为阴极室（阴极网袋内）与阳极室（隔膜与阳极之间的空隙）。隔膜的微孔容许离子和液体通过，但能分开阳极上产生的氯气和阴极上产生的氢氧化钠溶液和氢气，避免氯气溶解在氢氧化钠溶液中生成次氯酸钠，并最终成为氯酸钠，还防止氯与氢混合而构成爆炸性的混合物。

特点：（1）隔膜电解法与水银电解法、离子膜电解法比较总能耗（包括电、蒸气）最高；（2）氢氧化钠产品（固体）含有3%左右的氯化钠，不能用于人造丝与合成纤维的生产；（3）隔膜所用的细微石棉纤维，吸入肺内有损健康。但因生产设备容易制作，材料便于取得，在电源比较丰富或电价比较低廉，对于烧碱含盐量的要求又不很苛刻的地区，特别是有地下盐水或附近有联合发电与供汽设施的地区，仍在普遍采用。

生产工艺流程：盐水工序、电解工序、蒸发工序、氯化氢的处理等。

（1）盐水工序。盐水工序包括化盐（原盐溶解）、盐水精制、澄清、过滤、重饱和、预热、中和及盐泥处理。每生产 1t 烧碱（100%NaOH）和 0.88t 氯约需 $1.5\sim1.6t$ 原盐（理论值为 1.462t）。盐水工序的投资占氯碱厂总投资的 $5\%\sim10\%$，而原盐的费用在生产成本中占 $20\%\sim30\%$。

粗盐水主要的杂质及其危害包括：（1）钙、镁、铁离子可在阴极区的碱性介质中生成沉淀，堵塞隔膜，使其渗透率降低，减少电解液流量，降低电流效率，缩短隔膜寿命，消耗 NaOH。（2）SO_4^{2-} 可加速 OH^- 在阳极放电，并降低 NaCl 的溶解度。（3）NH_4^+ 或有机氯化物可能在电解槽中转化为 NCl_3，易爆。

盐水的澄清：用重力沉降法或浮上澄清法。盐水的过滤用虹吸式过滤器及重力式过滤器。盐水的重饱和、预热、中和：经过上述处理的盐水必须再次饱和，即重饱和，并在入槽前加热到 80℃ 左右，可降低氯在盐水中的溶解度、析氯的过电位，并提高溶液电导率，减小欧姆压降。加入盐酸，使 pH 值降低。

（2）电解工序。精制的盐水由阳极区进入隔膜法电解槽电解，从阳极区得到氯气，从阴极区得到氢气、烧碱和氯化钠混合的阴极液。

（3）蒸发工序：1）浓缩 NaOH 溶液，使之达到液碱产品的浓度。2）分离其中的 NaCl，回收后送入盐水工序重复使用。

（4）固碱工序。采用熬碱锅间歇煮或升降膜式蒸发器连续蒸发，液碱去除水分后呈熔融态，NaOH 含量达 95% 以上，再经冷却成型，分别制成桶碱、片碱或粒碱等产品。我国烧碱生产中固碱产量约为 10%~12%，世界烧碱主要生产国的固碱产量约为 5%。

（5）气体产物的处理。氯气：从电解槽直接获得的高温高湿并带有盐雾等杂质的氯气，不能作为产品使用，必须经过冷却、干燥、加压、液化等处理，以液氯产品形式提供给用户。氢气：电解槽出来的氢气，温度达 80℃，也需冷却洗涤，经压缩后罐装至钢瓶，供用户使用。为了保持电解槽阴极室压力恒定，还需要设置氢气压力调节装置及自动放空装置。

9.1.2 离子膜电解法

经过两次精制的浓食盐水溶液连续进入阳极室，钠离子在电场作用下透过阳离子交换膜向阴极室移动，进入阴极液的钠离子连同阴极上电解水产生的氢氧离子生成氢氧化钠，同时在阴极上放出氢气。食盐水溶液中的氯离子受到膜的限制，基本上不能进入阴极室而在阳极上被氧化成为氯气。部分氯化钠电解后，剩余的淡盐水流出电解槽经脱除溶解氯、固体盐重饱和以及精制后，返回阳极室，构成与水银法类似的盐水环路。离开阴极室的氢氧化钠溶液一部分作为产品，一部分加入纯水后返回阴极室。碱液的循环有助于精确控制加入的水量，又能带走电解槽内部产生的热量。离子膜电解法生产流程如图 9-1 所示。

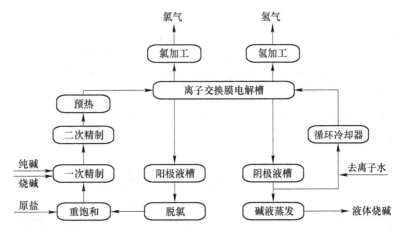

图 9-1 离子膜电解法生产流程

有限极距槽膜寿命可达 6 年，零极距槽膜寿命为 3 年以上。如 H-U 槽，自 1983 年推向市场应用以来，至今所有 Fiona 膜，寿命最佳者已达 6 年，并且其电流效率仍维持在 95% 左右，操作状况尚佳。杜邦公司的 Fiona 膜，分散在 33 个国家和地区，其 N-90209 膜的寿命在日本平均已逾 3 年，电流效率仍高于96%。现在美国杜邦公司又推出一种型号为 NX-966 的新膜，它比 N-90209 的力学性能提高 50%。NX-966 更具安全和寿命较长的优点。

9.1.3 水银电解法

在氯碱工业中，利用水银电解槽电解食盐水溶液，生产高纯度烧碱（NaOH）、氢气和氯气。

水银电解槽由电解器、解汞器和水银泵三部分组成，水银电解法形成水银和盐水两个环路。电解器为钢制带盖的沿纵向有一定倾斜度的长方形槽体，两端分别有槽头箱和槽尾箱，由分隔水银与盐水的液封隔板与槽体相连。槽体的底部为平滑的厚钢板，保证水银流动时不致裸露钢铁，钢板下面连接导电板。槽壁衬有耐腐蚀的硬橡胶绝缘衬里。槽盖上有通过密封圈下垂的石墨阳极或金属阳极组件，露出槽外的阳极棒由软铜板连接阳极导电板，槽盖与槽体密封。水银与精制的饱和盐水同时连续进入槽头箱，水银借重力形成流动的薄膜，覆盖整个槽底作为阴极。通入直流电时，盐水中的氯化钠被电解，由于水银阴极上氢的超压（过电压）远超过钠的超压，因而钠离子在阴极放电生成的金属钠立即与水银形成钠汞齐，溶在水银中从槽尾箱流出进入解汞器。氯离子在阳极上失去电子生成氯气泡，穿过盐水从槽盖上的氯气出口管引出。解汞后的水银流入水银贮槽，由水银送到电解器槽头箱，构成水银流动的环路。饱和食盐水溶液流经电解器，一部分氯化钠（15% ~ 16%）解离，剩余的溶有氯气的淡盐水流出槽外，经盐酸酸化后，在真空下吹入空气脱氯，然后再用固体食盐重新饱和，制成精制盐水，重新利用，构成盐水流动环路。解汞器目前多采用立式，汞齐从器顶均匀流下，经石墨粒填料床与器底流入的纯水逆流接触，汞齐为阳极，石墨粒为阴极，两者接触短路，生成氢氧化钠和氢气。氢气经解汞器顶部冷却器冷却，捕集大部分水银后再进一步精制。现代电解器均装有超负荷电极保护装置，由电子计算机控制，随时调整阳极的高低，使阴阳两极在最小的间距下运转而不致短路。

水银电解法具有一定的优点。20 世纪 80 年代初，水银电解法在世界氯碱工业生产能力中约占 42%。现有的水银法氯碱装置，大多数在积极控制水银流失的条件下继续采用，一部分则将改造为离子交换膜法装置，新建的氯碱厂一般不再采用此法。对拆除设备采用循环水冲洗、酸洗，废水和部分固体废弃物采用活性炭吸附和水洗等方法处理沉渣、底泥和受汞污染的部分土壤及除汞处理后的拆除设备一并外售具有处理能力的企业，有效地防止了汞扩散和转移。

9.2 电极反应机理的探究

电极反应机理是分子、离子、原子、电荷等微观粒子的迁移及反应历程。这种过程不能直接观察得到，也无法仅用数学的方法从理论上求出电极反应机理，只能用实验方法通过仪器测定等手段确定电化学反应的中间产物种类及含量，推断电化学反应进行的机理。目前研究电极反应机理有数学模拟法和稳态极化曲线法两种方法，数学模拟法最终也需要进行实验验证，而稳态极化曲线法则通过实际实验数据来推证电极。此外，还要测定多电子反应速度控制步骤的化学计量数、测定表观传递系数、测定反应级数、检测中间产物、确定电极反应历程和控制步骤等。

9.2.1　数学模拟法

所谓数学模拟法就是采用数学模型来分析研究化学问题的方法。而数学模型则是用数学语言来表达过程中各种变量之间关系的数学表达式。数学模型的分类方法较多，可按变量的性质、研究的方法、研究的对象以及模型的由来等进行分类。在化学中，数学模型按其由来可分为三大类：（1）从过程的机理推导得出的机理模型，它能反映过程的本质，可以超出实验范围外推使用，但必须对反应过程的机理有较深入的研究，有比较全面的基础数据才能得出；（2）从实验数据归纳得出的经验模型，它不必做大量的基础理论研究工作就可得出，模型的得来简便，但由于实验数据有一定的范围，因此有一定的局限性，不能大幅度地外推使用；（3）混合模型，它是通过理论分析，确定参数之间的函数关系形式，再通过正常操作或实验数据来确定此函数式中各系数的大小，也就是把前两种模型结合起来而得出的一种模型。

9.2.1.1　数学模型的分类

在化学反应中，数学模型按处理问题的性质可分为四种：

（1）化学动力学模型，即微观动力学方程。它是在排除传递过程影响的前提下描述化学反应速率与反应物系各组分浓度及温度关系的数学表达式。在均相反应中，动力学方程大都采用幂函数的形式，对气体催化反应则有幂函数型和双曲线函数型两种形式。前者基于催化剂表面对反应组分的非均匀吸附机理，而后者则基于均匀表面吸附机理。当中除少数催化反应的动力学方程可通过示踪物在催化剂表面的吸附实验确定反应机理而获得双曲线形的机理模型外，其余大多数催化反应的动力学方程还是需要依赖动力学试验数据整理而得，而同样的实验数据可以获得幂函数型和双曲函数型都可适用的结果，而在反应机理未得到证实之前，由实验数据可以获得幂函数型和双曲函数型都可适用的结果，这两种形式的模型仍然是经验型的。

（2）传递模型。主要指动量、热量及质量传递模型。其中压力降、给热系数、传质系数的计算，大都采用从实验数据归纳而得的经验模型。

（3）流动模型。主要是指连续流动过程中流体流经反应器时各部分质点的流动状况。按物料粒子在反应器内停留时间分布的不同可分为理想置换（平推流，活塞流）模型、理想混合（全混流）模型和实际流型（层流模型，扩散模型）等三类。

（4）宏观动力学模型，即工业反应器内的化学动力学模型、传递模型及流动模型的综合。它概括了"三传"对化学反应的影响。

9.2.1.2　数学模拟的方法和基本步骤

（1）观察。首先应对所研究的问题进行全面深入细致的观察了解，明确所要解决问题的目的要求，查阅资料，收集必要的数据。

（2）分析。实际问题错综复杂，涉及面广，必须抓住主要矛盾，舍去次要矛盾，将实际问题进行合理简化。在相对比较简单的情况下，理清变量间的关系，建立相应的数学模型。为此应给予必要的假设，不同的假设会得到不同的模型及结果。如果假设合理，则模型与实际问题比较吻合，若假设不合理或者过于简单，则模型与实际问题不吻合或部分吻合，所以这一步是建立模型的关键。

（3）实验。实验是模型研究的基础，离开了实验，模型就如无源之水，无本之木。一般实验前必须进行实验设计（如正交设计、因子设计、序贯设计等），对实验条件做出最佳安排。如在宏观动力学的研究中，首先需要通过实验弄清有关微观动力学方面的问题（如主副反应间的关系、反应机理及速率控制步骤等），其次要弄清反应过程的传递过程（如固体催化剂的物理性质、孔结构、耐热性能等，又如在多相过程中的相界面性质、相间的传热与传质、流体的流动状况等），这就需要通过实验充分揭露与反应器性能有关的各种基本矛盾，作为判断和建立模型的参考。

（4）模型的建立。对大量的实验数据，首先必须根据变量的类型选用恰当的数学方法加以处理。如果实际问题中的变量是确定性质变量，建立模型时多采用微积分、微分方程、线性及非线性规划、网络法等。如果变量是随机变量，数学方法多采用概率、统计、决策论等。例如根据实验室反应器测得的动力学数据，在建立化学动力学模型时，就可用微分法或积分法来处理。但无论用哪种方法，数学模型的建立均需要包括下列五个基本步骤：

1）根据已有的理论知识及对实验数据的分析，提出可能的模型。

2）模型的筛选。第一步提出了多个可能的模型，需要从中筛选出合适的一个，这个模型是符合全部实验数据的、有意义的和可用可解的。一个反应的动力学模型往往需要对十个甚至数十个可能的模型进行筛选后才能得出来。具体可从下列几方面入手：第一是研究在极限情况下模型的性质（如初步速率与总压的关系）；第二是引用诊断参数（及多元模型的特定参数，又分为本征参数及非本征参数两类）来决定模型的取舍；第三是可根据某些物理化学的约束条件来判断模型是否合用（如双曲模型的吸附常数应为正值，反应活化能应为正值等都可作为模型取舍的参考）；第四是可根据模型对实验数据的吻合程度，即以残差的平方和最小者为最好的模型。

3）模型参数的估值。常用的参数估值法是最小二乘法（微分法可用线性、非线性估值，而积分法只能用非线性估值），所选定的模型参数应使模型的计算值与实验值的残差平方和为最小。

4）模型的显著性检验。模型的显著性检验就是检验模型表示试验数据的能力如何。通常根据统计学的理论采用方差和残差分析来进行。其中方差分析可以从整体上判断模型对实验数据的适应性，而残差分析则可发现模型的局部缺陷。所以一个数学模型必须从各个方面去进行鉴别、评比，才能得出正确的结论。

必须指出，模型的检验工作并不是在上列各部都完成之后才做的，而是在第 2 个步骤及第 3 个步骤中即已开始结合进行。

5）模型的修改。实际问题往往是比较复杂的，在建模时由于简化抛弃了一些次要因素，因此模型与实际问题就不一定完全吻合，而得出的模型是否适用必须返回到实践中去检验，不断修改提高，才能作为工厂设计的依据。因此，工业反应器模型的建立不是一次完成的，而需经过多次的反复。实验也不是一次完成的，需要通过不同规模的实验方能成功。在修改模型时，可对问题的主次因素再次进行分析、重新分析假设的合理性。合理的部分应保留，不合理的部分应进行修改。如果由于忽略某一因素而使前面的模型失败或部分失败，则在建模时应把它再考虑进去，有时甚至要改变约束条件等。

9.2.1.3 数学模型的形式

为解决实际问题而建立起来的数学模型主要有下列几种形式：联立代数方程组、联立常微分方程组、联立偏微分方程组。这些方程组往往难以求得解析解。然而，电子计算技术的发展和电子计算机的运用，使方程能迅速求得数值解，这就为数学模型的运用提供了广阔的前景。所以，数学模型在建立时就需从应用的角度考虑，那些不能计算也无法应用的模型是毫无用处的。

9.2.1.4 数学模拟过程的步骤

数学模拟过程的步骤流程图如图 9-2 所示。

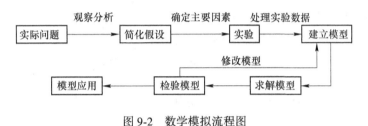

图 9-2　数学模拟流程图

9.2.1.5 数学模型的建立和应用实例

A　硫酸生产在钒催化剂上用二氧化硫氧化的化学动力学模型

在解除法生产硫酸的过程中，其关键工序之一是在钒催化剂上把二氧化硫氧化为三氧化硫，其反应式为：

$$SO_2 + 1/2O_2 \xrightarrow{\text{钒催化剂}} SO_3 + Q$$

这是一个可逆、放热、体积缩小的气固相催化反应。针对该类反应，根据不均匀表面吸附理论，其化学动力学方程均可写成下述幂函数的形式：

$$r = k_1 c_S O_2^n c_{O_2}^m c_{SO_3}^q - k_2 c_{SO_2}^{n'} c_{O_2}^{m'} c_{SO_3}^{q'} \tag{9-1}$$

式中，k_1，k_2 分别为正、逆反应速率常数；c_{SO_2}，c_{O_2}，c_{SO_3} 分别为混合气体中 SO_2、O_2、SO_3 的瞬时浓度，kmol/L；n，m，q 及 n'，m'，q' 等为相应组分的反应级数。

实验研究表明，在转化率较低时，逆反应可以忽略不计。在近二十年的研究中，其动力学方程大都归纳成如下的形式：

$$r_{正} = k_1 c_{O_2}(c_{SO_2}/c_{SO_3})^n \tag{9-2}$$

自 20 世纪 50 年代初起，波列斯科夫经过大量研究得出 $m=1$，$n=0.8$，所以式（9-2）具体化为：

$$r_{正} = k_1 c_{O_2}(c_{SO_2}/c_{SO_3})^{0.8} \tag{9-3}$$

式（9-3）没有考虑逆反应的影响，这在低温低转化率下是允许的。但在温度及转化率较高时，其误差很大，所以波列斯科夫又在式（9-3）的基础上提出了一个既考虑逆反应影响而又简化的动力学方程式：

$$r_{正} = k_1 c_{O_2} \left[(c_{SO_2} - c_{SO_2}^*)/c_{SO_3} \right]^{0.8} \tag{9-4}$$

式中，$c_{SO_2}^*$ 为反应温度下混合气体中 SO_2 的平衡浓度。

式（9-4）在温度及转化率不太高时，可以表示 SO_2 的平衡浓度，但在温度和转化率较高时误差仍然很大，而且式（9-3）、式（9-4）在 c_{SO_3} 为零时，r 趋于无穷大，无法用于工业反应器的设计计算，所以我国的研究工作者根据 P. Mars 和 J. G. H. Maesseen 提出的反应机理，将式（9-3）改造成下列形式：

$$r_{正} = k_1 c_{O_2} \left(\frac{c_{SO_2}}{c_{O_2} + Z c_{SO_3}} \right) \tag{9-5}$$

式中，Z 为调整因子。

式（9-5）解决了反应的初期 $c_{SO_3} = 0$ 时，反应速率的计算问题，而且与研究中发现反应初期 $r_{正}$ 与 SO_3 浓度无关的事实相符合，但它没有考虑逆反应的影响，所以较为精确的计算总反应速率的动力学方程式应为：

$$r = k_1 c_{O_2} \left(\frac{c_{SO_2}}{c_{O_2} + Z c_{SO_3}} \right) - \left(1 - \frac{c_{SO_2}^2}{K_p^2 c_{SO_2}^2 c_{O_2}} \right) \tag{9-6}$$

式中，K_p 为平衡常数。

为计算方便，常将 SO_2、O_2 的起始百分浓度设为 a、b，转化率 x 和调节因子 $Z = 0.8$ 代入式（9-6）整理得：

$$r = \frac{\mathrm{d}x_A}{\mathrm{d}\tau_0} = \frac{k_1}{a} \left(\frac{1 - x_A}{1 - 0.2x_A} \right) \left(b - \frac{a x_A}{2} \right) \left[1 - \frac{x_A^2}{K_p^2 (1 - X_A) \left(b - \frac{a X_A}{2} \right)} \right] \tag{9-7}$$

式（9-7）即为修正后的目前国内常用的动力学方程式，在具体计算时，k_1 值的大小还与催化前的类型及使用温度、转化率有关。当温度 $t < 470℃$ 或转化率 $x_4 > 0.6$ 时：

对 S_{101} 型钒催化剂 $k_1 = e^{\left(15 - \frac{11000}{273+t} \right)}$

对 S_{105} 型钒催化剂 $k_1 = e^{\left(12 - \frac{9000}{273+t} \right)} \tag{9-8}$

当温度 $t < 470℃$ 或转化率 $x_A < 0.6$ 时：

对 S_{101} 型钒催化剂 $k_1 = e^{\left(34.2 - \frac{25000}{273+t} \right)}$

对 S_{105} 型钒催化剂 $k_1 = e^{\left(28 - \frac{20000}{273+t} \right)} \tag{9-9}$

必须指出，式（9-7）是在极细的催化颗粒上进行实验而得出的微观动力学方程，没有考虑在实际生产中由于催化前颗粒较大而造成的内扩散影响。因此，在用于工程计算时，一般还需要用内扩散有效系数 η 来校正内扩散阻力所带来的反应速率的偏差，此时其宏观反应速率式可写成：

$$R = \frac{\mathrm{d}x_A}{\mathrm{d}\tau_0} = \frac{\eta k_1}{a} \left(\frac{1 - x_A}{1 - 0.2x_A} \right) \left(b - \frac{a x_A}{2} \right) \left[1 - \frac{x_A^2}{K_p^2 (1 - X_A) \left(b - \frac{a X_A}{2} \right)} \right]$$

$$= \frac{k_1^*}{a} \left(\frac{1 - x_A}{1 - 0.2x_A} \right) \left(b - \frac{a x_A}{2} \right) \left[1 - \frac{x_A^2}{K_p^2 (1 - X_A) \left(b - \frac{a X_A}{2} \right)} \right] \tag{9-10}$$

式（9-10）计算的微观化学反应速率又叫本征反应速率，与式（9-7）计算的相差一半左右。

利用式（9-10）可以计算出为达到预定的转化率 X_{Af} 所需要的接触时间 τ_0，进而计算所需的催化剂体积 V_R，将式（9-10）移项得：

$$d\tau_0 = \frac{a\,dx_A}{\eta k_1\left(\dfrac{1-x_A}{1-0.2x_A}\right)\left(\dfrac{1-x_A}{1-0.2x_A}\right)\left[1 - \dfrac{x_A^2}{K_p^2(1-X_A)\left(b - \dfrac{aX_A}{2}\right)}\right]}$$

积分得：

$$\tau_0 = \int_0^{X_{Af}} \frac{a\,dx_A}{\eta k_1\left(\dfrac{1-x_A}{1-0.2x_A}\right)\left(\dfrac{1-x_A}{1-0.2x_A}\right)\left[1 - \dfrac{x_A^2}{K_p^2(1-X_A)\left(b - \dfrac{aX_A}{2}\right)}\right]} \tag{9-11}$$

在实际生产条件下，K_p 数值可按下列简化式计算：

$$\lg K_p = 4905.5/T - 4.6455 \tag{9-12}$$

鉴于目前常采用绝热式 SO_2 转化反应器，在反应器内的温度和转化率应符合绝热操作方程：

$$T_2 - T_1 = \frac{n_0 a(-\Delta H_r)}{n_t c_{p,m}}(x_{A2} - x_{A1})\lambda(x_{A2} - x_{A1}) \tag{9-13}$$

式中，n_0 为混合气体的初始摩尔流量；n_t 为转化率 x_{A2} 时气体混合物的摩尔流量；$c_{p,m}$ 为转化率为 x_{A2}，温度自 T_1 升至 T_2 时，气体混合物的平均恒压热容；λ 为绝热升温。

当忽略不计 x_{A2} 和 T_2 对 n_0/n_1、$-\Delta H_r$ 及 $c_{p,m}$ 的影响时，λ 可视为常数。而反应热 $-\Delta H_r$ 可按下式计算：

$$-\Delta H_r = 24205 - 2.21T \tag{9-14}$$

这样应用式（9-13）可算出催化床中温度和转化率的对应关系，从而用式（9-12）算出相应的 K_p 值，再用式（9-8）或者式（9-9）算出相应的 k_1 值，从而通过式（9-11）用数值积分（或图解积分）求出接触时间 τ_0。

由于 $\tau_0 = V_R V_0$，因此求出 τ_0 后，除以气体混合物的初始体积流量 V_0，即可求得为达到预定的转化率 X_{Af} 所需的催化剂体积 V_R。

求出催化剂体积 V_R 后，又如何来决定反应器内催化床的高度和直径呢？一般来说，由于床层内的流动状况应尽量接近平推流，因此床层的高度 L 应大于催化床颗粒直径 d_P 的 100 倍，而为了避免产生壁效应，床层的直径 D_1 应大于颗粒直径 d_P 的十倍以上，在保证床层内流体流动状况呈平推流的基础上选定 L 和 D_1 后，再根据床层允许压降小于操作压力的 15% 原则来进行调整，直到既满足 $L>100d_P$ 和 $D_t>10d_P$，又保证床层压降 $\Delta p < \Delta p_{允}$ 为止。

最后还需指出，由于 SO_2 氧化的机理至今尚未全部弄清，所提出的动力学方程式（即反应速率式）也因人因试验条件而异，目前已达二十余种，今后也还会有更新更好的化学动力学模型出现。

B 复杂化学反应动力学方程数学模型的建立及求解

设有一复杂反应共有 n 个基元反应和 m 种物质,以 A_i 表示第 i 种物质,以 k_j 表示反应进度定义的反应 j 的速率常数,以 $C_{Ai,\,0}$ 表示初始时刻 t_0 时物质 A_i 在反应 j 中的化学计量系数,若 A_i 不参与反应 j,则记 $V_{ij} = 0$,则整个反应体系可表示如下:

$$\begin{bmatrix} \nu_{11} & \nu_{12} & \cdots & \nu_{1,\,m-1} & \nu_{1,\,m} \\ \nu_{21} & \nu_{22} & \cdots & \nu_{2,\,m-1} & \nu_{2,\,m} \\ \vdots & \vdots & \ddots & & \\ \nu_{n1} & \nu_{n2} & \cdots & \nu_{n,\,m-1} & \nu_{n,\,m} \end{bmatrix} \begin{bmatrix} A_1 \\ A_2 \\ \vdots \\ A_n \end{bmatrix} = 0$$

根据质量作用定律,反应 j 的速率方程为:

$$\frac{\mathrm{d}\xi_j}{\mathrm{d}t} = k_j \prod_{k=1}^{m} c_{A_k}^{-\nu_{jk}} \quad (j = 1,\ 2,\ \cdots,\ n;\ \nu_{jk} < 0) \tag{9-15}$$

式(9-15)中,c_{A_k} 代表 A_k 物质的浓度,当反应 j 中 A_k 物质的化学计量系数 $\nu_{jk} \geqslant 0$ 时,则不参与式(9-15)的乘积运算。

由式(9-15)可知,A_i 物质的反应速率为:

$$\frac{\mathrm{d}c_{A_i}}{\mathrm{d}t} = \sum_{j=1}^{n} \nu_{ij} \frac{\mathrm{d}\xi_j}{\mathrm{d}t} \quad (i = 1,\ 2,\ \cdots,\ m) \tag{9-16}$$

联立式(9-15)与式(9-16),可得:

$$\frac{\mathrm{d}c_{A_i}}{\mathrm{d}t} = \sum_{j=1}^{n} \nu_{ij} k_j \prod_{k=1}^{m} c_{A_k}^{-\nu_{jk}} \quad (i = 1,\ 2,\ \cdots,\ m;\ \nu_{jk} < 0) \tag{9-17}$$

将式(9-17)改写为

$$c'_{A_i} = f_i(c_{A_1},\ c_{A_2},\ \cdots,\ c_{A_m}) \quad (i = 1,\ 2,\ \cdots,\ m) \tag{9-18}$$

$$c'_{A_i} = \frac{\mathrm{d}c_{A_i}}{\mathrm{d}t},\ f_i(c_{A_1}\, c_{A_2},\ \cdots,\ c_{A_m}) = \sum_{j=1}^{n} \nu_{ij}\, k_j \prod_{k=1}^{m} c_{A_k}^{-\nu_{jk}} \quad (\nu_{jk} < 0)$$

又有初值条件 $\qquad c_{A_i}(t_0) = c_{A_i,\,0} \quad (i = 1,\ 2,\ \cdots,\ m) \tag{9-19}$

则式(9-18)和式(9-19)构成一阶常微分方程组,可通过龙格库塔法求解出任意时刻各物质的浓度,计算方法如下:

$$\begin{cases} c_{A_i,\,n+1} = c_{A_i,\,n} + \dfrac{1}{6}(K_{i1} + 2K_{i2} + 2K_{i3} + K_{i4}) \\[2mm] K_{i1} = h f_i(c_{A_1,\,n},\ \cdots,\ c_{A_m,\,n}) \\[2mm] K_{i2} = h f_i\!\left(c_{A_1,\,n} + \dfrac{1}{2}K_{11},\ \cdots,\ C_{A_m,\,n} + \dfrac{1}{2}K_{m1}\right) \quad (i = 1,\ 2,\ \cdots,\ m) \\[2mm] K_{i3} = h f_i\!\left(c_{A_1,\,n} + \dfrac{1}{2}K_{12},\ \cdots,\ c_{A_m,\,n} + \dfrac{1}{2}K_{m2}\right) \\[2mm] K_{i4} = h f_i(c_{A_1,\,n} + K_{13},\ \cdots,\ c_{A_m,\,n} + K_{m3}) \end{cases} \tag{9-20}$$

式中,$c_{A_i,\,n}$ 为 $t = t_0 + nh$ 时的数值解,h 为积分步长。

苯甲酸苯酯在 $NaOH/C_2H_2OH/OH^-$ 溶液中发生水解及酯交换反应的反应机理如下:

$$\begin{cases} A \xrightarrow{\ k_1\ } B + D \\[1mm] B \xrightarrow{\ k_2\ } C \\[1mm] A \xrightarrow{\ k_3\ } C + D \end{cases}$$

其中 A、B、C、D 分别代表苯甲酸苯酯、苯甲酸乙酯、苯甲酸根离子和苯酚阴离子，各反应速率常数如下：$k_1 = 0.189 s^{-1}$、$k_2 = 0.00572 s^{-1}$、$k_3 = 0.090 s^{-1}$，设 A 物质的初始浓度 1.00mol/L，B、C、D 物质的初始浓度为零，试计算反应进行到 20s 时各物质的浓度，并模拟 20s 之内该反应的反应进程。按照上面的公式进行编程序计算，得各物质的浓度为：$c_A = 0.0038$、$c_B = 0.6142$、$c_C = 0.3820$、$c_D = 0.9962$。

表 9-1 为软件在不同积分步长下的运算时间与计算的各物质浓度数据。

表 9-1 软件的计算结果与文献中的数据对比

不同解法对比		运算时间/s	c_A/mol·L^{-1}	c_B/mol·L^{-1}	c_C/mol·L^{-1}	c_D/mol·L^{-1}
软件 计算结果	$H = 1$	0	0.0038	0.6142	0.3820	0.9962
	$H = 0.1$	0	0.0038	0.6142	0.3820	0.9962
	$H = 0.01$	0.031	0.0038	0.6142	0.3820	0.9962

C 速控步法、平衡假设法和稳态法

适当采用速控步法、平衡假设法和稳态法等方法可以免去复杂的联立微分方程，从而使问题简单化而又不致引入较大误差。

例 1 $H^+ + HNO_2 + C_6H_5NH_2 \xrightarrow{（催化剂）Br^-} C_6H_5N_2^+ + 2H_2O$ 的实验速率方程是：$R = kc_{HNO_2}c_{H^+}c_{Br^-}$。

注意到反应物 $C_6H_5NH_2$ 并没有出现在速率方程中，它对反应的速率不产生影响，因此该反应机理可能为：

$$H^+ + HNO_2 \underset{k_{-1}}{\overset{k_1}{\rightleftharpoons}} H_2NO_2^+ \quad 快速平衡$$

$$H_2NO_2^+ + Br^- \xrightarrow{k_2} ONBr + H_2O \quad 慢$$

$$ONBr + C_6H_5NH_2 \longrightarrow C_6H_5N_2^+ + H_2O + Br^- \quad 快$$

假设用稳态法推导出总反应速率方程为 $r = k_1k_2c_{HNO_2}c_{H^+}c_{Br^-}/k_{-1}$，这与实验结果 $r = kc_{HNO_2}c_{H^+}c_{Br^-}$ 相一致。式中不包括速控步以下的快反应的速率常数 k_3，但包括了速控步及以前所有反应的速率常数。由于反应物 $C_6H_5NH_2$ 是出现在速控步以后的快反应中，因此它的浓度对总反应基本无影响，故不出现在速率方程中。

例 2 乙烷在 823~923K 之间，由实验得其主要产物是氢和乙烯，此外还有少量的甲烷，反应方程式可写作：$C_2H_6 \rightarrow C_2H_4 + H_2$。由实验得出，在较高压力下，它是一级反应，其反应速率方程为：

$$-dc_{C_2H_6}/dt = kc_{C_2H_6}$$

根据质谱仪和核磁共振实验等可知：$E_{(C-C)} = 347kJ/mol$，$E_{(C-H)} = 415kJ/mol$；在乙烷的分解过程中有自由基 $CH_3\cdot$ 和 $C_2H_5\cdot$ 生成，因此认为这个反应是按下列的链反应进行的：

(1) $C_2H_6 \longrightarrow 2CH_3\cdot$ K_1 $E_1 = 351.5kJ/mol$

(2) $CH_3\cdot + C_2H_6 \longrightarrow CH_4 + C_2H_5\cdot$ K_2 $E_2 = 33.5kJ/mol$

(3) $C_2H_5\cdot \longrightarrow C_2H_4 + H$ K_3 $E_3 = 167kJ/mol$

(4) $H\cdot + C_2H_6\cdot \longrightarrow H_2 + C_2H_5\cdot$ K_4 $E_4 = 29.3kJ/mol$

(5) $H\cdot + C_2H_5\cdot \longrightarrow C_2H_6$ K_5 $E_5 \approx 0$

上述乙烷热分解的链反应机理是否正确还需要加以检验。首先必须按上述反应机理找出反应速率和反应物浓度的关系，看其是否与实验结果一致，还要根据各基元反应的活化能（E_a）来估算总的活化能，看所得到的活化能是否和实验值相符。此外，如果还有其他实验事实的话，则提出的机理也应能给予阐明。

$$- \mathrm{d}c_{C_2H_6}/\mathrm{d}t = K_1 c_{C_2H_6} + K_2 c_{CH_3 \cdot} c_{C_2H_6} + K_4 c_{C_2H_6} + K_4 c_{C_2H_6} c_{H \cdot} - K_5 c_{H \cdot} c_{C_2H_5} \tag{9-21}$$

上式中各个自由基的浓度 $c_{CH_3 \cdot}$、$c_{H \cdot}$、$c_{C_2H_5}$ 在反应过程中很难直接测定。可以通过稳态法处理等求出它们与反应物浓度 $c_{C_2H_6}$ 之间的关系。推导出总的速率方程式。

$$-\mathrm{d}c_{C_2H_6}/\mathrm{d}t = (K_1 K_3 K_4/K_5)^{1/2} c_{C_2H_6} + 2K_1 c_{C_2H_6} \tag{9-22}$$

因上式第二项数值很小，只有第一项的百分之几，故：

$$r = - \mathrm{d}c_{C_2H_6}/\mathrm{d}t = (K_1 K_3 K_4/K_5)^{1/2} c_{C_2H_6} = K c_{C_2H_6} \tag{9-23}$$

即反应对 $c_{C_2H_6}$ 为一级，这说明一个复杂的反应能表现为具有简单级数的反应。照上述反应机理导出的反应速率方程式 r 是简单的一级反应，与实验所得的结果基本上是一致的。

由基元反应的活化能来估计总的活化能。在 r 中 $K = (K_1 K_3 K_4/K_5)^{1/2}$，根据 Arrhenius 关系式：$K = Ae^{[-E_a/(RT)]} = (A_1 A_3 A_4/A_5)^{1/2} \exp[-1/2(E_1 + E_3 + E_4 - E_5)/(RT)]$ 得到：

$E_a = (E_1 + E_3 + E_4 - E_5)/2 = (351.5 + 167 + 29.3 - 0)/2 \mathrm{kJ/mol} = 273.9 \mathrm{kJ/mol}$

这个数值与实验直接测得的表观活化能 284.5kJ/mol 相差不大，由于反应级数和活化能的数值都基本上与实验结果相符，因此，说明上述反应机理在实验条件下基本是合理的。

上述两例表明实验中得到的简单级次的宏观动力学规律，不一定是单一过程的简单反应，必须依靠某些检验活性中间体粒子是否存在的实验加以证明，才能做出正确的判断。这说明宏观动力学规律对于验证反应机理的必要性和不充分性，启示我们不能仅依靠宏观动力学去做反应机理的分析，否则有时会得出错误的判断。

9.2.2 稳态极化曲线法

稳态极化曲线法首先确定总的电极反应式。可以采用各种分析法如有机化学分析、无机化学分析、电化学分析、紫外光谱、XRD、XRF、ICP、红外、质谱、色谱、质量分析等，检测电流通过电极后，再检测溶液中反应物及产物的种类。再根据通过电极电量的法拉第数、反应物的消耗量及产物的增加量，计算出参加电极反应的电子数及各种反应离子的反应数。最后，根据上述数据，推算总的电极反应式。

平衡电极电位也是确定总电极反应最常用的依据。具体做法是根据可能发生的所有电极反应，查找热力学数据，由这些反应式计算平衡电极电位 φ_{Ψ}，将这些理论值与实测值比较。如果根据某一反应，计算得到的 φ_{Ψ} 与实验测定值接近，可以认为该电极反应可能就是实际的电极反应。采用这种方法比较简便，但要注意三点：

（1）计算值与实验值总有偏差，因此，即使二者比较符合，也还不能认为所假设的反应式就一定正确，需要进一步验证，校核 φ_{Ψ} 随体系组分浓度的变化是否与理论所预测的相同。

（2）校验无外电流时测得的电极电位是否为平衡电极电位。如果测量时搅拌溶液及改变电极表面状态，不引起测量数值的漂移，所测值为平衡电极电位。因为这些因素不会改变反应离子的热力学参数，故不会影响热力学平衡电极电位。如果出现漂移，表明所测值为某种稳定电极电位。

（3）即使找到了相应于平衡电极电位的电极反应式，该电极反应式只是在无外电流或者外电流极小的情况下的反应式，若通过外电流时引起的过电位比较大，实际反应式还可能与平衡电位下的反应式有所不同。

只有仔细考虑了上述三方面的问题后，才能正确应用平衡电极电位法来确定电极反应式。

9.2.3 测定多电子反应控制步骤的化学计量数

多电子电极反应总是分步进行，一步进行的反应概率几乎为零，因此，其中有电子传递反应，也有表面转化反应等非电子传递反应。一般情况下，一个电子传递步骤只有一个电子参加。在许多连续步骤中，常常存在着一个相对速度较慢的步骤，称为速度控制步骤。有时候，速度控制步骤要重复 x 次，下一步才能进行。总的电极反应发生一次，速度控制步骤重复的次数称为控制步骤的化学计量数，用 x 表示。

假设整个电极反应有 n 个电子参加，并分成 n 个电子传递步骤，一个接一个地进行：

$$O + e \Longrightarrow R_1（步骤1）$$
$$R_1 + e \Longrightarrow R_2（步骤2）$$
$$\vdots$$
$$R_p + e \Longrightarrow R_q （步骤 \vec{\gamma}）$$
$$x(R_q + e \Longrightarrow S_1)（速度控制步骤，重复 x 次）$$
$$xS_1 + e \Longrightarrow T （步骤 n-\vec{\gamma}-yx=\overleftarrow{\gamma}）$$
$$\vdots$$

经过 $\vec{\gamma}-1$ 个电子还原步骤

$$Y + e \Longrightarrow Z （步骤 n）$$

总电极反应为：
$$O + ne \Longrightarrow R$$

y 为引进的一个参数，上述连续步骤中的速度控制步骤，可以是电子传递反应（$y=1$），也可以是电极表面转化步骤（$y=0$）。可以认为速度控制步骤以外的各步骤处于平衡，因此，总的电极反应速度由控制步骤推导出。上述连续步骤中控制步骤的动力学方程式为：

$$\vec{i} = Fk_R^0 c_R \exp\left(-\frac{ayF\varphi}{RT}\right) \tag{9-24}$$

$$\overleftarrow{i} = Fk_S^0 c_S \exp\left(\frac{(1-a)yF\varphi}{RT}\right) \tag{9-25}$$

式中，a 为控制步骤的传递系数；c_R，c_S 都是中间产物的浓度，它们分别由速度控制步骤前后的各电子传递反应的平衡决定。分别求出最初反应物 O 的浓度 c_O 和速度控制步骤的反应为 R 的浓度 c_R 的关系，以及最终产物 R 的浓度 c_R 与速度控制步骤的产物 S_1 的浓度 c_{S_1} 的关系。

当步骤 1 处于平衡时，可得到 O 的浓度 c_O 与 R_1 的浓度 c_{R_1} 之间的关系：

$$k_O^0 c_O \exp\left(-\frac{a_1 F\varphi}{RT}\right) = k_{R_1}^0 c_{R_1} \exp\left[\frac{(1-a_1)F\varphi}{RT}\right] \tag{9-26}$$

得：

$$c_{R_1} = \frac{k_A^0}{k_B^0} c_O \exp\left(-\frac{F\varphi}{RT}\right) = K_1 c_O \exp\left(-\frac{F\varphi}{RT}\right) \tag{9-27}$$

式中，a_1 为步骤 1 的传递系数。

对于步骤 2 用同样方法得：

$$c_{R_2} = \frac{k_B^0}{k_c^0} c_{R_1} \exp\left(-\frac{F\varphi}{RT}\right) = K_2 c_{R_1} \exp\left(-\frac{F\varphi}{RT}\right) \tag{9-28}$$

将式 (9-27) 代入上式得：

$$c_{R_2} = K_1 K_2 c_O \exp\left(-\frac{2F\varphi}{RT}\right) \tag{9-29}$$

由上式可以看出，在步骤 2 的产物 c_{R_2} 浓度公式中，有两个常数相乘 ($K_1 K_2$)，并且指数中 $F\varphi/RT$ 前的系数为 2。依此推理，在以 c_O 表示步骤 $\vec{\gamma}$ 的产物 R 浓度时，公式中应有 $\vec{\gamma}$ 个 K 相乘，可以用 $\prod\limits_{i=1}^{\vec{\gamma}} K_i$ 表示，而且 $F\varphi/RT$ 前的系数应当为 $\vec{\gamma}$，即：

$$c_R^x = \left(\prod_{i=1}^{\vec{\gamma}} K_i\right) c_O \exp\left(-\frac{\vec{\gamma} F\varphi}{RT}\right) \tag{9-30}$$

或

$$c_R = \left(\prod_{i=1}^{\vec{\gamma}} K_i^{1/x}\right) c_O^{1/x} \exp\left[-\left(\frac{\vec{\gamma}}{x}\right)\frac{F\varphi}{RT}\right]$$

将上式代入式 (9-24) 得：

$$\vec{i} = F k_R^0 \left(\prod_{i=1}^{\vec{\gamma}} K_i^{1/x}\right) c_O^{1/x} \exp\left[-\left(\frac{\vec{\gamma}}{x} + ay\right)\frac{F\varphi}{RT}\right] \tag{9-31}$$

因为

$$\Delta\varphi = \varphi - \varphi_\text{平} \tag{9-32}$$

上式代入式 (9-31) 得：

$$\vec{i} = i_0' \exp\left[-\left(\frac{\vec{\gamma}}{x} + ay\right)\frac{F\Delta\varphi}{RT}\right] \tag{9-33}$$

$$i_0' = F k_R^0 \left(\prod_{i=1}^{\vec{\gamma}} K_i^{1/x}\right) c_O^{1/x} \exp\left[-\left(\frac{\vec{\gamma}}{x} + ay\right)\frac{F\varphi_\text{平}}{RT}\right] \tag{9-34}$$

式中，i_0' 为交换电流密度，不过它不是以速度控制步骤的反应物浓度 c_{R_x} 来表示，而是以总反应的最初反应物浓度 c_O 表示。

对于速度控制步骤的逆反应，由于步骤 $\vec{\gamma}$ 以下各步骤均处于平衡状态，用上述相同的方法也可导出速度控制步骤的产物浓度 c_S 与总反应的最终产物浓度 c_Z 的关系为：

$$c_S = \left(\prod_{i=\overleftarrow{\gamma}}^{z} K_i^{1/x}\right) c_Z^{1/x} \exp\left[\left(-\frac{\overleftarrow{\gamma}}{x}\right)\frac{F\varphi}{RT}\right] \tag{9-35}$$

将式（9-35）和式（9-32）代入式（9-25）得：

$$\overleftarrow{i} = i_0' \exp\left[\left(\frac{\overrightarrow{\gamma}}{x} + y - ay\right)\frac{F\Delta\varphi}{RT}\right] \tag{9-36}$$

在电极极化的条件下，速度控制步骤的净电流密度：

$$i' = \overrightarrow{i} - \overleftarrow{i} \tag{9-37}$$

根据总反应式，每消耗 1 个 O 粒子需要 n 个电子，整个反应才能完成，而速度控制步骤只消耗 1 个电子，由于在各稳态下的单元步骤的速度均与速度控制步骤相等，因此，电极上通过的总电流密度 i 应当是速度控制步骤的净电流密度 i' 的 n 倍，即：

$$i = ni' = n(\overrightarrow{i} - \overleftarrow{i}) \tag{9-38}$$

将式（9-33）及式（9-36）代入式（9-24）得：

$$i = ni_0'\left\{\exp\left[-\left(\frac{\overrightarrow{\gamma}}{x} + ay\right)\frac{F\Delta\varphi}{RT}\right] - \exp\left[\left(\frac{\overrightarrow{\gamma}}{x} + y - ay\right)\frac{F\Delta\varphi}{RT}\right]\right\} \tag{9-39}$$

式中，$\overleftarrow{\gamma}$ 为控制步骤后面的步骤序号，以步骤 n 作为结尾得到：

$$n - \overrightarrow{\gamma} - yx = \overleftarrow{\gamma}$$

$$\frac{\overleftarrow{\gamma}}{x} + y - ay = \frac{n - \overrightarrow{\gamma}}{x} - ay$$

若取 $i = ni_0$，并代入式（9-39）得：

$$i = ni_0\left\{\exp\left[-\left(\frac{\overrightarrow{\gamma}}{x} + ay\right)\frac{F\Delta\varphi}{RT}\right] - \exp\left[\left(\frac{n - \overrightarrow{\gamma}}{x} - ay\right)\frac{F\Delta\varphi}{RT}\right]\right\} \tag{9-40}$$

由式（9-40）可得：

$$\overrightarrow{a} = \frac{\overleftarrow{\gamma}}{x} + ay \tag{9-41}$$

$$\overleftarrow{a} = \frac{n - \overleftarrow{\gamma}}{x} - ay \tag{9-42}$$

式中，$\overrightarrow{a}$，$\overleftarrow{a}$ 为表观传递系数，它们与控制步骤的传递 a 和 $1-a$ 有区别。表观传递系数是确定电极反应机理的第一重要的参数。

将式（9-41）及式（9-42）代入式（9-40）得：

$$i = ni_0\left[\exp\left(-\frac{\overrightarrow{a}F\Delta\varphi}{RT}\right) - \exp\left(\frac{\overleftarrow{a}F\Delta\varphi}{RT}\right)\right] \tag{9-43}$$

式（9-43）是能用于多电子反应的巴特勒-伏尔摩方程。过电位很大时，式（9-43）中某指数项可略去，例如，阴极极化时，$\Delta\varphi$ 为负值，并且绝对值很大时，式（9-43）后面一项可忽略，得：

$$-\Delta\varphi = -\frac{2.3RT}{\overrightarrow{a}F}\lg i_0 + \frac{2.3RT}{\overrightarrow{a}F}\lg i \tag{9-44}$$

同理，阳极极化时得：

$$-\Delta\varphi = -\frac{2.3RT}{\overleftarrow{a}F}\lg i_0 + \frac{2.3RT}{\overleftarrow{a}F}\lg(-i) \tag{9-45}$$

显然，式（9-44）及式（9-45）为塔菲尔公式。从这两个公式的半对数阴极和阳极极化曲线的斜率可以求出表观系数 $\overrightarrow{a}$ 及 $\overleftarrow{a}$。式（9-45）中 $-i$ 表示阳极电流为负。将式（9-41）及式（9-42）合并得到：

$$x = \frac{n}{\overrightarrow{a} + \overleftarrow{a}} \tag{9-46}$$

由上式可求化学计量数 x。在许多情况下，难以同时得到大极化下的阴极和阳极极化曲线，这时可利用小极化下的极化行为来求化学计量数。当过电位很小时，式（9-43）可线性化得：

$$i = -i_0 \frac{nF\Delta\varphi}{xRT} \tag{9-47}$$

式中，"−"表示阳极电流为负，阴极电流为正，因此有：

$$x = -i_0 \frac{nF}{RT}\left[\frac{\partial(\Delta\varphi)}{\partial i}\right]_{\Delta\varphi \to 0} \tag{9-48}$$

利用大极化下测得的阴极或阳极半对数极化曲线求出整个电极反应的 i_0，再将在平衡电极电位下测得的 $\left[\frac{\partial(\Delta\varphi)}{\partial i}\right]_{\Delta\varphi \to 0}$ 一起代入到式（9-48），可以求得化学计量数 x。

上述讨论了化学计量数的物理含意及测定方法，现在说明控制步骤化学计量数在确定电化学反应机理的作用。以氢离子放电为例说明，其过程主要如下。

氢离子的还原过程：

液相传质：　　　　　　H_3O^+（溶液本体）$\longrightarrow H_3O^+$（电极表面附近液层）

电化学还原：　　　　　　$H_3O^+ + e \longrightarrow MH_{ab} + H_2O$

随后转化：　　　　　　$MH_{ab} + MH_{ab} \longrightarrow H_2$（复合脱附）

　　　　　　　　$MH_{ab} + H_3O^+ + e \longrightarrow H_2 + H_2O$（电化学脱附）

新相生成：　　　　　　$nH_2 \longrightarrow nH_2$（气泡）

析氢过电位是在某一电流密度下，氢实际析出的电位与氢的平衡电位的差值。析氢高过电位与电流密度存在塔菲尔关系：

$$\eta = a + b\lg J \tag{9-49}$$

式中，a 为单位电流密度下的析氢过电位。a 值大小反映了电极过程的不可逆程度，值越大，越不可逆。该值还与电极材料、表面状态、溶液组成、温度等有关。

根据 a 值的大小，可将电极材料分为如下三类：

（1）高过电位金属：$a = 1.0 \sim 1.5V$，如：Pb、Hg、Ti、Cd、Zn、Ga、Bi、Sn 等。

（2）中过电位金属：$a = 0.5 \sim 0.7V$，如：Fe、Co、Ni、Cu、W、Au 等。

（3）低过电位金属：$a = 0.1 \sim 0.3V$，如：Pt、Pd、Ru 等铂族金属。

溶液温度升高，反应活化能降低，析氢过电位降低。氢析出电极过程机理有：缓慢放电机理、复合脱附机理、化学脱附机理。

假设氢析出反应按照下列机理进行：

$$M(e) + H_3O^+ \longrightarrow MH + H_2O$$
$$2MH \rightleftharpoons 2M + H_2$$

假设第一步是控制步骤，随后步骤是化学脱附，对于这种机理，总反应发生一次，控制步骤要发生两次，氢原子才能复合成氢气分子，故化学计量数为2。

若氢离子按照下列机理放电：

$$M(e) + H_3O^+ \longrightarrow MH + H_2O$$
$$M(e) + MH + H_3O^+ \rightleftharpoons 2M + H_2O + H_2$$

这里仍然假设第一步为控制步骤，而随后步骤为电化学脱附反应。对于这一机理化学计量数为1。由此可见，所讨论的两个有关氢离子放电机理，控制步骤均为同一反应式，只是控制步骤随后反应不同，可以有不同的化学计量数。每种可能的电化学反应机理，都可能有一个化学计量数，因此根据化学计量数尽管可以推证反应历程和控制步骤，但是化学计量数本身还不具有单值性和特征性。例如，下面两个机理：

$$H_3O^+ \rightleftharpoons MH \longrightarrow H_2$$
及
$$H_3O^+ \longrightarrow MH \rightleftharpoons H_2$$

它们的控制步骤（"→"所示）化学计量数都是1。这表明不同的机理可以有相同的化学计量数。因而，不能把化学计量数作为判断电极反应机理的唯一依据，一定要与其他参数联合使用，判断机理所得结论才可靠。

9.2.4 测定表观传递系数

根据式（9-41）及式（9-42）得：

$$\vec{a} = \frac{\vec{\gamma}}{x} + ay \quad （\vec{a} \text{ 称为阴极反应表观传递系数}） \tag{9-50}$$

$$\overleftarrow{a} = \frac{n - \vec{\gamma}}{x} - ay \quad （\overleftarrow{a} \text{ 称为阳极反应表观传递系数}） \tag{9-51}$$

分析表观传递系数所包括的意义：

（1）式中含有 y 值。当 $y=0$ 时，无电荷传递过程，表明速度控制步骤是表面转化步骤；当 $y=1$ 时，速度控制步骤为电荷传递反应。可见，y 值可以说明速度控制步骤的性质。

（2）式中的传递系数 a。它是描述控制步骤动力学特性的重要参数，一定程度上决定了正逆反应速度的大小，与电极反应的本性有关。

（3）式中的化学计量数 x。是从另一角度即反应发生的次数来描述控制步骤的性质。上述分析表明，表观传递系数用特征数值说明速度控制步骤的性质，是电极反应机理的象征。不同的电化学反应机理有不同的表观传递系数值。因而可以认为，表观传递系数是测定电极反应机理的第一位重要参数，是判断电极反应机理必须遵守的准则。

为了求表观传递系数，必须测定阴极和阳极稳态极化曲线，然后由式（9-44）对 $\lg i$ 求导，得到：

$$\frac{d(-\Delta\varphi)}{d\lg i} = \frac{2.3RT}{\vec{a}F} \tag{9-52}$$

由上式求得阴极反应表观传递系数$\vec{a}$。再根据式（9-45）对$\lg(-i)$求导，得：

$$\frac{d(\Delta\varphi)}{d\lg(-i)} = \frac{2.3RT}{\overleftarrow{a}F} \tag{9-53}$$

由上式求得阳极反应表观传递系数。

9.2.5　电化学反应级数的测定

电化学反应级数反映了反应物或中间产物浓度对反应速度的影响程度，是分析电极反应机理的关键参数。对一些简单电极反应，仅使用电化学反应级数就能确定其电极反应的机理。对于复杂的多电子电极反应，在研究电极反应机理时电化学反应级数是必不可少的重要参数，是判断电极反应机理的主要依据。电化学反应级数是由速度控制步骤的反应物或中间产物浓度决定的，而速度控制步骤的反应物浓度取决于它前面的一系列步骤的平衡，故与总反应的最初反应浓度存在着一定关系，会在反应级数中反映出来。电化学反应级数把电极反应历程中的有关步骤联系在一起，这种内在联系导致电极反应级数必然成为电化学反应机理的重要判断依据。

在一般化学动力学中，假设只有 a 和 b 两种组分，反应速度由下式表示：

$$v = kc_a^{Z_a}c_b^{Z_b} \tag{9-54}$$

两边同取对数得：

$$\lg v = \lg k + Z_a\lg c_a + Z_b\lg c_b \tag{9-55}$$

组分 a 的反应级数可表示为：

$$\left(\frac{\partial\lg v}{\partial\lg c_a}\right)_{c_b,\ T} = Z_a \tag{9-56}$$

对于电化学反应，电极反应速度用电流密度表示，要用 i 代替 v 后再定义电化学反应级数。当过电位足够大时（$\eta \geq 120\text{mV}/n$），逆反应可以忽略，阴极过程和阳极过程的某一组分的电化学反应级数 $Z_{i,\text{c}}$ 和 $Z_{i,\text{a}}$ 分别定义为：

$$\left(\frac{\partial\lg\vec{i}}{\partial\lg c_a}\right)_{c_{b\neq a},\ \varphi,\ T} = Z_{i,\ \text{c}} \tag{9-57}$$

$$\left(\frac{\partial\lg\overleftarrow{i}}{\partial\lg c_i}\right)_{c_{j\neq i},\ \varphi,\ T} = Z_{i,\ \text{a}} \tag{9-58}$$

式中，$Z_{i,\text{c}}$ 为阴极电化学反应级数；$Z_{i,\text{a}}$ 为阳极电化学反应级数。

根据定义式求电化学反应级数应遵守以下条件：

（1）由电流密度求 i 组分电化学反应级数，除 i 组分外其他组分的浓度应保持恒定；

（2）电极反应速度是电极电位的函数，求电化学反应级数时，电极电位应保持不变；

（3）温度明显影响电化学反应速度，所以实验时，温度也应恒定；

（4）测定时，要考虑消除 φ 电位对实验结果的影响，因此，在实验溶液中要添加一定量的支持电解质。

根据电化学反应级数的概念，级数可以按如下方法求得：

（1）由实验直接测出 i 组分在不同浓度下的稳态极化曲线，由这些曲线可得某电位下电流密度与浓度的关系数据，再用 $\lg i$ 对 $\lg c$ 作图得直线，斜率即为第 i 组分的电化学反应级数。

（2）电化学反应级数不等于多电子反应的反应分子数，不能使用反应分子数代替反应级数。如 Fe^{2+} 阴极还原时，在总电极反应中 $Fe^{2+}+2e \Longrightarrow Fe$ 并没有 H^+ 或 OH^-，可是实验测得 OH^- 的电化学反应级数为 1。同一组分的阳极极化和阴极极化的电化学反应级数，可能有明显差异，这说明阳极过程和阴极过程的机理不一样。

（3）前面测定电化学反应级数方法只有当交换电流密度比较小时才适用。如果交换电流密度很大，就不能采用上述方法。因为交换电流密度大，将电极电位极化到 $120mV/n$ 时，无法保证不出现浓差极化，在此种情况下，可根据交换电流密度 ia 和平衡电极电位 $\varphi_{平}$ 与组分浓度的关系求电化学反应级数。

假设总的电极反应为：

$$Z_aA + Z_bB + \cdots + ne \Longrightarrow Z'_aA' + Z'_bB' + \cdots \tag{9-59}$$

交换电流密度为：

$$i_0 = nFk_c^0 c_A^{Z_a} c_B^{Z_b} \cdots \exp\left(-\frac{\overrightarrow{a}F\varphi_{平}}{RT}\right)$$

$$= nFk_a^0 C_{A'}^{Z_{a'}} C_{B'}^{Z_{b'}} \cdots \exp\left(\frac{\overleftarrow{a}F\varphi_{平}}{RT}\right) \tag{9-60}$$

式中，k_c^0 和 k_a^0 分别为 $\varphi=0$ 时阴极反应和阳极反应速度常数。

将式（9-58）取对数得：

$$\lg i_0 = \lg nFk_c^0 + Z_{i,c} \sum_{i=1}^{i=j} \lg c_i - \frac{\overrightarrow{a}F\varphi_{平}}{2.30RT} \tag{9-61}$$

由上式得：

$$\left(\frac{\partial \lg i_0}{\partial \lg c_i}\right)_{c_{j\neq i},T} = Z_{i,c} - \frac{\overrightarrow{a}F}{2.3RT}\left(\frac{\partial \varphi_{平}}{\partial \lg c_i}\right)_{c_{j\neq i},T} \tag{9-62}$$

所以得：

$$Z_{i,c} = \left(\frac{\partial \lg i_0}{\partial \lg c_i}\right)_{c_{j\neq i},T} + \frac{\overrightarrow{a}F}{2.3RT}\left(\frac{\partial \varphi_{平}}{\partial \lg c_i}\right)_{c_{j\neq i},T} \tag{9-63}$$

式（9-63）为组分 i 的阴极反应的电化学反应级数表示式。

用类似的方法，同样可以导出组分 i 的阳极反应电化学反应级数为：

$$Z_{i,a} = \left(\frac{\partial \lg i_0}{\partial \lg c_i}\right)_{c_{j\neq i},T} - \frac{\overrightarrow{a}F}{2.3RT}\left(\frac{\partial \varphi_{平}}{\partial \lg c_i}\right)_{c_{j\neq i},T} \tag{9-64}$$

由式（9-63）及式（9-64）看出，只要实验测出 $\overrightarrow{a}$、$\overleftarrow{a}$、$\left(\frac{\partial \lg i_0}{\partial \lg c_i}\right)_{c_{j\neq i},T}$、$\left(\frac{\partial \varphi_{平}}{\partial \lg c_i}\right)_{c_{j\neq i},T}$ 就可以求出电化学反应级数，还可以通过 i_0-c_i 实验曲线测得。

例3 Fe^{3+} 反应级数的测定

对于化学反应方程式 $2Fe^{3+}+2I^- \Longrightarrow 2Fe^{2+}+I_2$ 来讲，在一定条件下，其反应速率与反应物浓度的定量关系可以用反应速率表达式表示为：

$$V = kc_{Fe^{3+}}^x c_{I^-}^y \tag{9-65}$$

式中，浓度相的指数和 $x+y$ 称为反应的总级数；x 为 Fe^{3+} 的反应级数；y 为 I^- 的反应级数。

对上述化学反应方程式，欲确定其反应速率方程，就必须知道反应级数，而反应级数必须通过实验来确定。在相同条件下，分别使用 $Fe(NO_3)_3$、$FeCl_3$、$Fe_2(SO_4)_3$ 溶液测定了 Fe^{3+} 与 I^- 反应的反应级数 x。当 I^- 被氧化后溶液颜色变蓝，再采用吸光度法测定 Fe^{3+} 的含量，改变 $Fe(NO_3)_3$、$FeCl_3$、$Fe_2(SO_4)_3$ 溶液的浓度，保持 I^- 浓度不变，由反应速率公式可导出：

$$lgV = xlgc_{Fe^{3+}} + lgk' \tag{9-66}$$

式中，lgk' 为定值，用 lgV 对不同浓度的 Fe^{3+} 作图，如图 9-3 所示。

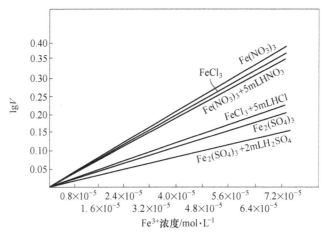

图 9-3　lgV 与 Fe^{3+} 浓度的关系图

根据斜率可求出不同浓度和种类的 x：$Fe(NO_3)_3$：$x = 0.952$，$FeCl_3$：$x = 0.943$，$Fe_2(SO_4)_3$：$x = 0.931$。对于 I^- 级数的测定可保持 Fe^{3+} 浓度不变，以此类推得出 y。

9.2.6　中间产物的检测

多电子电极反应是逐步进行的，在反应进行过程会产生中间产物，为确定电极反应历程就要查明中间产物的种类和性质，为准确确定电极反应历程提供实验依据，并能验证假设的机理过程。查明中间产物是研究电极反应机理的重要实验工作，在确定电极反应历程之前，需要采用各种电化学的和非电化学的研究方法对实验体系进行广泛的研究，发现可能存在的中间产物。

电极反应生成的中间产物有些是稳定的，在溶液中可以富集到一定的浓度，可用分析化学法直接检测。有些中间产物寿命极短，在电解液中不能富集，需要采用就地检测法，要求能在中间产物生成后极短时间内检测得到，能够进行这种检测的有电化学方法和非电化学方法。电化学方法主要有旋转圆盘-圆环电极法和循环伏安法，此外，检测中间产物还可以用非电化学法。

9.2.6.1　旋转圆盘-圆环电极法

旋转圆盘-圆环电极法采用的是环电极捕集盘电极上所产生的中间产物，中间产物在圆环能够稳定存在，这样就能被分析。旋转圆盘-圆环电极法是研究中间产物有效的方法。

如果在电极上发生如下反应：

$$O + ne \rightleftharpoons R \tag{9-67}$$

$$R \xrightarrow{k} T \tag{9-68}$$

设电荷传递反应 (9-67) 是可逆的，后续化学反应 (9-68) 是不可逆的。式中 R 为中间产物。根据扩散电流方程式，通过电极的电流应为：

$$\frac{i}{nFA} = m_0 \left[c_O^0 - c_O(x=0) \right] \tag{9-69}$$

式中，c_O^0 为反应物 O 本体浓度；$c_O(x=0)$ 为反应物 O 在电极表面上的浓度；A 为电极面积，cm^2；$\dot{m}_0$ 为比例系数，cm/s。

电极过程达到稳态时，通过电极的电流应等于中间产物由电极表面向溶液内部扩散和后续化学反应消耗的速度，所以得：

$$\frac{i}{nFA} = m_R \left[c_R(x=0) + ukc_R(x=0) \right] \tag{9-70}$$

式中，u 是反应层厚度，cm，假设在反应层内，所有的 R 分子都参加反应；k 为后续反应速度常数。

由式 (9-69) 得：

$$c_O(x=0) = \frac{i_d - i}{nFAm_0} \tag{9-71}$$

式中，i_d 称为极限电流，$i_d = nFAm_0 c_O^0$。

由式 (9-70) 得：

$$c_R(x=0) = \frac{i}{nFA(m_R - uk)} \tag{9-72}$$

因电荷传递反应为可逆反应，所以可将式 (9-71) 和式 (9-72) 代入能斯特方程式，得：

$$\varphi = \varphi^0 + \frac{RT}{nF}\ln\frac{m_R + uk}{m_0} + \frac{RT}{nF}\ln\left(\frac{i_d - i}{i}\right) \tag{9-73}$$

由式 (9-73) 得：

$$\varphi'_{1/2} = \varphi^0 + \frac{RT}{nF}\ln\frac{m_R + uk}{m_0} \tag{9-74}$$

当温度为 25℃ 时，如在上式中引入半波电位 $\varphi_{1/2}$ 得：

$$\varphi'_{1/2} = \varphi_{1/2} + \frac{0.059}{n}\lg\left(1 + \frac{uk}{m_R}\right) \tag{9-75}$$

式中，$\varphi_{1/2} = \varphi^0 + \frac{RT}{nF}\ln\frac{m_R}{m_0}$，为未受动力学干扰的半波电位，即无后续化学反应存在时的反应半波电位；$\varphi'_{1/2}$ 是有后续化学反应存在时的反应半波电位，这由式 (9-73) 可导出其物理意义。

现在研究两种极限情况：

(1) 当 $uk \ll m_R$ 时，后续式 (9-68) 的速度与中间产物 R 离开电极表面的物质传递速度相比可以忽略，可得到未受干扰的 i-φ 曲线，如图 9-4 所示。

（2）当 $uk \gg m_R$ 时，由式（9-75）得：

$$\varphi'_{1/2} = \varphi_{1/2} + \frac{0.059}{n} \lg \frac{uk}{m_R} \qquad (9-76)$$

对于旋转圆盘电极，$m_R = 0.62 D_R^{2/3} \omega^{1/2} v^{-1/8}$，将此值代入式（9-76）得：

$$\varphi'_{1/2} = \varphi_{1/2} + \frac{0.059}{n} \lg \frac{uk}{0.62 D_R^{2/3} v^{-1/6}} - \frac{0.059}{2n} \lg \omega \qquad (9-77)$$

式中，D_R 为中间产物 R 的扩散系数；v 为动力学黏度系数。

式（9-77）表明，当电极的电荷传递反应伴随有不可逆后续反应时，$\varphi'_{1/2}$ 与 $\lg \omega$ 呈线性关系，旋转电极的转速每增加 10 倍，$\varphi'_{1/2}$ 向阴极方向移动 0.03mV/n（25℃），这可作为判断后续反应存在的依据，如图 9-4 所示。

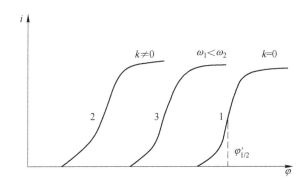

图 9-4　具有不可逆后续反应的 i-φ 曲线
1—未受干扰的曲线；2，3—在两种旋转速度有后续反应的曲线

9.2.6.2　循环伏安法

循环伏安法是发现中间产物存在的重要手段。这里用循环伏安法研究三种电极反应机理。

（1）分步反应。假设反应物 O 按下列步骤分步还原：

$$O + n_1 e \longrightarrow R_1 \qquad \varphi_1^0$$

$$R_1 + n_2 e \longrightarrow R \qquad \varphi_2^0$$

在这种情况下，循环伏安图谱形状本质上取决于 $\Delta\varphi^0 = \varphi_2^0 - \varphi_1^0$，每步反应的可逆性以及 n_1 和 n_2。计算表明，如果每步为单电子反应，当 $\Delta\varphi^0$ 在 0~100mV 之间时，两个反应相应的波合并为一个宽波，且峰电位 φ_p 与电位扫描速度无关。当 $\Delta\varphi^0 = 0$ 时，只出现一个峰，峰电流在 e~2e 单一步骤反应之间，且 $\varphi_p - \varphi_{p/2} = 21$mV。当 $\Delta\varphi^0 > 180$mV 时，即第二步比第一步容易还原，观察到直接 2e 还原单一峰（O+2e→R）的特征。如果 $\varphi_1^0 > \varphi_2^0$，即 O 在 R_1 前还原，可观察到两个分离波。第一波相应于在 n_1 电子反应中 O 还原到 R_1，当波过去以后，R_1 扩散到溶液中。在第二个波，O 在电极上以 $n_1 + n_2$ 个电子反应连续还原和 R_1 扩散回到电极上以 n_2 个电子反应还原为 R。上述电极反应的循环伏安图谱表示如图 9-5 所示。

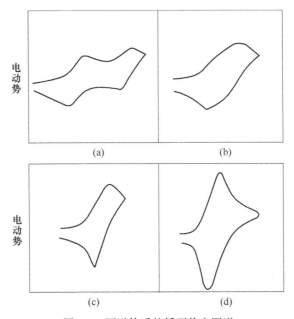

图9-5 可逆体系的循环伏安图谱

（a）$\Delta\varphi^0=-180mV$；（b）$\Delta\varphi^0=-90mV$；（c）$\Delta\varphi^0=0mV$；（d）$\Delta\varphi^0=180mV$

（2）前置反应。假设在电极上发生如下反应：

$$O \Longleftrightarrow O^* \quad（O^*为中间产物）$$

$$O^* + ne \Longleftrightarrow R$$

第一步反应发生在电荷传递反应之前，因此叫做前置反应。这种反应机理有以下特征，由于前置转化拖延了电荷传递反应，正向扫描时出现的峰电流i_{pc}有所降低而且$\varphi_{1/2}$负移。扫描速度越快，$i_{pc}/v^{1/2}$下降和$\varphi_{p/2}$负移越明显。

另一方面，由于反向扫描时电化学步骤不存在前置障碍，$i_{pa}/v^{1/2}$较少受到影响，因而$i_{pa}/i_{pc}>1$。扫描速度越快，这一比值也越大，如图9-6所示，这一特征可以作为前置反应存在的判断准则。

（3）后续反应。设在电极上发生如下反应：

$$O + ne \Longleftrightarrow R；R \longrightarrow X$$

第二步化学反应发生在电荷传递反应之后，叫做后续反应。如果$O+ne \Longleftrightarrow R$可逆，而$R \to X$不可逆，可以用旋转电极来研究，还可以用循环伏安法研究后续反应的动力学。当扫描速度足够快，正向阴极扫描生成的R来不及转变为X，在反向扫描中重新被氧化，R就好像是稳定的反应物，因而曲线具有可逆的特征。相反，若电位扫描足够慢，阴极电位扫描中形成的R完全转化为X，则峰电流i_{pc}因R的浓度高会出现在较正的电位，反向电位扫描时R不能被检出。所以，当电位扫描速度增大时，i_{pa}/i_{pc}（i_{pa}为阳极峰电流，i_{pc}为阴极峰电流）值也增大，终致接近于1，如图9-7所示，这一特征可作为后续反应存在的判断依据。

例4 7-甲基鸟苷电极氧化机理

7-甲基鸟苷是一种修饰核苷，近年来国内外学者发现可以用其来作为肿瘤标记物，已有的报道检测7-甲基鸟苷的方式主要为高效液相色谱法、毛细管电泳法、电化学法，其中电化学方法具有灵敏度高、检测范围宽的优点，何聿等人研究了7-甲基鸟苷在玻碳电极上的伏安行为，推导出了在检测过程中可能的电极反应机理。

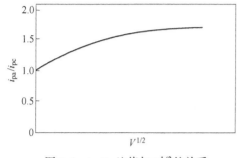
图9-6　i_{pa}/i_{pc}比值与$V^{1/2}$的关系

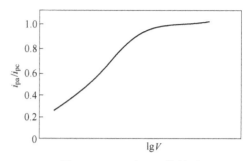
图9-7　i_{pa}/i_{pc}与$\lg V$的关系

取含7-甲基鸟苷1.0×10^{-3} mol/L的缓冲液10mL，以三电极系统对其进行多次的CV（安伏）扫描，范围1.0~1.7V。发现第一次扫描约在+1.45V出现较明显的氧化峰，逆向反扫时未出现还原峰。连续扫描第2周时，氧化峰电流有明显的下降，第3周相对第2周峰电流又有所下降，第4周后的氧化峰电流趋于稳定，由此表明反应物在电极表面有弱吸附。氧化电流随扫描速度的增大而增大，且峰电位随扫描速度增大逐渐正移，显示不可逆波的特性，说明7-甲基鸟苷在电极上的电化学反应是不可逆的。

恒电位电解法测定电极反应电子转移数：通N_2除氧1h，采用恒电位库仑电解法在1.1V处电解7-甲基溶液6h，使一定量的7-甲基鸟苷在大面积网状结构玻碳电极上全部氧化，记录电解法拉第电流和持续时间，另取底液按上述条件进行电解，记录在该电位处底液氧化所产生的连续法拉第电流，作为空白扣除，根据公式$n = \Delta Q/(FCV)$求出电极反应电子数$n = 1.65 \approx 2$。

动力学参数a_n的测定：在10~700mV/s的范围内考察峰电流与扫描速度的关系，结果表明7-甲基鸟苷的氧化峰i_p与电位扫描速度（v）的一次方不呈线性关系，而与扫描速度的平方根呈良好的线性关系，这表明浓度$c = 10^{-4}$ mol/L时，氧化反应主要受扩散控制。根据Laviron不可逆吸附体系的公式：

$$E_p = E_0 + RT/(a_n F) \ln[RT/(a_n F)]k_s - RT/(a_n F) \ln v \tag{9-78}$$

结合E_p-$\ln v$关系式：

$$E_p(\text{mV}) = 16.362 \ln v + 1010.9 \tag{9-79}$$

得：$a_n = 1.48$，因为$n = 2$，则：电子转移系数$a = 0.74$。

电极反应质子转移的测定：通过考察pH值与峰电流峰电位的关系得知，峰电位E_p随底液pH值增加而负移，表明有质子参与电极反应。7-甲基鸟苷的峰电位E_p与pH值成良好的线性关系：

$$E_p = 1.1645 - 0.0337 \text{pH} \tag{9-80}$$

由Nernst方程式得E_p与pH值的关系式：

$$E_p = K - 0.059m/(a_n) \cdot \text{pH}$$

因为$a_n = 1.48$，结合式（9-78）和式（9-77）得质子转移数$m = 0.85 \approx 1$。

综上所述推测，7-甲基鸟苷在玻碳电极表面发生的反应，机理可能如图9-8所示。

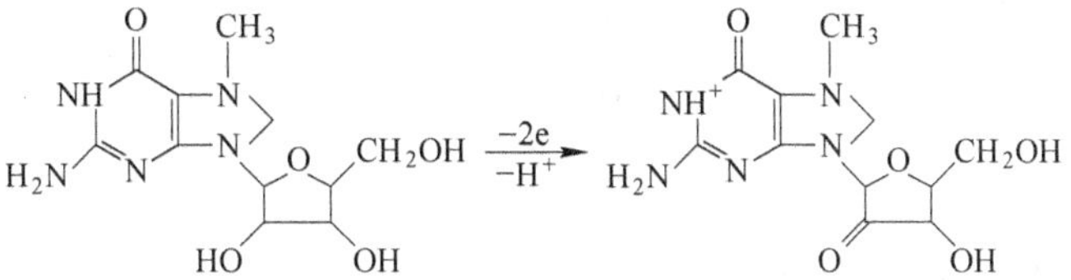

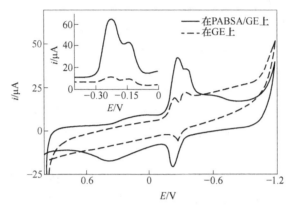

图 9-8　7-甲基鸟苷在玻碳电极表面发生的反应

例 5　呋喃它酮（FTD）电极反应机理的探讨

电子转移数 n 的测定：根据 FTD 的循环伏安行为如图 9-9 所示。

图 9-9　FTD 的循环伏安曲线和微分脉冲曲线（内插图）

可以看到有两个还原峰，峰电位分别是 $-0.260V（p_1）$ 和 $-0.366V（p_2）$，在 $-0.218V$ 处有 1 个氧化峰（p_3）。根据 E_{p_1} 与 E_{p_3} 判断，此二峰应为 FTD 的一对可逆电极反应，对于可逆反应，有 $|E_p-E_{p/2}| = 2.2RT/nF \approx 0.056/n$。根据图 9-9，$p_1$ 的半峰电位为 $-0.232V$，据此求得 $n=2$。

参加电极反应的质子数 m 的测定：分别以 $0.5mol/L$ 的 H_2SO_4 在支持电解质的作用下，对 FTD 进行循环伏安扫描，发现 FTD 的 E_{p_1} 随着溶液 pH 值的增大而负移（见图 9-10），并呈良好的线性关系，线性关系的斜率为：$-0.0679（r=0.990）$，依据 $E_p=E_0-0.059(m/n)pH$，求得当 $n=2$ 时，$m=2$。

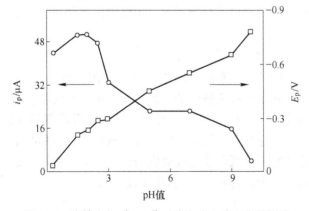

图 9-10　支持电解质 pH 值对峰电流和峰电位的影响

在 20~400mV/s 的扫速范围内，研究了扫描速率 v 对 FTD 还原峰电流（i_{p_1}）的影响，试验结果表明：i_{p_1} 与 v 有良好的线性关系（$r = 0.998$），说明 FTD 在玻璃电极上发生的反应是由吸附控制的。

9.2.6.3 中间产物的非电化学判断法

复杂反应进行时一般都经过一系列连续的基元反应，其主要特点之一是，在反应过程中生成能继续发生变化的中间产物，接着它又在继续反应中消失，以致在最终反应生成物中不存在。这就证明，这种中间产物的化学活性很高，在大多数反应中，这种中间产物是自由原子或自由基，都具有极高的不稳定性，欲从实验中定量的测定它们往往十分困难，而它又偏偏是确定化学反应机理必须搞清的关键。因此可以说，单独用动力学方法测定初始态物质、终态物质和稳定中间产物的浓度随时间变化的关系，仍不能彻底解决化学反应的历程问题。

因此，需要重视副产物和中间产物的动力学规律的取得与验证。对反应机理中的各种产物尽可能完全做出定量分析，这种分析越完全，反应进程中生成和消失的各物质随时间变化的规律研究得越详尽，由此分析推证出的化学反应机理就越确切、越可靠。

A 对中间产物做判断实验

所谓中间物质，就是指在反应中生成的而当反应时间趋向无限长时，其浓度近于零的任何物质。不稳定中间产物的鉴定及其浓度的测量，有许多种方法，这里简要介绍其中常用的几种方法。

(1) 金属镜法。这是由 Paneth 提出的并拟定的发现自由基的方法，此法以自由基（或原子）与安置在从反应器流出的气流中的"金属镜"的反应为根据设计的，由于这种反应生成挥发性的化合物，使"镜子"逐渐消蚀，就可以证明反应气流中有自由基或原子的存在，根据"镜子"的消蚀速度可以判断基的种类，不同的基可与不同的"金属镜"起作用。如亚甲基可以吃掉碲、锑、硒和砷等制成的"镜子"而与锌、镉、铋、铊和铅等"镜子"不起作用。

(2) 氧化氮法。把氧化氮引入反应区，由于自由基与氧化氮结合而对反应抑制，从而可以估计自由基的浓度。

(3) 仲正氢转变法。此法是反应气体中掺入仲氢，经过一定时间后，测出其转变为正氢的程度，当不存在其他自由基或原子时，用这个方法测定原子态氢存在的态度，具有最高的精确度。

B 利用示踪原子辅助判定反应机理

当反应在含有被特定的同位素示踪的物质的体系中进行时，研究该同位素在反应中的分布情况，就可以解决化学反应机理中的一系列及其重要的问题。用示踪原子可判断分子内或分子间的原子重排是由哪些键的断裂所引起的，也可以判断反应是在孤立分子中进行，还是在分子络合物中进行；还可以判断在反应机理中产物哪些是先产生的，哪些是后产生的等。用来示踪的原子，既可采用放射性同位素，也可采用稳定性同位素。如借助于氢碳氮的同位素，可以分辨出各种氰化氢的同位素分子。

9.2.7 确定电极反应历程和控制步骤

测定电极反应机理要进行两个方面的工作。首先要确定电极反应历程，然后再确定电极过程的控制步骤。这两方面的工作总是结合在一起进行，互相论证，不能分开。具体做法如下：

（1）根据总的电极反应式，可能出现的中间产物的形态以及控制步骤的性质（由 $\vec{a}$、$\overleftarrow{a}$、Z、x 及 y 值）拟定出电极反应历程的初步方案。

（2）设此历程中某一步为控制步骤，由此控制步骤导出稳态极化曲线表示式。根据极化曲线方程式求出各组分的电化学反应级数、表观传递系数及化学计量数。

（3）将得到的这些参数值与实验上已经测得的相应参数值比较。如果理论值与实验值吻合，表明所假设的电极反应历程和控制步骤为电极反应的机理。若理论值与实验值只要有一个主要参数不符，也不能认为所假设的机理成立，需要再拟重新假设电极反应机理，反复推论直至主要参数的理论值与实验值一致。

9.3 Fe^{2+}阴极还原机理的研究

9.3.1 电极总反应式的确定

化学分析实验发现，铁阳极溶解后溶液中富集二价铁离子，表明电极反应为二电子反应。同时又观察到，阳极溶解 1mol Fe，外电路通过 2F 电量，进一步证明铁阳极溶解为二电子反应。因此，总电极反应式为：

$$Fe \longrightarrow Fe^{2+} + 2e \tag{9-81}$$

阴极还原反应为：

$$Fe^{2+} + 2e \longrightarrow Fe \tag{9-82}$$

9.3.2 电极反应参数的测定

由稳态阳极极化曲线，求得阳极塔菲尔斜率为（25℃）：

$$\frac{d(\Delta\varphi)}{d\lg i} = \frac{2.3RT}{\overleftarrow{a}F} = 0.04(V) \tag{9-83}$$

因此，得到阳极反应表观传递式数 $\overleftarrow{a} = 3/2$。

阴极过程很复杂，铁离子沉积时伴随有氢离子放电，妨碍塔菲尔斜率的测定。尽管如此，还是由阳极极化曲线测量推断出阴极塔菲尔斜率为（25℃）：

$$\frac{d(-\Delta\varphi)}{d\lg i} = \frac{2.2RT}{\overleftarrow{a}F} = 0.12(V) \tag{9-84}$$

因此得阳极反应表观传递系数 $\vec{a} = 1/2$。

由上面测得的 $\vec{a}$、$\overleftarrow{a}$ 值，并考虑到铁阳极溶解或 Fe^{2+} 还原是二电子反应。由式(9-46)求得控制步骤的计量数：

$$x = \frac{n}{\overrightarrow{a} + \overleftarrow{a}} = \frac{2}{1/2 + 3/2} = 1 \tag{9-85}$$

根据 Fe^{2+} 浓度对稳态极化曲线的影响，由式（9-57）求得 Fe^{2+} 的电化学反应级数：

$$Z_{Fe^{2+},\,c} = \left(\frac{\mathrm{dlg}i}{\mathrm{dlg}c_{Fe^{2+}}}\right)_{\varphi,\,pH,\,T} = 1 \tag{9-86}$$

实验还发现，溶液的 pH 值对电极反应速度有影响，用稳态极化曲线求得 OH^- 阴极电化学反应级数为：

$$Z_{OH^-,\,c} = \left(\frac{\mathrm{dlg}i}{\mathrm{dlg}c_{OH^-}}\right)_{\varphi,\,c_{Fe^{2+}},\,T} = 1 \tag{9-87}$$

上面用实验方法测得了表观传递系数、电化学反应级数、化学计量数等参数值，下面在这些实验基础上对电化学反应机理进行推断。

9.3.3　电极反应历程的设定

现在根据已知的实验事实，假定 Fe^{2+} 的还原历程。电极反应历程就是电极总反应，控制步骤也是总电极反应。该总反应有两个电子传递，两个电子在同一瞬刻同时穿过离子与金属之间的能垒，在能量方面是不利的。基于能量有利观点，最有可能的电极反应每进行一步只能有一个电子转移，因而可以考虑 Fe^{2+} 阴极还原反应分两步进行：

$$Fe^{2+} + e \longrightarrow Fe^+$$

$$Fe^+ + e \longrightarrow Fe$$

根据这一电极反应历程，可导致 OH^- 电化学反应级数为零。这与实验测得的 $Z_{OH^-} = 1$ 事实不符，因而这一历程不正确。

据 OH^- 阴极电化学反应级数为 1 这一事实，可以设想，Fe^{2+} 与 H^+ 或 OH^- 之间发生反应生成某种中间产物，这种中间产物的浓度和电极反应速度都与溶液的 pH 值有关。由于 $FeOH^+$ 在溶液中能稳定存在，可以设想按如下反应生成中间产物 $FeOH^+$：

$$Fe^{2+} + H_2O \longrightarrow FeOH^+ + H^+ \tag{9-88}$$

$$FeOH^+ + e \longrightarrow FeOH \tag{9-89}$$

生成的 $FeOH^+$ 吸附在电极表面上，它需要进一步发生第二个电子传递反应，最后生成铁。这一步反应式可以这样得到，由总电极反应式（9-82）减式（9-84）得：

$$FeOH + H^+ + e \longrightarrow Fe + H_2O \tag{9-90}$$

可见，Fe^{2+} 阴极还原时，可能的电极反应历程分三步组成。

9.3.3.1　测定电极反应的机理

确定电极反应的机理，实质上是确定电极反应历程和速度控制步骤。前面已提出了 Fe^{2+} 沉积时的反应历程，所假设的历程是否正确，以及哪一步为速度控制步骤，这些问题都要根据实验数据进行论证。具体做法如下：

首先假设第三步为速度控制步骤，则电极反应机理表示为：

$$Fe^{2+} + H_2O \Longleftrightarrow FeOH^+ + H^+$$

$$FeOH^+ + e \Longleftrightarrow FeOH$$

$$FeOH + H^+ + e \longrightarrow Fe + H_2O$$

由于式（9-90）是速度控制步骤，则电流密度与电位的关系为：

$$i = 2F\left\{k_3^0\theta_{FeOH}c_{H^+}\exp\left(-\frac{aF}{RT}\varphi\right) - k_{-3}^0(1-\theta_{FeOH})\exp\left[\frac{(1-a)F\varphi}{RT}\right]\right\} \qquad (9\text{-}91)$$

式中，θ_{FeOH}为FeOH在电极表面上的覆盖度，可由其他步骤求得，由式（9-89）得：

$$FeOH^+ + e \Longrightarrow FeOH \qquad (9\text{-}92)$$

因为是非控制步骤，认为处于平衡状态，则得：

$$k_{-2}^0\theta_{FeOH}\exp\left[\frac{(1-a)F\varphi}{RT}\right] = k_2^0c_{FeOH^+}(1-\theta_{FeOH})\exp\left(\frac{-aF}{RT}\right)\frac{\theta_{FeOH}}{1-\theta_{FeOH}}$$

$$= K_2c_{FeOH^+}\exp\left(\frac{-F\varphi}{RT}\right) \qquad (9\text{-}93)$$

步骤1（式9-88）同时也处于平衡状态：

$$Fe^{2+} + H_2O \Longrightarrow FeOH^+ + H^+ \qquad (9\text{-}94)$$

故：

$$k_1c_{Fe2+} = k_{-1}c_{FeOH^+}c_{H^+}c_{FeOH^+} = K_1c_{Fe2+}/c_{H^+} \qquad (9\text{-}95)$$

将式（9-95）代入式（9-94）得：

$$\frac{\theta_{FeOH}}{1-\theta_{FeOH}} = K_1K_2c_{Fe2+}(c_{H^+})^{-1}\exp\left(-\frac{F\varphi}{RT}\right)$$

$$= K'c_{Fe2+}(c_{H^+})^{-1}\exp\left(-\frac{F\varphi}{RT}\right) \qquad (9\text{-}96)$$

设中间产物在电极表面上覆盖度很小，即$\theta_{FeOH} \ll 1$，即$(1-\theta_{FeOH}) \approx 1$，因此式（9-96）变为：

$$\theta_{FeOH} = K'c_{Fe2+}(c_{H^+})^{-1}\exp\left(-\frac{F\varphi}{RT}\right) \qquad (9\text{-}97)$$

将式（9-97）代入式（9-93）得：

$$i = 2F\left\{k_3^0K'c_{Fe2+}\exp\left[-\frac{(1+a)F\varphi}{RT}\right] - k_{-3}^0\exp\left[\frac{(1-a)F\varphi}{RT}\right]\right\} \qquad (9\text{-}98)$$

上式是设第三步作为速度控制步骤而得到的稳态电流与电位关系的方程式。

设电极电位相对平衡电极电位足够负，即$\eta \geqslant 120/n$（mV），可忽略阳极反应，得到阴极反应电流密度表示式：

$$i = 2Fk_3^0K'c_{Fe2+}\exp\left[-\frac{(1+a)F\varphi}{RT}\right] \qquad (9\text{-}99)$$

由上式可见，OH$^-$阴极反应电化学反应级数为零，但实验得到的值为1。可见理论值与实验值矛盾，表明假设第三步为控制步骤不正确，需要考虑另外方案。

现在设第二步作为速度控制步骤，则电极反应机理表示为：

$$Fe^{2+} + H_2O \Longrightarrow FeOH^+ + H^+ \qquad (9\text{-}100)$$

$$FeOH^+ + e \longrightarrow FeOH \qquad (9\text{-}101)$$

$$FeOH + H^+ + e \Longrightarrow Fe + H_2O \qquad (9\text{-}102)$$

对于第二步（式（9-101））为控制步骤时，电流密度与电位的关系为：

$$i = 2F\left\{k_2^0 c_{\text{FeOH}^+}(1 - \theta_{\text{FeOH}})\exp\left(-\frac{aF\varphi}{RT}\right) - k_{-2}^0 \theta_{\text{FeOH}}\exp\left[\frac{(1 - a)F\varphi}{RT}\right]\right\} \quad (9\text{-}103)$$

步骤 3（式 (9-102)）为非控制步骤，处于平衡状态得：

$$k_{-3}^0(1 - \theta_{\text{FeOH}})\exp\left[\frac{(1 - a)F\varphi}{RT}\right] = k_3^0 \theta_{\text{FeOH}}c_{\text{H}^+}\exp\left(-\frac{aF\varphi}{RT}\right) \quad (9\text{-}104)$$

由上式得：

$$\frac{\theta_{\text{FeOH}}}{1 - \theta_{\text{FeOH}}} = \frac{1}{K_\theta}(c_{\text{H}^+})^{-1}\exp\left(\frac{F\varphi}{RT}\right) \quad (9\text{-}105)$$

如前面一样，假设 $1 - \theta_{\text{FeOH}} \approx 1$，因此得：

$$\theta_{\text{FeOH}} = \frac{1}{K_\theta}(c_{\text{H}^+})^{-1}\exp\left(\frac{F\varphi}{RT}\right) \quad (9\text{-}106)$$

因为 $c_{\text{H}^+} \cdot c_{\text{OH}^-} = K_\omega$，代入式 (9-106) 得：

$$\theta_{\text{FeOH}} = \frac{1}{K_\theta K_\omega}c_{\text{OH}^-}\exp\left(\frac{F\varphi}{RT}\right) \quad (9\text{-}107)$$

$$c_{\text{FeOH}^+} = \frac{K_1}{K_\omega}c_{\text{Fe}^{2+}}c_{\text{OH}^-} \quad (9\text{-}108)$$

$$i = 2F\left\{k_2^0\frac{K_1}{K_\omega}c_{\text{Fe}^{2+}}c_{\text{OH}^-}\exp\left(-\frac{aF\varphi}{RT}\right) - k_{-2}^0\frac{1}{K_\theta K_\omega}c_{\text{OH}^-}\exp\left[\frac{(2 - a)F\varphi}{RT}\right]\right\} \quad (9\text{-}109)$$

令

$$k_c^0 = \frac{k_2^0 K_1}{K_\omega}; \quad k_a^0 = \frac{k_{-2}^0}{K_\theta K_\omega}$$

因此得：

$$i = 2F\left\{k_c^0 c_{\text{Fe}^{2+}}c_{\text{OH}^-}\exp\left(-\frac{aF\varphi}{RT}\right) - k_{-2}^0 c_{\text{OH}^-}\exp\left[\frac{(2 - a)F\varphi}{RT}\right]\right\} \quad (9\text{-}110)$$

式 (9-110) 为第二步是控制步骤时的电化学动力学方程式。由该式从理论上可求得电化学反应级数、塔菲尔斜率、表观传递系数及化学计量数。

如果极化足够大时，设 $\eta \geq 120/n$ (mV)，则逆反应可以忽略，对于阴极极化可得阴极电流近似表示式为：

$$i = 2Fk_c^0 c_{\text{Fe}^{2+}}c_{\text{OH}^-}\exp\left(-\frac{aF\varphi}{RT}\right) \quad (9\text{-}111)$$

将 $\Delta\varphi = \varphi - \varphi_平$ 代入上式得：

$$i = 2Fk_c' c_{\text{Fe}^{2+}}c_{\text{OH}^-}\exp\left(-\frac{aF\Delta\varphi}{RT}\right) \quad (9\text{-}112)$$

其中

$$k_c' = k_c^0\exp\left(-\frac{aF\Delta\varphi_平}{RT}\right)$$

式中，k_c' 为平衡电极电位时阴极反应速度常数。

阳极极化足够大时，满足 $\eta \geq 120/n$ (mV)，阴极电流可忽略，得阳极反应电流与电位的近似关系式：

$$i = -2Fk_2^0 c_{\text{OH}^-}\exp\left[\frac{(2 - a)F\varphi}{RT}\right] \quad (9\text{-}113)$$

将 $\Delta\varphi = \varphi - \varphi_{\overline{平}}$ 代入上式得:

$$i = - 2F k_a' c_{OH}' \exp\left[\frac{(2-a)F\Delta\varphi}{RT}\right] \tag{9-114}$$

式中,"−"为阳极电流为负值。

$$k_a' = k_a^0 \exp\left[\frac{(2-a)F\Delta\varphi_{\overline{平}}}{RT}\right] \tag{9-115}$$

假设温度为 25℃, $a = 1/2$, 由阴极反应塔菲尔斜率求得:

$$\frac{\mathrm{d}(-\Delta\varphi)}{\mathrm{d}\lg i} = \frac{2.303RT}{Fa} = \frac{2 \times 2.303 \times 8.314 \times 298.2}{96500} = 0.12V$$

得阴极反应表观传递系数为: $\vec{a} = 1/2$。

由阳极反应塔菲尔斜率求得(25℃):

$$\frac{\mathrm{d}(\Delta\varphi)}{\mathrm{d}\lg(-i)} = \frac{1}{2-a} \cdot \frac{2.303RT}{F} = \frac{2}{3} \times \frac{2.303 \times 8.314 \times 298.2}{96500} = 0.04V$$

得阳极反应表观传递系数为: $\overleftarrow{a} = 3/2$。

得控制步骤化学计量数为:

$$v = \frac{n}{\vec{a} + \overleftarrow{a}} = \frac{2}{1/2 + 3/2} = 1$$

分别求得阴极反应的 Fe^{2+} 及 OH^- 的电化学反应级数为:

$$Z_{Fe^{2+},c} = \frac{\mathrm{d}\lg i}{\mathrm{d}\lg c_{Fe^{2+}, \varphi, OH^-}} = 1$$

$$Z_{OH^-,c} = \frac{\mathrm{d}\lg i}{\mathrm{d}\lg c_{OH^-, \varphi, c_{Fe^{2+}}}} = 1$$

根据上述假设的机理,从理论上导出动力学方程式,然后由方程式计算电化学反应级数、表观传递系数、塔菲尔斜率及化学计量数。将理论计算值与实验测定值比较,它们完全一致,表明所假设的机理为所求。可以认为下列机理正确。

$$Fe^{2+} + H_2O \Longleftrightarrow FeOH^+ + H^+ \tag{9-116}$$

$$FeOH^+ + e \longrightarrow FeOH \tag{9-117}$$

$$FeOH + H^+ + e \Longleftrightarrow Fe + H_2O \tag{9-118}$$

第二步为速度控制步骤。

9.3.3.2 用表观传递系数论证电极反应机理

$$\vec{a} = \frac{\vec{\gamma}}{x} + ay \tag{9-119}$$

$$\overleftarrow{a} = \frac{n - \vec{\gamma}}{x} - ay \tag{9-120}$$

根据假设的机理,分别计算出阴极和阳极的表观传递系数。计算时,首先由假设的机理直接读出 $\vec{\gamma}$、x、n 及 y 值,并假设 $a = 0.5$ 时进行下面的计算。

对于第三步(式(9-90))为计算步骤时, $\vec{\gamma} = 1$, $x = 1$, $y = 1$。

故得：

$$\vec{a}_3 = \frac{3}{2}, \quad \overleftarrow{a}_3 = \frac{1}{2}$$

对于第二步（式（9-89））为控制步骤，$\vec{\gamma} = 0$，$x = 1$，$y = 1$。

对于第一步为控制步骤，$\vec{\gamma} = 0$，$x = 1$，$y = 0$ 时。得：

$$\vec{a}_1 = 0, \quad \overleftarrow{a}_1 = 2$$

将上述表观传递系数的计算值与实验测定值进行比较，发现把第二步作控制步骤计算得到的表观传递系数与实验值完全一致，进一步证明上述所确定的电极反应机理是正确的。

9.4　锌氨络离子阴极还原机理的研究

马春、余仲兴研究了锌氨络离子阴极还原机理。国际上普遍采用硫酸锌溶液来电积锌，因此对于硫酸锌溶液电解的研究较为广泛和透彻，其主要涉及硫酸锌溶液的物理化学性质和电极过程动力学参数的测定、电解液成分、添加剂和电解参数的选择等。$ZnCl_2$-NH_4Cl-H_2O 体系中电解精炼锌的研究很少，此工艺不仅能制得合格的阴极锌产品，还具有电解能耗低、设备简单、投资省、处理成本低廉、无污染等特点，因而它所产生的经济效益非常可观，具有很好的应用前景。因为根据 Zn^{2+} 的电子层结构，它的第一、第二和第三个主层都已填满电子，但在 $4s$ 和 $4p$ 亚层上却留有 4 个空轨道，4 个 NH_3 分子给出的 4 对电子投入 Zn^{2+} 的 $4s$ 和 $4p$ 轨道，并把它们填满，两者共用电子对。显然，这样的轨道属于 $sp3$ 杂化轨道，它的几何模型为四面体，相应的配位数为 4。

一般来说，电极反应机理的研究包括两个部分，一是确定锌氨络离子的主要存在形式，即溶液中主要以几配位络合物存在；二是确定在阴极直接放电的络离子品种。研究表明，Zn^{2+} 与 NH_3 能生成多种配位体，同时存在着一系列的络合及离解平衡：

$$Zn^{2+} + NH_3 \rightleftharpoons Zn(NH_3)^{2+} \qquad \lg\beta_1 = 2.37$$
$$Zn^{2+} + 2NH_3 \rightleftharpoons Zn(NH_3)_2^{2+} \qquad \lg\beta_2 = 4.81$$
$$Zn^{2+} + 3NH_3 \rightleftharpoons Zn(NH_3)_3^{2+} \qquad \lg\beta_3 = 7.31$$
$$Zn^{2+} + 4NH_3 \rightleftharpoons Zn(NH_3)_4^{2+} \qquad \lg\beta_4 = 9.46$$

因此在工作中可以假定 $Zn(NH_3)_n^{2+}$ 是溶液中锌氨络离子的主要形式，$Zn(NH_3)_m^{2+}$ 是直接在阴极上放电的络离子品种，这样阴极还原机理可以表示如下：

$$[Zn(NH_3)_n]^{2+} \underset{K_1}{\overset{K_2}{\rightleftharpoons}} [Zn(NH_3)_m]^{2+} + (n - m)NH_3 \qquad (9\text{-}121)$$

$$[Zn(NH_3)_m]^{2+} + 2e \xrightarrow{\vec{K}} Zn + mNH_3 \qquad (9\text{-}122)$$

阴极过程总反应为：

$$[Zn(NH_3)_n]^{2+} + 2e \rightleftharpoons Zn + nNH_3 \qquad (9\text{-}123)$$

式中，n 为络离子主要形式中的配位体数目；m 为直接在阴极上放电的络离子中配位体的数；K_1 为反应（9-121）逆向速度常数；K_2 为反应（9-121）正向速度常数；$\vec{K}$ 为电极反应（9-122）的速度常数。

因此，平衡电位 φ_r 将为：

$$\varphi_r = \varphi^0 + \frac{RT}{2F}\ln\frac{a_{[Zn(NH_3)]_n^{2+}}}{a_{NH_3}^n}$$

式中，a 为阴极过程传递系数。

在 $a[Zn(NH_3)_n]^{2+}$ 恒定的条件下可求得：

$$\frac{2F}{RT}\left(\frac{\partial\varphi_r}{\partial\ln a_{NH_3}}\right)a_{[Zn(NH_3)_n]^{2+}} = -n \tag{9-124}$$

根据交换电流密度的定义：

$$i_0 = F\vec{K}a_{[Zn(NH_3)_m]^{2+}}\cdot\exp\left(-\frac{2aF}{RT}\varphi_r\right) \tag{9-125}$$

因为 $\qquad a_{[Zn(NH_3)]^{2+}} = a_{[Zn(NH_3)_n]^{2+}}/[K(a_{NH_3})^{n-m}]$

式中，K 为转化反应（9-121）的平衡常数，$K=K_1/K_2$。

所以 $\qquad i_0 = F\vec{K}\dfrac{a_{[Zn(NH_3)_n]^{2+}}}{K(a_{NH_3})^{n-m}}\exp\left[-\dfrac{2aF}{RT}\left(\varphi^0 + \dfrac{RT}{2F}\ln\dfrac{a_{[Zn(NH_3)_n]^{2+}}}{a_{NH_3}^n}\right)\right]$

$$= F\vec{K}\frac{1}{K}\exp\left(-\frac{2aF}{RT}\varphi^0\right)(a_{[Zn(NH_3)_n]^{2+}})^{1-a}(a_{NH_3})^{m-n(1-a)} \tag{9-126}$$

在 $a_{[Zn(NH_3)_n]^{2+}}$ 恒定的条件下：

$$\left(\frac{\partial\ln i_0}{\partial\ln a_{NH_3}}\right)a_{[Zn(NH_3)_n]^{2+}} = m - n(1-a) \tag{9-127}$$

因而在 $[Zn(NH_3)_n]^{2+}$ 活度恒定的情况下，分别测定相应于不同游离氨离子活度下的平衡电位和交换电流密度，在 φ_r 与 $\ln a_{NH_3}$ 以及 $\ln i_0$ 与 $\ln a_{NH_3}$ 之间将存在直线关系，并且根据这些直线的斜率可以算出 m 和 n 之数值。至于交换电流密度和阴极过程传递系数，可以通过在 $Zn(NH_3)_n^{2+}$ 浓度恒定和游离铵根离子浓度不同的一系列溶液中测绘锌阴极极化曲线，根据极化曲线可以直接求得极限电流密度 i_1，使用适当的过电位 η_k 区域的阴极化曲线及阴极过程混合动力学方程，即可确定 i_0 及 a：

$$\eta_k = -\frac{RT}{anF}\ln i_0 + \frac{RT}{anF}\ln\frac{i_1 i_k}{i_1 - i_k} \tag{9-128}$$

表明 η_k 和 $\ln\dfrac{i_1 i_k}{i_1 - i_k}$ 间呈直线关系，因此由直线的斜率可求得传递系数，而交换电流密度则可由直线在纵坐标上的截距确定。

典型的阴极极化曲线和在 $80\sim140mV$ 过电位区域内 η_k 与 $\ln\dfrac{i_1 i_k}{i_1 - i_k}$ 间的相应关系如图 9-11 及图 9-12 所示，在不同条件下实验确定的 φ_r、i_1、i_0 及 a 的所有数据列于表 9-2 中。从这些数据算得传递系数 a 的平均值为 0.41，将 φ_r 和 $\ln i_0$ 相对于 $\ln c_{NH_4^+}$ 分别作图，结果如图 9-13 和图 9-14 所示。应该指出，传递系数 a 值本应只取决于电极体系的本性，不随电解液组成而变化。

由于在 $ZnCl_2-NH_4Cl-H_2O$ 体系中相关的活度系数无文献数据可查，故在改变 NH_4Cl 浓度的同时，加入相应数量的支持电解质 NaCl，以保持溶液总的离子强度不变，这样在数据处理时可近似用浓度来代替活度，因此所得结果将发生一定的偏差。

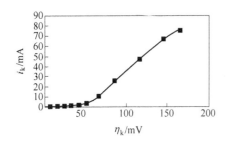

图 9-11 典型的锌阴极极化曲线

(0. 6mol $ZnCl_2$+4. 7mol NH_4Cl_2, t=35℃)

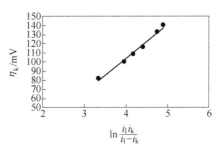

图 9-12 80~140mV 过电位范围

(0. 6mol $ZnCl_2$+4. 7mol NH_4Cl_2, t=35℃)

表 9-2 在铵根离子浓度不同的溶液中锌的平衡电位、极限电流密度和交换电流密度

NH_4^+/mol · L^{-1}	2. 5	3. 0	3. 5	4. 0	4. 5	5. 0	5. 5
φ_r(vs. SCE)/V	−1. 048	−1. 059	−1. 068	−1. 075	−1. 081	−1. 086	−1. 092
i_1/A · m^{-2}	425. 1	422. 9	414. 9	411. 4	403. 4	388. 6	354. 3
i_0/A · m^2	14. 1	12. 5	11. 8	11. 0	10. 4	9. 5	8. 5
a	0. 393	0. 420	0. 426	0. 385	0. 397	0. 438	0. 402
$\eta_k \sim \ln[i_1 i_k/(i_1 - i_k)]$ 线性拟合的相关系数	0. 997	0. 998	0. 995	0. 993	0. 987	0. 994	0. 991

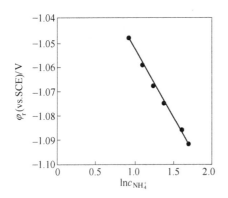

图 9-13 φ_r 与 $\ln c_{NH_4^+}$ 的关系

(0. 25mol $ZnCl_2$+2mol NaCl+$x$mol NH_4Cl, t=35℃)

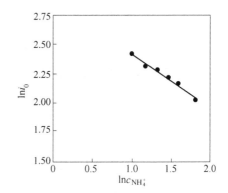

图 9-14 $\ln i_0$ 与 $\ln c_{NH_4^+}$ 的关系

(0. 25mol $ZnCl_2$+2mol NaCl+$x$mol NH_4Cl, t=35℃)

用最小二乘法线性拟合给出 $\left(\dfrac{\partial \varphi_r}{\partial \ln a_{NH_3}}\right)_{a_{[Zn(NH_3)_n]^{2+}}}$ =− 0. 0549，相关系数 r=0. 999，以及

$\left(\dfrac{\partial \ln i_0}{\partial \ln a_{NH_3}}\right)_{a_{[Zn(NH_3)_n]^{2+}}}$ =− 0. 05946，相关系数 r=0. 986。得：

$$\frac{2F}{RT}\left(\frac{\partial\varphi_r}{\partial \ln a_{NH_3}}\right)_{a_{[Zn(NH_3)_n]^{2+}}} = \frac{2\times96500}{8314\times308}\times(-0.0549) = -n$$

$n=4.14\approx4$，即锌氨络合物主要以四配位形式存在。得

$$\left[\frac{\partial \ln i_0}{\partial \ln a_{NH_3}}\right]_{a_{[Zn(NH_3)_n]^{2+}}} = m - n(1-a)$$

因为 $m-4.14(1-0.41) = m-2.44 = -0.5946$；得出 $m=1.85\approx2$。

同时经快速线性扫描法测定，以峰电流与电位扫描速度平方根的比值 $I_p v^{-1/2}$ 对电位扫描速度 v 作图，如图 9-15 所示，$I_p V^{-1/2}$ 随 v 的增大而减小的曲线关系，这一实验现象具有电极反应经历前置转化反应的动力学特征。因此认为 $ZnCl_2$-NH_4Cl-H_2O 溶液体系中 Zn^{2+} 阴极还原经历一快速前置转化反应更为合理一些。

综上所述，在该条件下，溶液中锌氨络离子的主要品种为 $[Zn(NH_3)_4]^{2+}$，而直接在阴极上放电的络离子品种为 $[Zn(NH_3)_2]^{2+}$，电极反应的机理表示为：

$$[Zn(NH_3)_4]^{2+} \Longleftrightarrow [Zn(NH_3)_2]^{2+} + 2NH_3 \tag{9-129}$$

$$[Zn(NH_3)_2]^{2+} + 2e \longrightarrow Zn + 2NH_3 \tag{9-130}$$

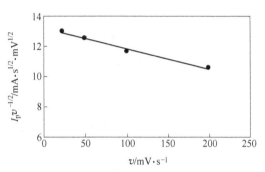

图 9-15　$I_p v^{-1/2}$ 与 v 的关系曲线

（0.6mol $ZnCl_2$+4.7mol NH_4Cl；$t=35$℃）

在 $ZnCl_2$-NH_4Cl-H_2O 电解液体系中，锌氨络离子存在的主要品种是 $[Zn(NH_3)_4]^{2+}$。在 $ZnCl_2$-NH_4Cl-H_2O 电解液体系中，直接在阴极上放电的锌氨络离子品种是 $[Zn(NH_3)_2]^{2+}$。因此锌氨络离子阴极还原机理可以表示为：

$$[Zn(NH_3)_4]^{2+} \Longleftrightarrow [Zn(NH_3)_2]^{2+} + 2NH_3 \tag{9-131}$$

$$[Zn(NH_3)_4]^{2+} + 2e \longrightarrow Zn + 2NH_3 \tag{9-132}$$

9.5　Na₃AlF₆-AlF₃熔盐中 Ti(Ⅳ)的阴极还原机理

孙海斌等人研究了 Na₃AlF₆AlF₃熔盐中 Ti(Ⅳ) 的阴极还原机理。钛元素具有密度小、强度高、耐腐蚀、耐高温和无毒等优异特性，成为继铁、铝之后崛起的"第三金属"，被誉为"未来金属"。但钛的提取过程复杂，导致生产成本偏高，限制了它的应用。近年来，随着熔盐物理化学和电化学研究的发展，采用熔盐电解法制取金属钛及其合金成为一种经济、方便的方法。至今国内外学者关于低价态钛离子 Ti(Ⅲ) 在氯化物熔体中的还原机理研究已有一些报道，指出 Ti(Ⅲ) 的还原是逐步进行的：Ti(Ⅲ) → Ti(Ⅱ) → Ti，而高价态 Ti(Ⅳ) 在熔体中的电化学行为则比较复杂。本节以冰晶石基电解质作熔体研究钨丝电极上 Ti(Ⅳ) 的阴极还原机理，揭示了 TiO_2 在冰晶石基电解质中的还原步骤，为电解法生产低钛、硼、稀土铝基合金电解工艺参数的确定提供理论依据。

TiO_2 循环伏安测试 Ti(Ⅳ) 在 990℃的 Na₃AlF₆-AlF₃-TiO_2(CR = 2.5) 熔盐中的钨丝电

极上的循环伏安扫描曲线如图 9-16 所示。在图 9-16 中, 分别在 $E = -0.06V (A)$ 和 $E = -0.88V (B)$ 处 (相对钨丝参比电极) 出现钛离子的第 1 个和第 2 个还原波, 其对应的氧化峰各在 A' 和 B' 处, 此外在 $E = -1.24V (C)$ 处还出现第 3 个还原波, 这是铝析出引起的。据此可说明, 在 Na_3AlF_6-AlF_3-TiO_2 (CR = 2.5) 熔盐中, Ti(Ⅳ) 还原为金属钛是分两步进行。实验表明, 上述还原峰的峰电位基本上不随扫描速率的增加而变化, 显示出可逆过程的主要特征。

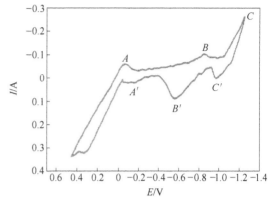

图 9-16　Na_3AlF_6-AlF_3-TiO_2熔盐中Ti(Ⅳ) 在钨丝电极上的循环伏安曲线

对可逆电化学反应, 其伏安扫描电位与电流之间存在如下关系:

$$E = E_{1/2} + \frac{RT}{nF} \ln \frac{i_p - i}{i}$$

式中, $E_{1/2}$ 为半波电位; i_p 为峰电流; i 为即时电流。

据图 9-16, 分别以第 1 和第 2 还原波的 E-$\ln[(i_p - i)/i]$ 变化关系作图, 结果如图 9-17 (a) 和 (b) 所示。如图 9-17 所示, 两还原波的 E-$\ln(i_p - i)/i$ 均呈良好线性关系。表明在此条件下钛的析出是可逆的、复杂的电子传递反应, 且过程受扩散控制。如图 9-17 所示的两条直线斜率 $K = 2.3RT/(nF)$, 求得 A、B 两还原步骤电子转移数目分别是: $n_A = 1.78 \approx 2$, $n_B = 1.99 \approx 2$。据此, 设想 Ti(Ⅳ) 在钨丝电极上的还原过程应当为: 在电位 $-0.06V$ 下首先失去两个电子, 被还原成 Ti^{2+}; 然后再于 $-0.88V$ 下 Ti(Ⅱ) 继续失去两个电子, 被还原成 Ti 单质, 即:

第 1 步: 　　　　Ti(Ⅳ) + 2e ══ Ti(Ⅱ)　　(A 点)

第 2 步: 　　　　Ti(Ⅱ) + 2e ══ Ti　　　 (B 点)

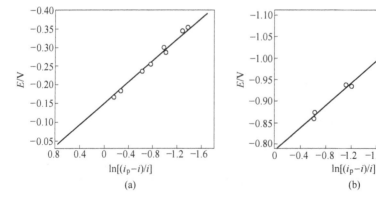

(a)　　　　　　　　　　　　　　(b)

图 9-17　Na_3AlF_6-AlF_3-TiO_2熔盐中 Ti(Ⅳ) 在钨丝电极上循环伏安
扫描的 E-$\ln[(i_p - i)/i]$ 变化关系

图 9-18 所示为 Ti(Ⅳ) 在 Na_3AlF_6-AlF_3-TiO_2(CR = 2.5) 熔盐中钨丝电极上的计时电位曲线。由图可见，体系的电位阶跃、过渡时间均随扫描电流的增大而减小。

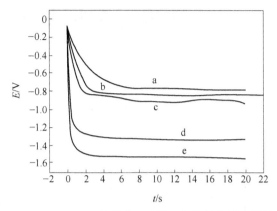

图 9-18 Na_3AlF_6–AlF_3–TiO_2熔盐中 Ti(Ⅳ) 在钨丝电极上的计时电位曲线

a— 0.06A；b— 0.08A；c— 0.10A；d— 0.30A；e— 0.60A

按计时电位法，对反应物可溶的可逆过程，在给定的扫描电流下，其E_t-t存在如下关系式：

$$E_t = E_{\tau/4} + \frac{RT}{nF}\ln \frac{\tau^{1/2} - t^{1/2}}{t^{1/2}}$$

据图 9-18 可得，E_t 与 $\ln \dfrac{\tau^{1/2} - t^{1/2}}{t^{1/2}}$ 呈线性关系。由直线斜率（$k = 2.3RT/(nF)$）计算还原过程转移的电子数，得 $n_A = 1.9 \approx 2$，$n_B = 2.4 \approx 2$，与循环伏安扫描法得到的还原步骤电子转移数目一致。

在 Na_3AlF_6-AlF_3-TiO_2(CR = 2.5) 熔盐中，Ti(Ⅳ) 在钨丝电极上的还原是逐级进行的，即首先是 Ti(Ⅳ) 还原为 Ti(Ⅱ)，继而还原为 Ti 金属。

复习思考题

9-1 什么是电极反应的机理？

9-2 简述氯碱法的生产工艺。

9-3 确定电极反应机理的研究方法有哪些？

9-4 如何测定多电子反应控制步骤的化学计量数？

9-5 如何确定电化学反应的级数？

9-6 如何测定电化学反应的机理和设定反应历程？

10 数学基础及运算放大器

10.1 数 学 基 础

10.1.1 初级 Laplace 方程

Laplace（拉普拉斯）是法国数学家、天文学家（1749～1827 年），主要研究天体力学和物理学。Laplace 变换是工程数学中常用的一种积分变换，又名拉氏变换。1812 年拉普拉斯在《概率的分析理论》中总结了当时整个概率论的研究，论述了概率在选举、审判调查、气象等方面的应用，并导入"Laplace 变换"。Laplace 变换导致了后来海维塞德发现运算微积分在电工理论中的应用。拉氏变换是一个线性变换，可将一个有参数实数 t（$t \geqslant 0$）的函数转换为一个参数为复数 s 的函数。Laplace 变换在许多工程技术和科学研究领域中有着广泛的应用，特别是在力学系统、电学系统、自动控制系统、可靠性系统以及随机服务系统等系统科学中都起着重要作用。在电化学中的扩散方程是一维或二维的导数方程，而 Laplace 变换则是求解导数问题的常用和有效的方法。

设原函数为 $f(t)$，为复值函数，定义一新函数

$$\bar{f}(p) = \int_0^\infty f(t)\mathrm{e}^{-pt}\mathrm{d}t \tag{10-1}$$

在复平面内某一区域收敛，则称上式为 $f(t)$ 的 Laplace 变换。$\bar{f}(p)$ 为象函数。Laplace 变换在把求解对象简单化方面类似于对乘除法的对数运算，取对数可将乘和除转换成对数的加和减的运算，然后再求反对数得到积和商，从而简化运算。使用 Laplace 变换则可以将某些原函数的偏微分方程转换成象函数的常微分方程，把某些原函数的常微分方程变换成象函数的代数方程，求得象函数的解后，再对其进行 Laplace 逆变换求得原方程的解，从而对运算过程简化。

Laplace 变换具有以下基本性质：

（1）线性性质：

$$L\,|\,af(t) + bg(t)\,|= a\bar{f}(p) + b\bar{g}(p)$$

$$L\,|\,af(t) + bg(t)\,|= \int_0^\infty \mathrm{e}^{-pt}[\,af(t) + bg(t)\,]\mathrm{d}t$$

$$= a\int_0^\infty \mathrm{e}^{-pt}f(t)\mathrm{d}t + b\int_0^\infty \mathrm{e}^{-pt}g(t)\mathrm{d}t = a\bar{f}(p) + b\bar{g}(p) \tag{10-2}$$

（2）导数的 Laplace 变换：

$$L\left\{\frac{\mathrm{d}f(t)}{\mathrm{d}t}\right\} = p\bar{f}(p) - f(0) \tag{10-3}$$

式中, $f(0)$ 为 $t = 0$ 时函数 $f(t)$ 的值。同理, 对于函数 $f(x, t)$ 的偏导数的 Laplace 变换, 有

$$L\left\{\frac{\partial f(x, t)}{\partial t}\right\} = p\bar{f}(x, p) - f(x, 0) \tag{10-4}$$

当微分变量不是 t 时, 有

$$L\left\{\frac{\partial f(x, t)}{\partial x}\right\} = \frac{d\bar{f}(x, p)}{dx} \tag{10-5}$$

证明:

$$L\left\{\frac{\partial f(x, t)}{\partial x}\right\} = \int_0^\infty e^{-pt}\frac{\partial f(x, t)}{\partial x}dt = \frac{d}{dx}\int_0^\infty e^{-pt}f(x, t)dt = \frac{d\bar{f}(x, p)}{dx}$$

同理:

$$L\left\{\frac{\partial^2 f(x, t)}{\partial x^2}\right\} = \frac{d^2\bar{f}(x, p)}{dx^2}$$

(3) 常数 E 的变换:

$$L\{E\} = \frac{E}{p}$$

证明:

$$L\{E\} = \int_0^\infty Ee^{-pt}dt = E\int_0^\infty e^{-pt}dt = -\frac{E}{p}e^{-pt}\bigg|_0^\infty = \frac{E}{p} \tag{10-6}$$

(4) 阶跃函数的变换 (时移性质)。阶跃函数 $S_\tau(t)$ 定义为: 当 $0 < t \leq \tau$ 时, $S_\tau(t) = 0$; $t > \tau$ 时, $S_\tau(t) = 1$。对于一个 $t - \tau$ 的函数 $F(t - \tau)$ 有:

$$L\{S_\tau(t)F(t - \tau)\} = e^{-\tau p}\overline{F}(p)$$

$$L\{S_\tau(t)F(t - \tau)\} = \int_0^\infty e^{-pt}S_\tau(t)F(t - \tau)dt = \int_\tau^\infty e^{-pt}F(t - \tau)dt \tag{10-7}$$

定义 $s = t - \tau$, 因为 $t = s + \tau$, $dt = ds$ 代入上式得:

$$\int_\tau^\infty e^{-pt}F(t - \tau)dt = e^{-\tau p}\int_0^\infty e^{-ps}F(s)ds = e^{-\tau p}\overline{F}(p) \tag{10-8}$$

(5) 积分的变换:

$$L\left[\int f(t)dt\right] = F(s)/s + \left[\int f(t)dt\right]_{t=0}/s \tag{10-9}$$

以上列出的是在用 Laplace 变换法求解扩散方程时要用到的几个基本性质, 对于其他函数的 Laplace 变换, 见表 10-1。

表 10-1　普通函数的 Laplace 变换

原函数 $f(t)$	象函数 $\bar{f}(p)$
$af(t)$	$aF(s)$
$f_1(t) \pm f_2(t)$	$F_1(s) \pm F_2(s)$
$df(t)/dt$	$sF(s) - f(0)$
$d^2f(t)/dt^2$	$s^2F(s) - sf(0) - f'(0)$
$\int f(t)dt$	$F(s)/s + \left[\int f(t)dt\right]_{t=0}/s$

原函数 $f(t)$	象函数 $\bar{f}(p)$
$\iint f(t)(\mathrm{d}t)^2$	$F(s)/s^2 + \left[\int f(t)\mathrm{d}t\right]_{t=0}/s^2 + \left[\iint f(t)(\mathrm{d}t)^2\right]_{t=0}/s$
E（常数）	E/p
e^{-at}	$1/(p+a)$
$\sin at$	$a/(p^2+a^2)$
$\cos at$	$p/(p^2+a^2)$
T	$1/p^2$
$1/\sqrt{\pi t}$	$1/\sqrt{p}$
$2\sqrt{t/\pi}$	$1/(p\sqrt{p})$
$\dfrac{x}{2t\sqrt{\pi k}}\exp\left(-\dfrac{x^2}{4kt}\right)$	$\exp\left(-\sqrt{\dfrac{p}{k}}x\right)$
$\sqrt{k/\pi t}\exp\left(-\dfrac{x^2}{4kt}\right)$	$\exp\left(-\sqrt{\dfrac{p}{k}}x/\sqrt{p/k}\right)$
$\mathrm{erfc}(x/(2\sqrt{kt}))$	$\exp\left(-\sqrt{\dfrac{p}{k}}x\right)/p$
$2\sqrt{\dfrac{k}{\pi t}}\exp\left(-\dfrac{x^2}{4kt}\right)-x\,\mathrm{erfc}\left(\dfrac{x}{2\sqrt{kt}}\right)$	$\dfrac{\exp\left(-\sqrt{\dfrac{p}{k}}x\right)}{p}\sqrt{\dfrac{p}{k}}$
$\exp(a^2 t)\,\mathrm{erfc}(a\sqrt{t})$	$1/(p+a\sqrt{p})$
$\sinh at$	$a/(p^2-a^2)$
$\cosh at$	$p/(p^2-a^2)$
$1/a(1-\mathrm{e}^{-at})$	$1/[p(p+a)]$
$\dfrac{t}{\sqrt{k}}\mathrm{erf}\sqrt{kt}$	$1/(p\sqrt{p+k})$

卷积定理常用来求反 Laplace 变换，定义如下：

$$L^{-1}\{\bar{f}(p)\bar{g}(p)\} = f(t)\cdot g(t) = \int_0^t f(t-\tau)g(\tau)\mathrm{d}\tau = \int_0^t f(\tau)g(g-\tau)\mathrm{d}\tau \quad (10\text{-}10)$$

为了说明 Laplace 变换在求解微分方程中的应用，下面举一个求解电感-电容（RC）的电路微分方程的简单例子，如图 10-1 所示。

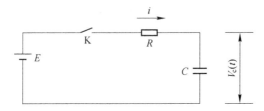

图 10-1 RC 电路

图 10-1 为 RC 线路，电源电压 E 恒大，从开关 K 接通的瞬间开始计时间，求 V_c 与时间 t 的函数关系。

解：由电路方程：
$$iR + V_c = E$$
因为
$$q = CV_c, \quad i = \mathrm{d}q/\mathrm{d}t$$
所以
$$i = \mathrm{d}(CV_c)/\mathrm{d}t = C_\mathrm{d}V_c/\mathrm{d}t$$
将上式代入电路方程得：
$$CR_\mathrm{d}V_c(t)/\mathrm{d}t + V_c(t) = E$$

初始条件 $V_c(t)\big|_{t=0} = 0$，用 Laplace 变换法求解此方程。对方程两边进行 Laplace 变换，则：
$$CR_\mathrm{p}\overline{V}_c(p) + \overline{V}_c(p) = E/p$$

运用表 10-2 所示的拉普拉斯变换方法，这样就把关于 $V_c(t)$ 的常微分方程变换成为关于 $\overline{V}_c(p)$ 的代数方程。从上面的代数方程很容易求出：
$$\overline{V}_c(p) = \frac{E}{p(1 + RCp)} = \frac{E}{RC} \cdot \frac{1}{p\left(p + \dfrac{1}{RC}\right)}$$

表 10-2　拉普拉斯变换常用公式

原函数	象函数
$\mathrm{d}V_c(t)/\mathrm{d}t$	$p\overline{V}_c(p) - V_c(0)$
$V_c(t)$	$\overline{V}_c(p)$
E	E/p

然后再从象函数 $\overline{V}_c(p)$ 通过 Laplace 逆变换求出原函数 $V_c(t)$，这可以通过查 Laplace 变换表求得，如查出象函数 $1/[p(p+a)]$ 的原函数为 $(1 - \mathrm{e}^{-at})/a$。

这样对 $\overline{V}_c(p)$ 表达式两端分别求 Laplace 逆变换得：
$$V_c(t) = \frac{E}{RC} \cdot RC(1 - \mathrm{e}^{-\frac{t}{RC}}) = E(1 - \mathrm{e}^{-\frac{t}{RC}})$$

10.1.2　误差函数

在扩散问题的处理中，常常会遇到误差函数：
$$\mathrm{erf}(x) = \frac{2}{\sqrt{\pi}} \int_0^x \mathrm{e}^{-y^2}\mathrm{d}y \tag{10-11}$$

误差函数的图形表示如图 10-2 所示，它在 $x=0$ 和 $x \to \infty$ 时的值为 0 和 1，即：
$$\mathrm{erf}(0) = 0, \quad \mathrm{erf}(\infty) = 1$$

10.1.2.1　误差函数的级数表示

误差函数可以表示成以下级数形式。
$$\mathrm{erf}(x) = \frac{2}{\sqrt{\pi}} \sum_{m=0}^{\infty} \frac{x^{2m+1}}{(2m+1)m!} \tag{10-12}$$

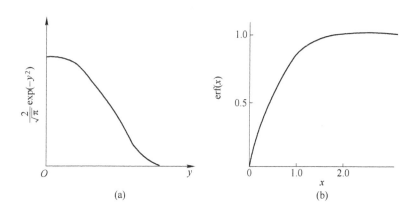

图 10-2　误差函数的图形表示

（a）误差函数在 y 为零或无穷时的值；（b）误差函数在 x 为零或无穷时的值

上式在 $0 \leqslant x \leqslant 2$ 时使用比较方便。当 $x < 0.1$ 时，右边加和中第二项以后的所有各项可以忽略，得到线性近似表示：

$$\mathrm{erf}(x) = 2x/\sqrt{\pi} \quad (x < 0.1) \tag{10-13}$$

当 $x > 2$ 时，可以把误差函数表示成：

$$\mathrm{erf}(x) = 1 - \frac{\exp(-x^2)}{\sqrt{\pi}\, x} \sum_{m=0}^{\infty} \frac{(2m)!}{(2x)^{2m} m!} \tag{10-14}$$

10.1.2.2　误差函数的导数

$$\begin{aligned}
\frac{\mathrm{d}\,\mathrm{erf}(x)}{\mathrm{d}x} &= \frac{2}{\sqrt{\pi}} \frac{\mathrm{d}}{\mathrm{d}x} \int_0^x \mathrm{e}^{-y^2} \mathrm{d}y \\
&= \frac{2}{\sqrt{\pi}} \left(\mathrm{e}^{-x^2} - \mathrm{e}^0 \times 0 + \int_{u_1(x)}^{u_2(x)} \frac{\mathrm{d}\mathrm{e}^{-y^2}}{\mathrm{d}x} \mathrm{d}y \right) \\
&= \frac{2}{\sqrt{\pi}} (\mathrm{e}^{-x^2} - \mathrm{e}^0 \times 0 + 0) = \frac{2}{\sqrt{\pi}} \mathrm{e}^{-x^2}
\end{aligned} \tag{10-15}$$

上式的运算中使用了 Leibnitz 规则：

$$\frac{\mathrm{d}}{\mathrm{d}x} \int_{u_i(x)}^{u_2(x)} f(x, y)\mathrm{d}y = f[x, u_2(x)] \frac{\mathrm{d}u_2(x)}{\mathrm{d}x} - f[x, u_1(x)] \frac{\mathrm{d}u_1(x)}{\mathrm{d}x} + \int_{u_1(x)}^{u_2(x)} \frac{\mathrm{d}f(x, y)}{\mathrm{d}x} \mathrm{d}y$$

$$\tag{10-16}$$

10.1.2.3　补误差函数

$$\mathrm{erfc}(x) = 1 - \mathrm{erf}(x) \tag{10-17}$$

10.1.3　Bessel 方程和 Bessel 函数

在处理圆形电极的扩散问题时，需要求解 Bessel 方程，因此，这里简单介绍 Bessel 方程的解和 Bessel 函数的性质。

微分方程

$$x^2 \frac{d^2y}{dx^2} + x \frac{dy}{dx} + (x^2 - n^2)y = 0 \tag{10-18}$$

称为 Bessel 方程，式中 n 可以为任意实数或复数。用级数法求解，设

$$y = \sum_{k=0}^{\infty} a_k x^{c+k}, \quad a_0 \neq 0 \tag{10-19}$$

式中，c 和系数 a 为待定常数。将式（10-19）代入式（10-18）得：

$$x^2 \sum_{k=0}^{\infty} a_k(c+k)(c+k-1)x^{c+k-2} + x \sum_{k=0}^{\infty} a_k(c+k)x^{c+k-1} + (x^2 - n^2)\sum_{k=0}^{\infty} a_k x^{c+k} = 0 \tag{10-20}$$

削去因子 x^c，合并同类项得：

$$\sum_{k=0}^{\infty} a_k[(c+k)^2 - n^2]x^k + \sum_{k=0}^{\infty} a_k x^{k+2} = 0 \tag{10-21}$$

即

$$a_0(c^2 - n^2) + a_1[(c+1)^2 - n^2]x + \sum_{k=2}^{\infty} \{a_k[(c+k)^2 - n^2] + a_{k-2}\}x^k = 0$$

如使上式成立，必须各 x 幂项的指数等于零，即：

$$a_0(c^2 - n^2) = 0 \tag{10-22}$$

$$a_1[(c+1)^2 - n^2] = 0 \tag{10-23}$$

$$a_k[(c+k)^2 - n^2] + a_{k-2} = 0 \quad (k = 2, 3, \cdots) \tag{10-24}$$

已知式（10-22）中 $a_0 \neq 0$，故有 $c = \pm n$，首先取 $c = n$，代入式（10-23），因为 $(n+1)^2 - n^2 \neq 0$（当 $n \neq -0.5$ 时），故 $a_1 = 0$；将 $c = n$ 代入式（10-24），得：

$$a_k k(2n + k) = -a_{k-2} \quad (k = 2, 3, 4, \cdots) \tag{10-25}$$

由 $a_1 = 0$，可推知：

$$a_{m+1} = 0 \quad (m = 0, 1, 2, \cdots)$$

$$a_{2m} = -\frac{a_{2m-2}}{2m(2n+2m)} = (-1)^m \frac{a_0}{4^m m! (m+n)(m+n-1)\cdots(n+1)}$$

$$= (-1)^m \frac{\Gamma(n+1)a_0}{2^{2m}m! \Gamma(m+n+1)} \tag{10-26}$$

取 $a_0 = \frac{1}{2^n \Gamma(n+1)}$，得：

$$a_{2m} = (-1)^m \frac{1}{2^{2m+n}m! \Gamma(m+n+1)} \tag{10-27}$$

将 a_{2m} 代入式（10-19）得到原方程的一个特解，用 $J_n(x)$ 表示为：

$$J_n(x) = \sum_{m=0}^{\infty} a_{2m} = (-1)^m \frac{1}{m! \Gamma(m+n+1)} \left(\frac{x}{2}\right)^{2m+n} \tag{10-28}$$

$J_n(x)$ 定义为第一类 Bessel 函数，它是 Bessel 方程的一个特解。当 n 为整数时，它的第二个特解一般取为：

$$Y_n(x) = \frac{J_n(x)\cos(n\pi) - J_{-n}(x)}{\sin(n\pi)} \quad (10\text{-}29)$$

$Y_n(x)$ 称为第二类 Bessel 函数。这样，Bessel 方程（式（10-16））的通解为：

$$y = AJ_n(x) + BYn(x)$$

式中，常数 A、B 由微分方程的边界条件确定。

第一类 Bessel 函数的几个重要性质如下：

（1）$J_n(x)$ 有无穷多个实数零点，而且只有实数零点。

（2）倒数性质：

$$\frac{\mathrm{d}[x^n J_n(x)]}{\mathrm{d}x} = x^n J_{n-1}(x) \quad (10\text{-}30)$$

（3）递推公式：

$$J_{n-1} + J_{n+1} = \frac{2n}{x}J_n \quad (10\text{-}31)$$

$$J_{n-1} - J_{n+1} = 2J_n$$

（4）正交性质。即本征函数的 Bessel 函数有正交性。

根据函数的级数表达式：

$$\int_0^x \mathrm{e}^{-t^2}\mathrm{d}t = \frac{x}{1} - \frac{1}{1!}\cdot\frac{x^3}{3} + \frac{1}{2!}\cdot\frac{x^5}{5} - \cdots \quad (10\text{-}32)$$

$$\exp(x^2)\,\mathrm{erfc}(x) = \left(1 + x^2 + \frac{x^4}{2!} + \frac{x^6}{3!} + \cdots\right)\left[1 - \frac{2}{\sqrt{\pi}}\left(x - \frac{x^3}{3} + \frac{x^5}{5\times 2!} - \cdots\right)\right]$$

当 x 很小时，忽略高次项，上式可简化为：

$$\exp(x^2)\,\mathrm{erfc}(x) \approx 1 - \frac{2x}{\sqrt{\pi}} \quad (10\text{-}33)$$

求解平面电极上的一维暂态扩散方程：

$$\frac{\partial c(x,\ t)}{\partial t} = D\left[\frac{\partial^2 c(x,\ t)}{\partial x^2}\right] \quad (10\text{-}34)$$

一般求解时做下列假定：

（1）D ＝常数，即扩散系数不随扩散粒子的浓度而变化；

（2）开始电解前，扩散粒子完全均匀地分布在液相中，即作为初始条件可用

$$c(x,\ 0) = c^0 \quad (10\text{-}35)$$

式中，c^0 称为扩散粒子的初始浓度。

（3）认为距离电极表面无穷远处总不出现浓度变化，即作为边界条件之一有：

$$c(\infty,\ t) = c^0 \quad (10\text{-}36)$$

事实上，只要溶液体积足够大，以致在非稳态扩散过程实际不可能的时间内，离电极表面足够远的液层中不会发生可觉察的浓度变化，即可满足式（10-36）。这一条件常称为"半无限扩散边界条件"。

可运用数学上的 Laplace 变换法来具体解暂态扩散方程式（10-34），以求出 $c_0(x,t)$。大致可分三步：

（1）将含有两个自变量的偏微分方程变换成仅含有一个自变量的象函数的常微分方

程，使数学形式简化；

（2）解象函数方程；

（3）再用 Laplace 逆变换法将此解还原为原变量的单值函数，即将象函数逆变换为原函数，得到偏微分方程的解。

根据 Laplace 变换的定义，一个实变量 t 的原函数 $f(t)$ 的象函数 $\bar{f}(p)$ 为

$$\bar{f}(p) = \int_0^\infty f(t) e^{-pt} dt \tag{10-37}$$

此式称为 Laplace 积分变换式。式中 p 是一个为正值的任意常数。经变换后变数 t 换成了常数 p。为使式（10-37）有意义，要求右边的积分式在 p 的某一域内收敛。所以，常数 p 不仅是正值，而且必须大于某一数值，以致 $f(t)$ 随 t 的增大不能比 e^{pt} 更快。

对于扩散方程的式（10-26），$\dfrac{\partial c}{\partial t}$ 的象函数为：

$$\overline{\frac{\partial c}{\partial t}} = \int_0^\infty \frac{\partial c}{\partial t} e^{-pt} dt = e^{-pt} c \Big|_0^\infty - \int_0^\infty c \, de^{-pt} = e^{-pt} c \Big|_0^\infty + p \int_0^\infty c e^{-pt} dt \tag{10-38}$$

式（10-38）中，为使其积分值有限，只需假定 $p>0$，则有：

$$\overline{\frac{\partial c}{\partial t}} = -c(x, 0) + p\bar{c}(x, p) \tag{10-39}$$

对于式（10-34）的右边项 $D \dfrac{\partial^2 c}{\partial x^2}$，它的象函数为：

$$D \overline{\frac{\partial^2 c}{\partial x^2}} = \int_0^\infty D \frac{\partial^2 c}{\partial x^2} e^{-pt} dt = D \frac{\partial^2 \bar{c}(x, p)}{\partial x^2} \tag{10-40}$$

于是，一维暂态扩散方程可变换为仅含一个自变量 x 的由象函数 $\bar{c}(x, p)$ 组成的象函数方程，为二阶常微分方程。

$$p\bar{c}(x, p) - c(x, 0) = D \frac{\partial^2 \bar{c}(x, p)}{\partial x^2} \tag{10-41}$$

式（10-41）的通解为：

$$\bar{c}(x, p) = A e^{\lambda_1 x} + B e^{\lambda_2 x} + \frac{c(x, 0)}{p} \tag{10-42}$$

式中，$\lambda_1 = -\left(\dfrac{p}{D}\right)^{1/2}$，$\lambda_2 = \left(\dfrac{p}{D}\right)^{1/2}$；$A$、$B$ 为待定的常数。

用初始条件式（10-35）代入式（10-42）得：

$$\bar{c}(x, p) = A e^{\lambda_1 x} + B e^{\lambda_2 x} + \frac{c^0}{p} \tag{10-43}$$

再用边界条件式（10-36）代入式（10-42）得：

$$\bar{c}(\infty, p) = A e^{\lambda_1 x} + B e^{\lambda_2 x} + \frac{c^0}{p} = A \cdot 0 + B e^{\lambda_2 \infty} + \frac{c^0}{p} = B e^{\lambda_2 \infty} + \frac{c^0}{p}$$

而这一边界条件 $c(\infty, t) = c^0$ 进行变换后有：

$$\bar{c}(\infty, p) = \int_0^\infty c^0 e^{-pt} dt = \frac{c^0}{p} \tag{10-44}$$

对比式（10-43）和式（10-44），推得 $B=0$。于是式（10-43）变为：

$$\bar{c}(\infty, p) = A e^{\lambda_1 x} + \frac{c^0}{p} \tag{10-45}$$

另一边界条件式（10-45）经变换后得：

$$\bar{c}(0, p) = \int_0^\infty c_O^s e^{-pt} dt = \frac{c_O^s}{p} \tag{10-46}$$

代入式（10-45），有：

$$A e^{\lambda_1 0} + \frac{c_O^0}{p} = \frac{c_O^s}{p} \tag{10-47}$$

由此推得 $A = \dfrac{c_O^0 - c_O^s}{p}$，这样，象函数方程式（10-37）的具体解为：

$$\overline{c_O}(x, p) = -\frac{c_O^0 - c_O^s}{p} e^{-\left(\frac{p}{D_0}\right)^{1/2} x} + \frac{c_O^0}{p} \tag{10-48}$$

然后，用 Laplace 逆变换将式（10.38）变为变量 t 的单值函数。可从 Laplace 变换表上查得：

$$\frac{c_O^0}{p} \rightarrow c_O^0$$

$$\frac{c_O^0 - c_O^s}{p} e^{-\left(\frac{p}{D_0}\right)^{1/2} x} \leftarrow (c_O^0 - c_O^s)\left[1 - \mathrm{erf}\left(\frac{x}{2\sqrt{D_0 t}}\right)\right] \tag{10-49}$$

据此对式（10-48）进行逆变换，即得到暂态扩散方程式（10-44）的解为：

$$c_o(x, t) = (c_O^0 - c_O^s)\left[1 - \mathrm{erf}\left(\frac{x}{2\sqrt{D_0 t}}\right)\right] + c_O^0$$

$$= c_o^s + (c_O^0 - c_O^s)\,\mathrm{erf}\left(\frac{x}{2\sqrt{D_0 t}}\right) \tag{10-50}$$

若采用完全浓差极化的边界条件式（10-45），则有：

$$c_o(x, t) = c_O^0 \mathrm{erf}\left(\frac{x}{2\sqrt{D_0 t}}\right) \tag{10-51}$$

上述二式中的 erf 代表误差函数，它是一个积分，其定义为：

$$\mathrm{erf}(\lambda) = \frac{2}{\sqrt{\pi}} \int_0^\lambda e^{-y^2} dy \tag{10-52}$$

式中，y 只是一个辅助变数，在积分上下限代入后会消失。$\mathrm{erf}(\lambda)$ 的数值可以从一般数学表中查到。这一函数最重要的性质是，当 $\mathrm{erf}(\lambda)=0$，$\lambda \geqslant 2$ 时，$\mathrm{erf}(\lambda) \approx 1$；曲线起始处的斜率为 $\left(\dfrac{\mathrm{derf}(\lambda)}{d\lambda}\right)_{\lambda=0} = \dfrac{2}{\sqrt{\pi}}$。掌握了误差函数的基本性质，就可以进一步分析暂态扩散过程的特征。

10.2 运算放大器的工作原理、运行方式及在消除溶液电阻方面的应用

10.2.1 概述

运算放大器是一种具有高放大倍数，并带有深度负反馈的直接耦合放大器。因此，运算放大器是由放大电路与反馈电路两部分组成，放大部分实际上是高放大倍数的多级直流放大器，反馈电路采用深度电压负反馈，以便放大器能稳定工作。除了放大和反馈电路之外，在输入输出端还有一些辅助电路。当运算放大器外接电阻或电容器时，只要稍许改变元件的连接方式，就能对输入信号进行加、减、乘、除、微分、积分、比例等运算，这就是运算放大器名称的由来。实际上运算放大器的用途已不限于运算，而是普及于无线电技术的一切领域，如信号的产生，变换以及电源稳压、有源滤波等。由于电子元件的更新换代，运算放大器本身已从 20 世纪 40 年代的电子管电路经过晶体管电路到 60 年代初期发展为集成电路，直到现在大部分的运算放大器是以硅单芯片的形式存在。运算放大器的种类繁多，广泛应用于电子行业当中。因此，目前使用的多数是集成运算放大器，它具有开环增益高、响应速度快、输入阻抗高、输出电阻低、漂移小、噪声低、工作稳定、体积小等优点，在电化学测量与控制中得到广泛应用。

在运算放大器电路中，放大电路（固体组件本身）称为基本放大器或比较放大器，基本放大器常用图 10-3 所示的符号表示，输入极几乎无例外地采用差分放大电路，运算放大器有两个输入端，同相输入端与反相输入端，其中同相输入端以"+"号表示，若信号从此端输入则输出信号与输入信号同相，反相输入端通常用"−"号表示，若信号从此端输入则输出信号反相。有一个输出端。一般地，输出电压 V_O 与输入电压 V_a、V_b 之差成比例，可表示为：

$$V_O = A(V_b - V_a) \tag{10-53}$$

式中，V_O 为输出电压；V_a、V_b 分别为反相与同相输入电压；比例系数 A 被称为开环电压放大倍数。

如图 10-3 所示，在未接反馈电路时，称运算放大器处于开环工作状态。这种开环工作状态应用价值不大，因为运算放大器的开环放大倍数很高，一般为 $10^4 \sim 10^8$，即使输入信号在毫伏级，输出端也会达到饱和（实际上 V_O 不可能大于放大器供电电源的电压值），即达到了输出能力的最大极限。另外开环工作状态不稳定，因此，运算放大器都是在闭合状态下工作，即输出电压总是通过电

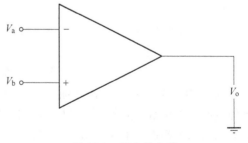

图 10-3　基本放大器

阻（或电容）反馈到反相输入端，构成深度电压负反馈（负反馈是指使放大电路净输入量减少的反馈）。根据信号的输入方式不同，运算放大器有反相输入式、同相输入式及差动输入式（或称双端输入式）。为了保证运算放大器处于负反馈状态，无论采用哪种形式的输入方式，输出电压总是通过反馈电阻 R_f（或电容）加到反向输入端。由式（10-53）

可知 $V_b - V_a = V_0/A$，由于运算放大器的开环电压放大倍数 A 很高而输出电压 V_o 是一个有限的数值，所以有：

$$V_b - V_a = 0$$

即

$$V_b = V_a \tag{10-54}$$

式（10-54）表明 V_b 等于 V_a，运算放大器的这种特性称为跟随特性，A 越大，跟随特性就越好。这种跟随特性对于同相，反相及差动输入都适用。

10.2.2 输入方式

10.2.2.1 同相输入

图 10-4 所示为同相输入电路。所谓同相输入是指信号 V_i 从同相输入端 b 输入，而反相输入端通过电阻 R_1 接地，输出电压 V_0 通过反馈电阻 R_f 将信号反馈到反相输入端，从而构成了电压串联负反馈电路，同相输入的输出电压与输入电压同相。

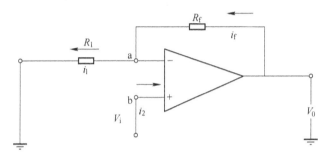

图 10-4 同相输入运算放大器

根据运算放大器的跟随特性，在同相输入电路中 a、b 电位近似相等，利用这个特点，可以很方便地得出同相输入时，输入电压 V_i 与输出电压 V_0 之间的关系。

从图 10-4 可以看出，输出电压 V_0 可以用下式表示：

$$V_0 = i_1(R_1 + R_f) \tag{10-55}$$

输入电压

$$V_i = V_b = V_a = i_1 R_1 \tag{10-56}$$

由式（10-55）和式（10-56）可得出输出电压与输入电压的关系为：

$$\frac{V_0}{V_i} = \frac{R_1 + R_f}{R_1} = 1 + \frac{R_f}{R_1} \tag{10-57}$$

式（10-57）表明，在同相输入电路中，输出电压与输入电压成比例，比例系数称为闭环电压放大倍数，其值等于 $(R_1 + R_f)/R_1$。所以同相输入可以将输入电压成比例放大，放大倍数的准确性只取决于 R_1 与 R_f 的大小与稳定性，而与放大器本身的参数无关。V_0 与 V_i 的比值为正，表明输出与输入同相。

同相输入电路的输出电阻 r_0 与反相输入电路的输出电阻相同，也可用：

$$r_0 = \frac{r_{00}}{1 + \beta A} \tag{10-58}$$

这说明同相输入其输出电阻很小，因此负载能力强，这是同相输入电路的优点之一。

同相输入时的输入电阻 r_i 可从图 10-4 列出以下各式联列求解而得到。

$$\frac{V_i - V_a}{I_i} = r_{i0} \tag{10-59}$$

$$V_a = \frac{R_1}{R_1 + R_f} V_0 \tag{10-60}$$

$$V_0 = A(V_i - V_a) \tag{10-61}$$

所以，输入电阻为：

$$r_i = \frac{V_i}{I_i} = \left(1 + \frac{AR_1}{R_1 + R_f}\right) r_{i0} = (1 + \beta A) r_{i0} \tag{10-62}$$

式中，r_{i0} 为开环输入电阻；$\beta = \dfrac{R_1}{R_1 + R_f}$ 为电压负反馈系数。

式（10-62）表明，同相输入电路的输入电阻比开环输入电阻大，只要 A 很大，反馈系数 β 也较高，则同相输入电路的输入电阻 r_i 就可达到很高的值。同相输入电路的闭环输入电阻高，这是同相输入的优点之二。

10.2.2.2 反相输入

反相输入电路，如图 10-5 所示，输入信号 V_i 通过输入端电阻 R_1 送到反向输入端 a；同相输入端 b 接地，输出电压 V_0 通过反馈电阻 R_f 反馈到反相输入端，从而构成深度电压并联负反馈工作状态。

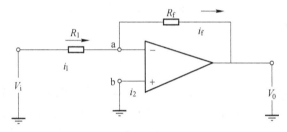

图 10-5 反相输入运算放大器

反相输入时，同相输入端直接接地，所以 $V_b = 0$，由式（10-53）可得出输出电压 V_0 与 V_a 的关系为：

$$V_0 = -AV_a \tag{10-63}$$

设 $A = 10^4 \sim 10^8$，输出电压 $V_0 = 10V$，由上式得 V_a 为 $0.01 \sim 1000MV$，因此，可近似地认为，a 点的电位接近于零。由于运算放大器的开环电压放大倍数 A 很高，且输出电压通过 R_f 向输入端引入很深的并联电压负反馈，迫使 a 点的电位接近于地电位，但 a 点并不是真正的接地点，故称为"虚地"。利用虚地的概念，可以使反相输入电路的分析大为简化。从图 10-5 可以看出：

$$i_1 = i_a + i_f \tag{10-64}$$

i_a 为流入放大器内部的电流，由于运算放大器的开环输入电阻 r_i 很高（一般高达几百千欧），则运算放大器的输入电流很小，可忽略不计，所以，$i_a = 0$。i_f 为流过反馈电阻 R_f 的电流，这样式（10-64）变为：

$$i_1 = i_f \tag{10-65}$$

由图 10-5 得出下面的公式

$$i_1 = \frac{V_1 - V_a}{R_1} = \frac{V_1}{R_1}$$

$$i_f = \frac{V_a - V_0}{R_f} = -\frac{V_0}{R_f}$$

所以

$$\frac{V_1}{R_f} = -\frac{V_0}{R_f}$$

即

$$\frac{V_0}{V_1} = -\frac{R_f}{R_1} \tag{10-66}$$

式（10-66）表明反相输入运算放大器的输出电压 V_0 与输入信号电压 V_i（式中 $V_1 = V_i$）呈线性关系，式中的负号表示 V_0 与 V_i 反相，比例系数 R_f/R_1 叫做闭环电压放大倍数，所以反相输入可以将输出电压成比例放大，只要 R_f、R_1 的电阻值足够精确及运算放大器的 A 足够高，就可以认为 V_0 与 V_i 的关系只取决于 R_f 与 R_1 的比值，而与运算放大器本身的参数无关。这一特点给电路设计的调试带来极大方便，而且电路工作在深度负反馈下，使运算放大器具有良好的性能和高度的稳定性。如图 10-2 所示的电路也叫反相比例运算电路，当 $R_f/R_1 = 1$ 时，这种电路只起反相作用，即随着输入电压的增大，输出电压逐渐减小，称为倒相器。

运算放大器的输入电阻是指：从输入端（图 10-5a 点）向放大器内部看去所包括的电阻，以 r_i 表示，因为 a 点为虚地，由欧姆定律得：

$$r_i = \frac{V_i}{i_i} = R_i \tag{10-67}$$

由此可见，反相输入电阻等于输入端电阻 R_1，而与放大器本身开环输入电阻无关。通常 R_1 的值不大，这表明反相输入电路的输入电阻不高，这是反相输入的缺点。

输出电阻是指从输出端向运算放大器内部看去所包括的电阻，以 r_0 表示。从理论上可导出，反相输入的输出电阻为：

$$r_0 = \frac{r_{00}}{1 + \beta A} \tag{10-68}$$

式中，r_{00} 为放大器本身的开环输出电阻；A 为开环电压放大倍数；β 为电压负反馈系数，$\beta = \frac{R_1}{R_1 + R_f}$。一般来说 $1 + \beta A \gg 1$，所以 r_0 比放大器本身的开环输出电阻 r_{00} 小得多。例如，设 $R_1 = 100\Omega$，$A = 5 \times 10^4$，$R_f = 1 \times 10^4 \Omega$，则，$\beta - \frac{R_1}{R_1 + R_f} = 0.01$。将 A 与 β 值代入式（10-57）得 $r_0 - 0.002r_{00}$。若 r_{00} 为几百欧姆，则 r_0 只为几欧姆，可见反相输入使输出电阻大大降低了，因而反相输入式运算放大器负载能力强（因为所谓负载能力，就是做功能力，做功的强弱一般是用电设备在额定的电压下消耗电能来转化为机械能的多少，而一定电压下电能的多少就是从电流来表现的。在一定电压下，输出电流越大，就是负载能力越强。而需要输出电流越大，就需要输出电路中的电阻越小）。这正是电化学测量仪器所需要的。

10.2.2.3　差动输入

反相输入电路与同相输入电路都属单端输入。当输入信号同时从反相端和同相端输入时称为差动输入也叫双端输入。如图 10-6 所示的电路就是差动输入式运算放大器，从电路结构可以看出它是由图 10-5 的反相输入与图 10-4 的同相输入组合而成的。

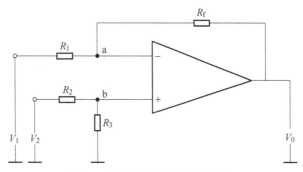

图 10-6　差动输入运算放大器

与图 10-4 不同的是同相输入端输入信号 V_2 不是直接加入而是经过 R_2 与 R_0 分压后再加到同相输入端。因此差动输入电路的输入电压与输出电压的关系可以由上述两种电路的输入输出关系叠加而成。如令 $V_{1,2}=0$，则放大器就是反相输入运算放大器，只是同相输入端不是直接接地而是通过电阻 $R_1//R_3$ 接地，其输入与输出电压的关系仍可用式（10-69）表示。

$$\frac{V_{01}}{V_{i1}} = -\frac{R_f}{R_1} \tag{10-69}$$

$$V_{01} = -\frac{R_f}{R_1}V_{i1}$$

若如假定 $V_{i1}=0$，则放大器就成了同相输入运算放大器，由图 10-4 可得：

$$V_b = \frac{R_a}{R_2 + R_3}V_{i2} \tag{10-70}$$

同时，根据式（10-68），同相输入运算放大器输出电压与输入电压关系可表示为：

$$V_{02} = \frac{R_1 + R_f}{R_1}V_0 \tag{10-71}$$

将式（10-70）代入上式得：

$$V_{02} = \frac{R_3}{R_2 + R_3}\frac{R_1 + R_f}{R_1}V_{i2} \tag{10-72}$$

当考虑两个输入信号同时作用时，由迭加原理可得到差动放大器输出电压与输入电压的关系为：

$$V_0 = V_{01} + V_{02} = \frac{R_1 + R_f}{R_1} \times \frac{R_3}{R_2 + R_3}V_{i2} - \frac{R_f}{R_1}V_{i1} \tag{10-73}$$

为了使集成运算放大器两输入端电阻对称，通常使 $R_1 = R_2$，$R_3 = R_f$，这时上式变为：

$$V_0 = \frac{R_f}{R_1}(V_{i2} - V_{i1}) \tag{10-74}$$

式（10-74）表明输出电压 V_0 与输入信号电压的差值成正比。该种电路称为差动放大器，因此差动放大器常用作比较器、减法器等，这在许多电化学仪器中用到。

10.2.2.4　输入、输出阻抗的计算

在具体讨论集成运放各种应用电路的分析方法之前，我们首先分析两种最基本的集成运放反馈电路。

反相运算放大器的输入信号加在反相输入端，同时输入端通过一个阻抗 Z' 接地。显然，改电路是一个电压并联负反馈放大电路。因为理想运算放大器 $I_i = 0$，即

$$I_1 = I_f \tag{10-75}$$

又因 $V_i = 0$，则：

$$V_+ = V_- = 0 \tag{10-76}$$

于是

$$I_1 = \frac{V_s - V_-}{Z_1} = \frac{V_s}{Z_1} \tag{10-77}$$

$$I_f = \frac{V_- - V_0}{Z_f} = -\frac{V_0}{Z_f}$$

利用式（10-75）得到：

$$A_{vf} = \frac{V_0}{V_s} = -\frac{Z_f}{Z_1} \tag{10-78}$$

由式（10-76）可见，尽管反相输入端不接地，但电位为零，通常称之为"虚地"。这是反相输入运算放大器的重要特点。反相端输入运算放大器如图 10-7 所示。

下面讨论开环电压放大倍数 A_v、输入阻抗 Z_f 为有限值及输出阻抗 $Z_0 \neq 0$ 时对闭环放大倍数的影响。并推导输入阻抗 Z_{if}，输出阻抗 Z_{0f} 的表达式。

利用图 10-8 所示的运算放大器模型可画出反相输入运算放大器的等效电路如图 10-9（a）所示。

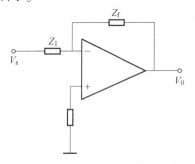

图 10-7　反相端输入的运算放大器

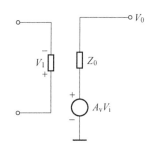

图 10-8　运算放大器模型

实际电路的数值一般存在以下的关系：

$$Z_i \gg Z_1 \qquad Z_i \gg Z'$$
$$Z_f \gg Z_0 \qquad Z_L \gg Z_0$$

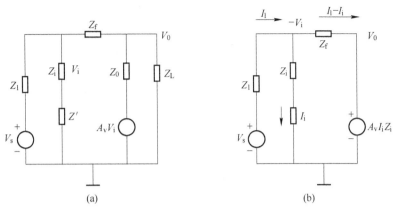

图 10-9　反相端输入运算放大器等效电路

因为 $Z_i \gg Z'$，故在 Z_i 与 Z' 串联支路中可以略去 Z'。对 Z_0 和受控源支路应用诺顿定理后，得到 Z_0 与 Z_L 相并联。而 $Z_L \gg Z_0$，所以 Z_L 可以略去。于是得到 Z_0 与 Z_f 相串联，又因 $Z_0 + Z_f \approx Z_f$，略去 Z_0 后，就得到近似模型如图 10-9（b）所示。

从这个模型可列出下列方程：

$$V_s = I_1 Z_1 + V_i = I_1 Z_1 + I_i Z_i \tag{10-79}$$

$$I_i Z_i - (I_1 - I_i) Z_f + A_v I_i Z_i = 0 \tag{10-80}$$

由式（10-80）得到：

$$I_i(Z_i + Z_f + A_v Z_i) = I_1 Z_f$$

即

$$I_i = \frac{I_1 Z_f}{Z_i + Z_f + A_v Z_i} \tag{10-81}$$

将式（10-81）代入式（10-80）中得到：

$$V_s = I_1 Z_1 + \frac{I_1 Z_i Z_f}{Z_i + Z_f + A_v Z_i} \tag{10-82}$$

由此导出输入阻抗：

$$Z_{if} = Z_1 + \frac{Z_i Z_f}{A_v Z_i + Z_i + Z_f} = Z_1 + \frac{Z_i Z_f/(1 + A_v)}{Z_i + Z_f/(1 + Av)} = Z_1 + Z_i // \frac{z_f}{1 + A_v} \tag{10-83}$$

放大倍数：

$$Z_{if} = Z_1 + \frac{Z_i Z_f}{A_v Z_i + Z_i + Z_f} = Z_1 + \frac{Z_i Z_f/(1 + A_v)}{Z_i + Z_f/(1 + A_v)} \tag{10-84}$$

输入阻抗 $= V_s/I_1$，$A_v = -Z_f/Z_1$

放大倍数：

$$A_{vf} = \frac{V_0}{V_s} = \frac{-A_v V_i}{V_s} = \frac{-A_v I_i Z_i}{V_s} \tag{10-85}$$

将式（10-80）、式（10-81）代入式（10-85）后求出：

$$A_{vf} = -\frac{A_v Z_i Z_f}{Z_1(A_v Z_i + Z_i + Z_f) + Z_i Z_f}$$

$$= -\frac{Z_f}{Z_1}\left[\frac{1}{1 + \frac{1}{A_v}\left(1 + \frac{Z_f}{Z_1} + \frac{Z_f}{Z_i}\right)}\right] \qquad (10\text{-}86)$$

$$= -\frac{Z_f}{Z_1} \cdot \frac{1}{1 + \delta} \qquad (10\text{-}87)$$

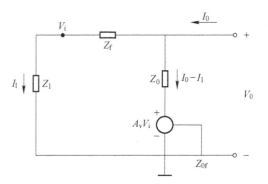

其中　　$\delta = \frac{1}{A_v}\left(1 + \frac{Z_f}{Z_1} + \frac{Z_f}{Z_i}\right)$

求输出阻抗的等效电路如图 10-10 所示。因为 $Z_f \gg Z_1$，故 $Z_1 // Z_f = Z_1 \cdot Z_f/(Z_1 + Z_f) \approx Z_1$，图中略去了 Z_i。

由图 10-10 可见：

$$V_0 = (I_0 - I_1)Z_0 + A_v V_i \qquad (10\text{-}88)$$

因为　　$V_i = I_i Z_i = I_1 Z_1 \qquad (10\text{-}89)$

$$I_1 = \frac{V_0}{Z_1 + Z_f}$$

图 10-10　求输出阻抗的等效电路

于是

$$V_0 = \left(I_0 - \frac{V}{Z_1 + Z_f}\right)Z_0 - A_v Z_1 \frac{V_0}{Z_1 + Z_f} \qquad (10\text{-}90)$$

$$V_0\left(1 + \frac{Z_0}{Z_1 + Z_f} + \frac{A_v Z_1}{Z_1 + Z_f}\right) = I_0 Z_0$$

则输出阻抗：

$$Z_{0f} = \frac{V_0}{I_0} = \frac{Z_0(Z_1 + Z_f)}{Z_f + Z_1 + Z_0 + A_v Z_1} \approx \frac{Z_0}{1 + A_v Z_1/Z_1 + Z_f} \qquad (10\text{-}91)$$

由以上分析看出：

(1) 当 $A_v \to \infty$ 时，$Z_{if} \approx Z_1$，$Z_{0f} \approx 0$。

(2) 当 $A_v \to \infty$，$r_i \to \infty$ 时，$A_{vf} \approx -\frac{Z_f}{Z_1}$，即接近于理想值。

Z_f 和 Z_1 可以是 R、L、C 元件的串联或并联组合，应用拉氏变换，将 Z_1 和 Z_f 写成运算阻抗的形式 $Z_1(S)$ 和 $Z_f(S)$，就得到反相输入运算放大器的一般数学表达式：

$$V_0(S) = -\frac{Z_f(S)}{Z_1(S)}V_a(S) \qquad (10\text{-}92)$$

改变 $Z_1(S)$ 和 $Z_f(S)$ 的形式，即可实现各种不同的数学运算。

如取 $Z_f = R_f$，$Z_1 = R_1$，放大器就成为反相比例器，即：

$$A_{vf} = -\frac{R_f}{R_1}$$

如 $R_f = R_1$，放大器的 $A_{vf} = -1$，就是反号器。

例 1　有一反相比例器，如集成运放的 $A_v = 10^5$，$r_i = 100\text{k}\Omega$，$r_0 = 200\text{k}\Omega$，$R_f = 100\text{k}\Omega$，$R_1 = 10\text{k}\Omega$。

（1）试计算电压放大倍数 A_{vf}。与理想值相比，相对误差为多少？

（2）若 $A_v = 10^8$，$r_i = 500k\Omega$，其他参数不变，求 A_{vf} 及相对误差。

（3）若 $R_f = 1M\Omega$，其他参数不变，求 A_{vf} 及相对误差。

（4）求原参数下的输入和输出电阻 r_{if} 及 r_{of}。

解：（1）由式（10-85）可得

$$A_{vf} = -\frac{100}{10} \times \cfrac{1}{1 + \cfrac{1}{10^5}\left(1 + \cfrac{100}{10} + \cfrac{100}{100}\right)} = -10 \times \cfrac{1}{1 + \cfrac{12}{10^5}} = -9.998$$

相对误差

$$\frac{\Delta A_{vf}}{A_{vf}} = \frac{10 - 9.998}{10} = 0.02\%$$

（2）$A_v = 10^6$、$r_i = 500k\Omega$，其他参数不变，则

$$A_{vf} = -10 \times \cfrac{1}{1 + \cfrac{1}{10^6}\left(1 + \cfrac{100}{10} + \cfrac{100}{500}\right)} = -10 \times \cfrac{1}{1 + \cfrac{11.2}{10^6}}$$

相对误差：

$$\frac{\Delta A_{vf}}{A_{vf}} = \frac{10 - 9.9998}{10} = 0.002\%$$

（3）$R_1 = 1k\Omega$，其他参数不变

$$A_{vf} = -10 \times \cfrac{1}{1 + \cfrac{1}{10^5}\left(1 + \cfrac{1000}{10} + \cfrac{1000}{100}\right)} = -10 \times \cfrac{1}{1 + \cfrac{111}{10^5}} = -9.98$$

相对误差：

$$\frac{\Delta A_{vf}}{A_{vf}} = \frac{10 - 9.98}{10} = 0.2\%$$

通过上述计算可以看出，按理想情况下导出的公式 $A_{vf} = -\dfrac{Z_f}{Z_1}$ 与实际值相比，误差极小，且开环放大倍数 A_v、输入电阻 r_i 越大及 R_f 值越小则误差越小。

（4）输入电阻：

$$r_{if} = R_1 + r_i // \frac{R_f}{1 + A_v} = 10 + 100 // \frac{100}{1 + 10^5} = 10.001k\Omega$$

输出电阻：

$$r_{0f} = \frac{r_0}{1 + A_v(R_1/R_1 + R_f)} = \frac{200}{1 + 10^5 \times (10/10 + 100)} = 0.02\Omega$$

可见，输出电阻接近于零。

10.2.2.5 电压跟随器

图 10-11 所示为电压跟随器电路。这种电路的特点是输入信号从同相输入端输入，输出电压 V 全部反馈到反相输入端 a，无反馈电阻。这种电路可看作是同相输入运算放大器的特殊形式。

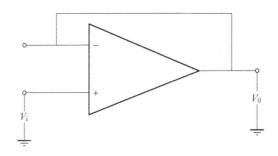

图 10-11　电压跟随器

将图 10-11 与图 10-5 比较，可以看出，电压跟随器电路中 $R_f = 0$（短路），$R_1 = \infty$（开路），由式（10-68）可得输出电压 V_0 与输入信号电压 V_i 之间的关系为：

$$\frac{V_0}{V_i} = 1$$

所以
$$V_0 = V_i \tag{10-93}$$

式（10-93）表明，输出电压 V_0 与输入信号电压 V_i 相等，方向相同，所以称为电压跟随器，由此可见电压跟随器无放大作用。由于 $R_f = 0$，所以电压跟随器的反馈系数 $\beta = 1$。将 $\beta = 1$ 代入式（10-65），可得电压跟随器的输出电阻为：

$$r_0 = \frac{r_{00}}{1 + A} \tag{10-94}$$

开环放大器的输出电阻是 r_{00}，一般为几百欧姆，若取 $A = 10^4$，那么输出电阻 r_0 可以小于 0.1Ω，因此，电压跟随器的输出电阻低，负载能力强。将 $\beta = 1$ 代入式（10-69），可得电压跟随器的输入电阻为：

$$r_i = (1 + A)r_{i0} \tag{10-95}$$

式（10-95）表明，只要开环放大倍数 A 足够大，那么 r_i 就很高，当 r 为 $10 \sim 100\text{k}\Omega$，$A = 10^4 \sim 10^8$ 时，r_i 可达 $10^8 \sim 10^{14}\ \Omega$。因此，电压跟随器电路提高了放大器的输入电阻，常利用这种电路来提高电化学测量仪器的输入阻抗，具体如图 10-12 所示。

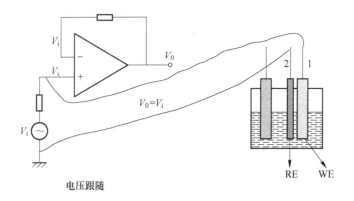

图 10-12　电压跟随器测量图

10.2.2.6　反相加法器

在电化学测量中，有时是几种信号叠加在一起作为指令信号，例如，在直流电压的基础上叠加三角波、方波或正弦波交流电压等，这时可通过加法器来实现。图 10-13 所示为反相加法器电路，这种反相加法器是恒电位仪的基本电路，从图 10-13 可以看出，反相加法器有两个输入电压信号 V_{i1} 和 V_{i2}，它们分别通过输入电阻 R_1 与 R_2 输入到反相输入端 a，同相输入端通过电阻 R_B 接地，R_B 的作用时调节二输入端的偏置状态。为了使两输入端保持平衡，R_B 的电阻值应为：

$$R_B = R_1 // R_2 // R_f$$

或者写成

$$\frac{1}{R_B} = \frac{1}{R_1} + \frac{1}{R_2} + \frac{1}{R_f} \tag{10-96}$$

反相加法器的输出电压 V_0 通过反馈电阻 R_f 反馈到反相输入端 a。

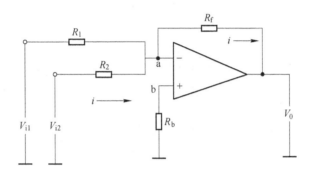

图 10-13　反相加法器

反相加法器电路与前节所叙述的反相输入式电路的差别仅仅在于反相加法器有两个输入信号，因此前节叙述的反相输入方式的工作原理同样适用于前面的情况。

由反相输入放大器的工作原理可知，a 点为虚地，$V_a = 0$，$i_a = 0$，因此有：

$$i_f = i_1 + i_2$$

其中

$$i_1 = \frac{V_{i1}}{R_1}, \quad i_2 = \frac{V_{i2}}{R_2} \tag{10-97}$$

由图 10-13 可得：$V_0 = -R_f i_f$，则

$$V_0 = -\left(\frac{R_f}{R_1} V_{i1} + \frac{R_f}{R_2} V_{i2} \right) \tag{10-98}$$

式（10-98）表明，输出电压与输入信号电压之间是一种组合关系，"−"表示输出电压与组合后的输入信号反相，V_{i1} 与 V_{i2} 可以是各种随时间变化的波形。选择不同的 R_1、R_2 和 R_f 的值，可以改变 V_{i1} 与 V_{i2} 前面的系数，如选择 $R_1 = R_2 = R_f$，则式（10-98）变为：

$$V_0 = -(V_{i1} + V_{i2}) \tag{10-99}$$

显然式（10-99）是加法运算关系，表示输出电压是输入信号电压的代数和。如果我们选择不同的 R_1、R_2 和 R_f 的阻值，则可构成比例加法器。

10.2.2.7 零阻电流计和电流-电压变换器

电流-电压变换器是将输入电路的电流
信号变换成与输入电流信号成正比的输出电
压，这种变换器也叫电流放大器。在恒电位
仪中，常用这种电路测定极化电流的大小。
图 10-14 所示为电流-电压变换器电路，电流
信号由反相输入端输入，同相输入端接地，
输出电压通过反馈电阻 R 反馈到反相输入
端，a 点为虚地，因此 $V_a = 0$，由于运算放
大器的开环输入电阻 r_{i0} 很大，所以，$i_a = 0$，
$i_1 = i_f$，在电流-电压变换器中，要求 r_{i0} 越大

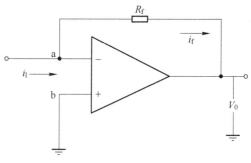

图 10-14　电流-电压变换器

越好，这样能更好地满足 $i_1 = i_f$，由反相输入电路得：

$$V_0 = - R_f i_f$$

即 $\qquad\qquad\qquad V_0 = - R_f i_1 \qquad\qquad\qquad\qquad\qquad（10\text{-}100）$

这就表明，输出电压 V_0 正比于输入电流 i_1，这样就把输入电流信号转换成了电压输
出。如在输出端接一电压表，测出 V_0 即可得 i_1。或用毫安表与电阻串联，从毫安表上可
读出被测电流。图 10-14 的电路实际上也是直流电流表电路。

电流-电压变换器的输入电阻可由下式求得，因为：

$$V_0 = - A V_a$$

$$V_0 - V_a = - R_f i_f$$

所以 $\qquad\qquad\qquad r_i = \dfrac{V_a}{i_1} = \dfrac{V_a}{i_f} = \dfrac{R_f}{1+A} \qquad\qquad\qquad（10\text{-}101）$

从 a 点看进去，总的输入电阻应该是 r_i 与 r_{i0} 并联，r_{i0} 为开环输入电阻，一般为几十千
欧到几百千欧，而 r_i 一般很小，所以总的输入电阻可用式（10-101）表示。假设 $A = 10^5$，
$R_f = 10 k\Omega$，则 $r_i = 0.1\Omega$，如 $R_f = 1 k\Omega$，则 $r_i = 0.01\Omega$，可见电流—电压变换器的"内阻"
很低，几乎趋近于零，所以这种电路又称为零阻电流计。

零阻电流计在电化学测量中广泛应用。对于一般电流表，由于内阻都在几千欧姆以
上，这在测量微小的电位差产生的电流时，会造成很大误差，而零阻电流计可克服这一缺
点。因此在恒电位仪中，常用它测量电流，同时利用其内阻很低的特点，使研究电极的电
位接近地电位。零阻电流计除了要求运算放大器有高的 A 值外，还必须有较高的开环输
入电阻 r_{i0}，同时，测量小电流时，R_f 的值必须取得较高，才能用普通表头来测量输出电
压，但 R 也不能取得太大，否则电路中的寄生电容及噪声将影响测量精度和稳定性。

积分电路如图 10-15 所示。在图 10-15 电路中，由虚短路知，反向输入端的电压与同
向端相等，由虚断路知，通过 R_1 的电流与通过 C_1 的电流相等。通过 R_1 的电流 $i =$
V_1/R_1，通过 C_1 的电流 $i = C(dU_c/dt) = - C(dV_0/dt)$，所以 $V_0 = [-1/(R_1 C_1)]\int V_1 dt$。输
出电压与输入电压对时间的积分成正比，称为积分电路。若 V_1 为恒定电压 u，则上式变
换为 $V_0 = - Ut/(R_1 C_1)$，t 是时间，则 V_0 输出电压是一条从零至负电源电压按时间变化的

直线。

微分电路如图 10-16 所示，由虚断路可知，通过电容 C_1 和电阻 R_2 的电流是相等的，由虚短路可知，运放同向端与反向端电压是相等的。则：$V_0 = -iR_2 = -(R_2C_1)\dfrac{\mathrm{d}V_1}{\mathrm{d}t}$，这是一个微分电路。如果 V_1 是一个突然加入的直流电压，则输出 V_0 对应一个方向与 V_1 相反的脉冲。

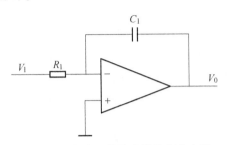

图 10-15 包含运算放大器的积分电路

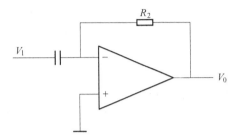

图 10-16 包含运算放大器的微分电路

10.2.3 恒电流仪

用运算放大器电路可以组成各种恒电流仪，在这里只介绍三种电路。

图 10-17 所示为两种恒电流仪原理图，图 10-17（a）是最简单的恒电流仪，因为：

$$V_a = IR_a \qquad V_b = V_i$$

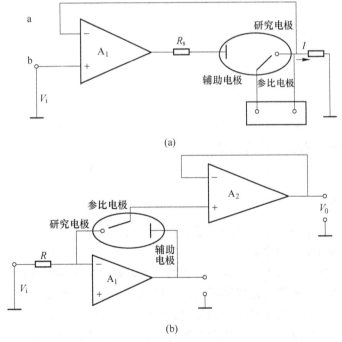

（a）

（b）

图 10-17 恒电流仪电路

根据运算放大器的跟随特性，则有：

$$I = \frac{V_i}{R_0} \tag{10-102}$$

式（10-102）表明：电流 I 只与指令信号 V_i，取样电阻 R_0 有关，而不受电解池内阻变化的影响。这样只要 V_i 与 R_0 恒定，通过电解池的电流就恒定不变，但这种电路最大的缺点是负载必须浮地，只能用无地接端的差动输入式电位测量仪器来测定和记录电位，同时，当输出电流很小时（如小于 5μA），这种电路会产生较大误差，可见这种电路是很不理想的，因此有必要设计新的电路。

图 10-17（b）所示是比例器/倒向器电路，它将电解池作为运算放大器 A_1 的反馈回路，这种电路恒电流原理是：因为 a 点为虚地，所以流经电解池的电流为 $I = V_i/R_0$，可见只要指令信号恒定就可以得到通过电解池的恒定电流。电路中 A_2 为电压跟随器，它的同相输入端接参比电极，从输出端可测出研究电极电位。这种电路的优点是：在低电流的情况下，性能良好，电路简单。但这种电路的最大缺点是：由于电路中流入电解池电流直接来自输入信号 V_i，所以当输入高电流时会产生较大误差。图 10-18 所示的电路克服了这些缺点，是一个比较完美的恒电流仪电路。

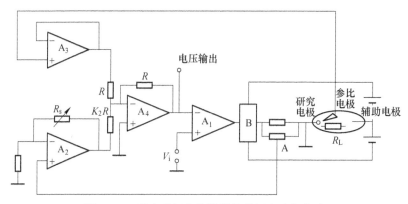

图 10-18　具有欧姆电位降补偿的恒电流仪电路

从图 10-18 看出，标准电阻 R_s 一端接地，另一端反馈到比较放大器 A_1 的反相输入端，只要 A 点电位恒定，则经过研究电极的电流也就恒定，这时电流为 $I = V_i/R_0$，可见通过电极的极化电流按指令信号 V_i 而变，只要 V_i 恒定，则电流恒定。

10.2.4　恒电位仪

恒电位仪是电化学测量中的核心设备，它可以用于控制电极电位为指定值而达到恒电位极化的目的，同时输入指令信号后，恒电位仪可以使电极自动跟踪指令信号而变化。如将恒电位仪配以方波、三角波或正弦波发生器，可以研究电化学体系的各种暂态行为，如配以慢速线性扫描信号或阶梯信号则可以进行稳态极化曲线的测量。

恒电位仪实质上是利用运算放大器经过运算使得参比电极与研究电极之间的电位差严格等于输入的指令信号电压。用运算放大器构成的恒电位仪在电解池，电流取样电阻及指令信号的连接方式上有很大灵活性，可以根据电化学测量的要求选择或设计各种类型恒电位仪电路。

10.2.4.1　恒电位仪的基本电路

A　简单恒电位仪电路

图 10-19 为最简单的恒电位仪电路，图 10-19（a）为电压跟随器式恒电位仪电路；图 10-19（b）为反相放大器式恒电位仪电路。电路的特点是研究电极与指令信号有共同接地点，电路（a）指令信号从同相输入端输入，且参比电极电位作为反馈信号直接加入到反向输入端。根据运算放大器的跟随特性，$\varphi_{参-研} = V_i$，参比电极与研究电极电位之差随指令信号而变，只要 V_i 一定，研究电极电位就恒定。电路（b）指令信号通过电阻 R_1 从反相输入端输入，参比电位通过反馈电阻加到反向输入端，由反相输入运算放大器特点则有 $i_1 = i_f$，又因为 a 点为虚地，当 $R_1 = R_f$ 时，参比电极与研究电极之间电位差随指令信号电压而变，只要参比电极电位恒定，则研究电极电位随 V_i 而变化，这样就达到了恒电位控制的目的。

图 10-19 所示的恒电位仪电路，虽然能达到恒电位的目的，但是这种电路的缺点也是很明显的：

（1）取样电阻 R_a 无接地点，故要求电流测量仪器具有差动输入级；

（2）反馈电路中参比电极会流过较大的电流，这样会影响电位的测量精度；

（3）电解池的极化电流直接来自放大器本身的输出，因此这种电路不适用于高槽电压的电化学体系；

（4）这种电路对于多种指令信号不能输入，因此要将此电路进行改造。

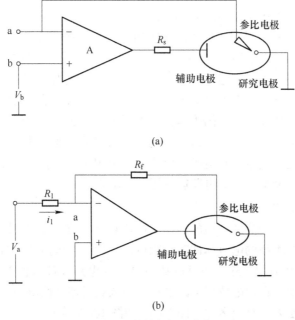

(a)

(b)

图 10-19　简单的恒电位仪电路

B　加法器恒电位仪

图 10-20 为加法器式恒电位电路，根据加法器原理：

$$\varphi_{\text{参-研}} = -\left(\frac{R_f}{R_1}V_i + \frac{R_f}{R_2}V_{i2}\right) \tag{10-103}$$

设计时如取 $R_1 = R_2 = R_f$，则上式可写为：

$$\varphi_{\text{参-研}} = -(V_{i1} + V_{i2}) \tag{10-104}$$

式中，"$-$"表示参比电极相对于研究电极为负电位，则研究电极电位与指令信号同相。式（10-104）表明：研究电极电位由指令信号确定，只要指令信号恒定，便能得到恒定的研究电极电位；另外，电极电位是指令信号的代数和，可见恒电位仪能将各种输入信号进行合成。

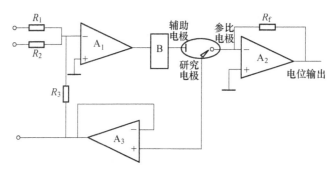

图 10-20　加法器恒电位仪电路

加法器恒电位仪电路有如下优点：

（1）它运用了电压跟随器 A_3，可以提高反馈电压的输入阻抗，降低通过参比电极电流，可使通过参比电极电流小于 $10^{-7}A$，使 $\varphi_{\text{参}}$ 稳定；

（2）利用零阻电流计 A_2 使研究电极与电流取样电阻一端均处于虚地；

（3）在比较放大器 A_1 之后有功率放大器 B，这样可以提高运算放大器的输出功率；

（4）能将各种指令信号进行合成，为电极过程研究中叠加各种信号波形提供了可能。但是应该注意到，这种电路也有不足的地方。其一，由于采用了零阻电流计，在低频时虽然具有良好的精度，但在高频时，因为运算放大器的增益随频率的增加而下降，使得高频时的虚地与真正的地电位误差增加，这将影响电位的测量精度；其二，这种电路无溶液欧姆电位降的补偿，因此溶液电阻对电极电位测量的影响无法克服。因此有必要对这种电路再做进一步改造，企图使新设计的电路能克服上述缺点。

C　有欧姆降补偿的恒电位仪电路

在电化学测量中，由于溶液电阻的存在，往往对测量结果有很大影响，特别是电流较大或快速暂态实验中产生高的电流脉冲时影响更大，为了尽可能减少溶液欧姆电位降的影响，除了采用 Luggin 毛细管以外，还可以从恒电位仪电路设计方面考虑。为了消除溶液电阻对电位测量的影响，在恒电位仪电路设计上一般是增加补偿电路。

欧姆电位降的补偿方式有很多种，图 10-16 和图 10-17 为正反馈直接补偿恒电位仪电路。正反馈直接补偿技术的原理是利用欧姆电位降基本上正比于电流，而串联于取样电阻上的电压也正比于电流，所以该电压也正比于欧姆电位降。那么，可以用取样电阻上的电压乘以适当的比例常数（此常数称为欧姆补偿系数），然后通过运算放大器与未经补偿的参比电极电位进行加减运算，以得出真实的电价电位 $\varphi_真$，把 $\varphi_真$ 送去测量或与指令信号（基准信号）V_i 进行比较，而达到控制真实电极电位的目的。

图 10-21 所示为取样电阻与研究电极有公共接地端的具有欧姆补偿的恒电位仪电路原理图。这里设参比电极与研究电极之间的溶液电阻为 R_L，K 为欧姆补偿系数。一方面补偿电压信号由 A 点取出，A 点对地的电位正比于 IR_L，而相位与 IR_L 相反（即为 $-KIR_L$），调节 A_3 的反馈电阻 R_W 可改变 A_3 的放大倍数，使 A 的输出等于 $-K_1IR_L$；另一方面从参比电极取出 $\varphi_真+IR_L$，经 A_2 阻抗变换后输出 $\varphi_真+IR_L$，A_2 和 A_3 的输出经权重电阻 R 和 K_1R 经 A_4 运算后得出真实电极电位 $\varphi_真$，在恒定电位仪的比较放大器 A_1 上与指令信号电压 V_i 进行比较，达到控制真实电极电位 $\varphi_真$ 的目的。这样便在 A_1 的反相输入端得到不包含溶液欧姆电位降的电极电位，由运算放大器的跟随特性得 $\varphi_真=V_i$，故只要指令信号 V_i 恒定，便得到了不包含溶液电阻的恒电极电位 $\varphi_真$，达到了恒电位的目的。图 10-21 这种采用取样电阻测电流，这就克服了零阻电流计测电流的缺点，可见图 10-21 的恒电仪电路是比较完美的恒电位仪电路。

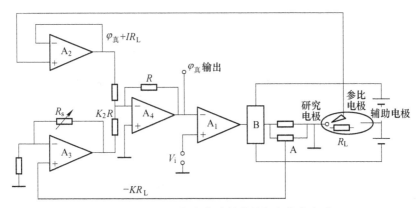

图 10-21 具有欧姆电位降补偿的恒电位仪电路

图 10-22 所示为另一种带有欧姆补偿的恒电位仪电路，它利用零阻电流计使研究电极及电流取样电阻的一端处于虚地。调节电位器 W 使零阻电流计输出的一部分引入到输入网络，因此反馈电压为 $-KIR_s$，由图 10-22 得：

$$\varphi_真 + IR_L = -\varphi_{参-研} + KIR_s$$

即

$$\varphi_真 = V_{i1} + V_{i2} + V_{i3} + KIR_s - IR_L$$

当 $KR_s = R_L$ 时，$\varphi_真$ 就等于指令信号，这时补偿正好；当 $KR_s < R_L$ 时，$\varphi_真$ 小于指令信号，称为欠补偿；当 $KR_s > R_L$ 时，$\varphi_真$ 大于指令信号，称为过补偿。

上述欧姆补偿方法，都是在恒定电位仪中采用正反馈，当补偿过头时会引起自激振荡，严重时，恒电位仪将引入高频振荡并完全失去对电解池的控制，即使在正好补偿的情况下，也可能产生阻尼振荡。因此通常只进行 90% 左右的欧姆电位降补偿。

10.2.4.2 恒电位仪组成及应用

在恒电位仪电路中，除了核心部分比较放大器（也称基本放大器）之外，还包括基

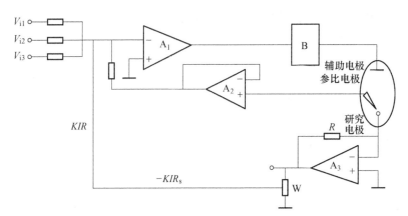

图 10-22　带有欧姆补偿的恒电位仪电路

本信号源（也称指令信号源）、功率放大器、电流检测、电位检测和稳压电源等部分。图 10-23 所示为恒电位仪组成方框图。

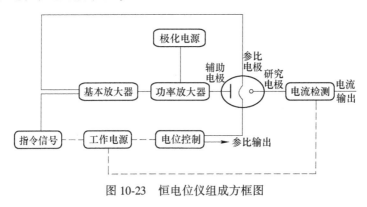

图 10-23　恒电位仪组成方框图

（1）基本放大器。由固体组件构成，它是线性集成电路直流运算放大器。如图 10-23 的基本放大器，起比较放大作用，也称比较放大器或恒电位仪的主放大器。

（2）功率放大器。功率放大器实质上是电流放大器，它的作用是提高比较放大器的输出功率，使比较放大器输出的电压变化能控制较大的电流变化。功率放大器也称功率输出器，调节器。

（3）基本信号源。即为指令信号源，除了直流电压可以作为基准信号源外，还有三角波、方波、正弦波或其他交流脉冲波形也可作基准信号，在电化学测量中，通常使直流信号与随时间而变化的信号叠加在一起作为指令信号，所以，恒电位仪除了给定电位外，还可以"外接给定"以实现信号的叠加。

（4）电流检测。电流检测是测量通过电解池的电流，可串联电流表或取样电阻，也可以采用零阻电流计，零阻电流计一般接在极化电路末端，使研究电极不直接接公共地端而是作为电路的虚地。

（5）电位检测。恒电位仪的电压检测都是高输入阻抗的电压检测装置，可采用固体组件运算放大器组成的电压跟随器，也可通过模数转换后用数字显示，实际使用时也可外接数字电压表或 X-Y 函数记录仪等。

（6）稳压电源。恒电位仪最好应采用两组稳压电源，一组为基本放大器的工作电源，另一组为极化电源，即功率放大器的电源独立供给（见图 10-23），这样可以保证恒电位仪除功率放大器以外的其他部分电源稳定，提高恒电位仪的性能。

恒电位仪是电化学测试中的核心设备，是各种稳态及暂态实验中不可缺少的仪器。利用恒电位仪可以用手动调节测定电极电位及极化电流，从而绘制稳态极化曲线，测量线路如图 10-23 所示。利用恒电位仪还可以测定恒电位下的充电曲线，即 I-t 曲线，测量线路同图 10-23，只是在辅助电极与恒电位仪"辅助电极"接线柱之间串一电流表或函数仪，就可以测定 I-t 曲线，可以进行各种动电位扫描稳态与暂态实验。在这种测量线路中，当外接信号输入时，恒电位仪本身的基准电压信号被断开，不起作用，外接电压信号（三角波、方波等）和恒电位仪的直流电位电压叠加在一起作为指令信号。此外，恒电位仪还可以作零阻电流表使用，用以测定两个电极之间的短路电流（腐蚀电流），测量线路如图 10-24 所示。将恒电位仪的"研究电极"与"⊥"连在一起，"辅助电极"与"参比电极"连在一起，分别

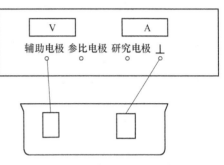

图 10-24　腐蚀电流的测定

接在两个电极上，将恒电位仪的基准电压调节到零，此时恒电位仪上电流表的读数就是短路电流，即腐蚀电流。

10.2.4.3　双恒电位仪

在电化学测量中有时会遇到多电极系统，例如，旋转圆盘、圆环电极，要求分别控制盘电位 φ_d 与环电位 φ_r，并分别测量盘电极与环电极电流。由于通常采用共同的辅助电极与参比电极，因此就需要组成所谓双路控制"四电极"（盘电极、环电极、参比电极与辅助电极）恒电位仪，称为双恒电位仪。其电路如图 10-25 所示，比较放大器 A_3，功率放大器 B，电压跟随器 A_4 及测量盘电极电流的零阻电流计 A_5 组成控制盘电极的恒电位仪，电路原理与前面所讨论的一般恒电位仪相同，在电路中加 A_1、A_2、A_6 控制环电极电位，A_6 为测量环电极电流的零电流计，A_6 对地浮动了电位差 $A\varphi(A\varphi - \varphi_r - \varphi_d)$，这是因为电

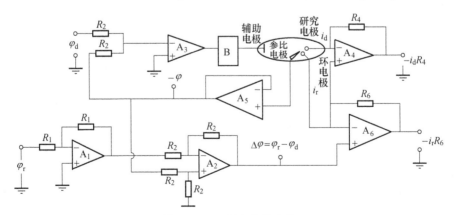

图 10-25　双恒电位仪电路

路中把盘电极电位 φ_d 作为环电极电位 φ_r 的参考点，由于盘电极与环电极的指令信号 φ_d 与 φ_r 可以互不影响，因而有可能使 φ_d 与 φ_r 按不同时间规律变化。国产 DH-1 型多功能双恒电位仪就具有这种作用。

复习思考题

10-1 什么是 Laplace 方程，具有哪些性质？

10-2 什么是 Bessel 方程，具有哪些性质？

10-3 如何用拉普拉斯方程解一维暂态扩散方程？

10-4 什么是运算放大器，主要包含哪几种类型？

10-5 如何计算反相运算放大器的输入输出电阻？

10-6 恒电位仪的类型和组成以及进行欧姆补偿的原理是什么？

参 考 文 献

[1] 舒余德，陈白珍. 冶金电化学研究方法 [M]. 长沙：中南大学出版社，1990.

[2] 唐长斌，薛娟琴. 冶金电化学原理 [M]. 北京：冶金工业出版社，2013.

[3] 李狄. 电化学原理（第3版）[M]. 北京：北京航空航天大学出版社，2008.

[4] 王坤鹏，张建秀，耿延玲. CMTD晶体的螺位错生长机理 [J]. 人工晶体学报，2004，1：59~62.

[5] 孙海斌，左秀荣，仲志国. Na_3AlF_6-AlF_3 熔盐中 $Ti(\text{IV})$ 的阴极还原机理 [J]. 电化学，2008，14（1）：104~107.